CHAOS

混

Making a new science

沌

U0390287

开创一门新科学

[美] 詹姆斯·格雷克／James Gleick 著

楼伟珊 译

人民邮电出版社

北京

图书在版编目（CIP）数据

混沌：开创一门新科学 /（美）詹姆斯·格雷克著；
楼伟珊译. -- 北京：人民邮电出版社，2021.9
（图灵新知）
ISBN 978-7-115-56628-7

Ⅰ. ①混… Ⅱ. ①詹… ②楼… Ⅲ. ①混沌理论
Ⅳ. ①O415.5

中国版本图书馆CIP数据核字(2021)第111536号

内 容 提 要

混沌理论是这个时代最重要的科学知识之一，它开创了一门新的自然科学，掀起了人类思想的新浪潮。从洛伦茨发现蝴蝶效应开始，混沌理论阐释了生命的节律、社会的演变、自然的形状和宇宙的常数，那些貌似不相干的无规则现象被赋予了新的意义，人类看待自身与万物的视角也被彻底拓宽。知名科普作家格雷克凭借极高的科学素养，深入浅出地解释了混沌理论的奥秘。科学家们超乎常人的敏锐、执着和创造力，以及他们追寻真理过程中的沮丧和欢欣，都透过作者鲜活的文笔一一呈现。本书是格雷克的成名之作，也是混沌理论领域的科普名作，至今已翻译为25种语言。本书适合对混沌理论和科学故事感兴趣的大众读者阅读。

◆ 著 　　　[美] 詹姆斯·格雷克
　 译 　　　　　楼伟珊
　 责任编辑 　　戴　童
　 责任印制 　　周昇亮

◆ 人民邮电出版社出版发行　　北京市丰台区成寿寺路 11 号
　 邮编　100164　电子邮件　315@ptpress.com.cn
　 网址　https://www.ptpress.com.cn
　 固安县铭成印刷有限公司印刷

◆ 开本：720×960　1/16　　　彩插：4
　 印张：24.25　　　　　　　2021 年 9 月第 1 版
　 字数：300 千字　　　　　　2024 年 11 月河北第 11 次印刷
　 著作权合同登记号　图字：01-2018-4239 号

定价：119.80 元
读者服务热线：(010) 84084456-6009　印装质量热线：(010) 81055316
反盗版热线：(010) 81055315
广告经营许可证：京东市监广登字 20170147 号

版 权 声 明

献给爱妻辛西娅

人是音乐，

自然则是静态噪声……

——约翰·厄普代克，《俄亥俄·其一》

楔子

1974 年，美国新墨西哥州小镇洛斯阿拉莫斯的警察曾一度担心过一个男人，他被看到夜复一夜地在黑暗中徘徊，叼着香烟在小巷里游荡。[1]借着透过高原稀薄空气的璀璨星光，他会漫无目的地走上数个小时。纳闷的不只是警察。在美国国家实验室，有些物理学家已经得知，他们的这位新同事正在实验以一天二十六小时的方式生活，这意味着他的作息会与大家的慢慢错开。这可谓几近怪异，哪怕是对理论部来说。

自从当初 J. 罗伯特·奥本海默将这块新墨西哥州的世外之地选为研发和制造原子弹的秘密场所，三十年间，洛斯阿拉莫斯国家实验室已经在荒原上遍地开花，聚集了众多粒子加速器、气体激光器和化工厂，以及数以千计的科研人员、管理人员和技术人员，并成为世界上超级计算机最密集的地方之一。有些老一辈的科学家还记得 20 世纪 40 年代在这片平顶山上仓促建起的木制建筑，但对于大多数洛斯阿拉莫斯的工作人员——这些身穿学院风灯芯绒衣服和工作衬衫的年轻男女来说，第一代的原子弹制造者不过是过往的魅影。实验室的纯理论研究核心是理论部，也称为 T 部，就像计算部门是 C 部，武器部门是 X 部。有超过一百名物理学家和数学家在 T 部工作，薪酬优渥且无教学和论文的压力。这些科学家对于天资聪慧和行为古怪都不陌生。他们并不容易被惊到。

但米切尔·费根鲍姆是不寻常的个案。在之前，他只发表了一篇署名的论文，而他目前正在做的却看不出有什么可期的前景。他的头发长而杂乱，向后拢起，露出宽阔的额头，好似那些德国作曲家半身像的风格。他的双眼热切而充满激情。当他说话时，他总是语速很快，经常略去冠词和代词，有点儿像中欧人的做法，尽管他实际上是纽约布鲁克林人。当他工作时，他全心投入。当他无法工作时，他习惯于边散步边思考，不论白天或夜晚，而夜晚对他来说最好。一天二十四小时看上去限制过多。然而，当他认定无法再忍受在日落时起床（这每隔几天就必定会发生）时，他的个人准周期实验最终结束。

年仅二十九岁，他已然成为一位专家中的专家、一位临时咨询师；其他科学家会向他咨询一些尤其难解的问题——在他们能够找到他时。一天傍晚，他前来上班，正碰上实验室主任哈罗德·阿格纽准备下班离开。作为奥本海默最初的弟子之一，阿格纽享有崇高声望。当初"艾诺拉·盖伊号"在日本广岛投下实验室的第一件产品时，他就在一旁的观测飞机上拍摄下整个过程。

"我知道你非常聪明，"阿格纽对费根鲍姆说，"如果你果真那么聪明，为什么你不去解决激光核聚变问题呢？"[2]

甚至费根鲍姆的朋友们也在纳闷，他是否终究能做出点儿自己的成果。尽管费根鲍姆很乐于在他们的问题上即兴施展魔法，但他看上去并没有兴趣将自己的研究转向任何可能有回报的课题。他思索的是液体和气体中的湍流。他思虑的是时间——它是在平滑地流动，还是在离散地跳动，就好似一个宇宙电影画面的无尽序列？他思量的是眼睛如何能够看到稳定的颜色和形状，特别是，物理学家已经知道我们的宇宙是一个不断变幻的量子万花筒。他所思考的是云彩，并常常透过飞机舷窗观察它们（直到 1975 年，他的科研旅行特权被正式暂停，理由是过度使用），或者在远离实验室的远足径上眺望它们。

在美国西部的山地市镇，云彩一点儿也不像弥漫在东部空气中的灰蒙蒙的雾霾。在洛斯阿拉莫斯（它处在一座巨大的火山口的背风处），云彩布满天空，随机排列，但有时也不随机——形成均一的钉状或是规则的垄状，就像脑沟一样。在一个雷阵雨的午后，天空乌云笼罩，电闪雷鸣，强对流天气在四五十公里外遥遥可见，而整个天空似乎在上演一场大戏，隐约在嘲笑物理学家。云彩代表了大自然一个长久以来被物理学主流所忽略的方面，一个既模模糊糊又细节丰富、既具有结构又不可预测的方面。费根鲍姆思考着这些东西，默默地，劳而无功地。

在物理学家看来，实现激光核聚变是一个正经问题，破解微小粒子的自旋、色与味是一个正经问题，确定宇宙的年龄是一个正经问题。理解云彩则是一个不妨留给气象学家的问题。像其他物理学家一样，费根鲍姆用了一些轻描淡写、彰显自己大无畏的字词来描述这样一些问题。他可能会说，这些问题是显而易见的，也就是说，任何够格的物理学家在经过适当的思考和计算之后就能够解决它们。而对于那些最难的问题，那些不通过深入洞察宇宙的本质就没有办法解决的问题，物理学家则专门用"深刻"之类的字词来形容。在 1974 年，尽管几乎不为同事所知，费根鲍姆就正在研究一个深刻的问题：混沌。

混沌开始的地方，正是经典科学止步之处。自从物理学家开始探索自然规律以来，他们一直苦于无法理解大气中的无序、海洋中的湍流、野生动物种群数量的涨落，以及心脏和脑中的振荡。大自然这些不规则的方面，这些不连续的、不可预测的方面，一直是科学中的谜团，或者更糟糕地，是其丑陋难堪之处。

但在 20 世纪 70 年代，美国和欧洲的一些科学家开始寻找一条穿越无序的道路。这当中包括数学家、物理学家、生物学家和化学家，他们都试图在不同种类的不规则性之间找出联系。生理学家在人类心脏脉动的紊乱（心律失常是猝死的主因）中找到了一种意料之外的秩序。生态学家探索了舞毒蛾种群数量的起伏。经济学家则翻出了过去的股票价格数据，并尝试使用一种新的分析方法。由此得到的种种洞见进而被直接应用于自然界——不论是云彩的形状，还是闪电的路径；不论是微观的血管的树状交织，还是宏观的恒星的聚集成团。

当费根鲍姆在洛斯阿拉莫斯开始思考混沌时，他就是这些屈指可数的科学家当中的一员。这些人分散在各地，并且大多互不认识。一位加州大学伯克利分校的数学家已经组织了一个小团队，专门研究创立一门有关"动力系统"的新学问。一位普林斯顿大学的种群生物学家即将发表一份热切的呼吁，主张所有科学家都应该关注某些隐藏在简单模型中但出人意料复杂的行为。一位在 IBM 工作的几何学家正在寻找一个新说法，以描述被他视为自然界的组织原则之一的一类参差不齐、支离破碎的形状。一位法国数理物理学家则刚刚提出一个富有争议的论断，认为流体中的湍流可能与一种怪异的、无穷纠缠的、被他称为奇怪吸引子的抽象有关。

十多年后，混沌已经成为一个快速发展的、正在不断重构现有科学的运动的简称。混沌学术会议和混沌研究期刊层出不穷。在美国军方、中央情报局和能源部负责科研资金分配的政府项目主管已经将越来越多的资金投入混沌研究，并设立了专门机构来管理资金。[3] 在每个主要大学和每个主要企业研究中心，都有一些理论研究者将自己的主业放在混沌上，而将自己名义上的专业放到第二位。在洛斯阿拉莫斯，一个非线性研究中心新近成立，以协调在混沌及相关问题上的研究；类似的机构也已经在美国各地的大学校园里遍地开花。

混沌已经创造出种种使用计算机以及特殊类型的图像（它们得以把握复杂性背后的那种奇妙而精致的结构）的专门技术。这门新科学也已经孕育出了属于自己的语言，一种优雅的、用到诸如"分形"和"分岔"、"间歇性"和"周期性"、"折叠毛巾微分同胚"（folded - towel diffeomorphism）和"平滑面条映射"（smooth noodle map）之类说法的专业讨论。这是一些新的运动要素，就像在传统物理学中，夸克和胶子是新的物质要素。[4] 在有些物理学家看来，混沌是一门有关过程而非状态，有关变化而非存在的科学。[5]

既然科学有意在找，混沌就会看上去无处不在。一道升腾的香烟烟柱化成大小不一的烟圈。一面旗帜迎风左右摇摆。水龙头流出的一股涓涓细流最后破碎成为小水珠。在天气的行为中，在天上飞机的行为中，在高速公路上车流的行为中，在地下管道里石油的行为中，都可以发现混沌的踪影。[6] 不论载体是什么，这些行为都遵循相同的、新发现的法则。这样一种新的认识已经开始改变企业经营者制定保险决策的方式、天文学家看待太阳系的方式，以及政治理论家谈论紧张局势如何升级成为武装冲突的方式。[7]

混沌打破了不同科学学科之间的分野。由于它是一门研究系统的整体性质的科学，因此它得以将来自原本泾渭分明的不同领域的思想家聚集到一起。"五十年前，科学正在陷入一个不断专业化的危机，"一位负责科研资助的海军官员在面对一帮数学家、生物学家、物理学家和医生时说道，"但由于混沌，这种不断专业化的趋势已经得到大幅扭转。"[8] 混沌提出的是一些原有的科学工作方式无法解决的问题。它给出的是一些关于复杂系统的普遍行为的大胆论断。第一批混沌理论家，这些为这门学科开疆辟土的科学家，都具有某种感悟力。他们洞察模式，尤其是同时出现在不同尺度上的模式。他们体味随机性和复杂性，以及参差的曲线和突然的跳跃。这些混沌的信仰者（他们有时称自己为信仰者、皈依者或传道者）思考决定论和自由意志、演化，以及有意识的智能的本质。他们感到自己是在力挽狂澜，扭转科学的还原论，即那种通过其构成部分（比如夸克、染色体或神经元）来分析系统的趋势。他们相信自己是在求索"整片森林"。

这门新科学的最热情支持者甚至大胆声称，20世纪的科学将来只会被记住三件事：相对论、量子力学，以及混沌。[9] 他们提出，混沌已经成为这个世纪物理学的第三次革命。[10] 就像前两次革命，混沌砍掉了牛顿物理学的一大支柱。借用一位物理学家的说法："相对论破除了对于绝对时空的牛顿式幻觉，量子理论破除了对于可控的测量过程的牛顿式梦想，而混沌破除了对于决定论式的可预测性的拉普拉斯式幻想。"[11] 在这三次革命中，混沌革命的适用对象是我们看得见、摸得着的宇宙，是那些处于人类尺度上的物体。我们的日常经验和关于世界的现实图景从而成了科学探究的正经目标。人们长久以来有一种感觉，尽管并不总是明说出来，那就是理论物理学已经远远偏离了人类对于世界的直觉。它将最终被证明是卓有成果的偏离，还是单纯的偏离，还没有人知道。但在那些认为物理学可能正在走入死胡同的人当中，有些人此时将混沌视为一条出路。

在物理学内部，混沌研究是从一个无人注意的角落冒出来的。在20世纪的大部分时间里，物理学的主流一直是粒子物理学——在越来越高的能量、越来越小的尺度、越来越短的时间上探索物质的构成单元。粒子物理学也确实结出了累累硕果，包括有关基本力和宇宙起源的理论。但有些年轻物理学家已经开始对科学中最具声望的这门学科越来越不满。

进展看上去已经开始减缓下来，新粒子的发现看上去并没有什么帮助，理论本身则看上去支离破碎。而随着混沌的兴起，年轻一代的科学家相信，他们正在见证整个物理学的一次改弦易辙的开始。他们感到，这个领域已经被高能粒子和量子力学的那些亮闪闪的抽象支配得足够长久了。

在 1980 年一场题为"理论物理学的终结指日可待?"的讲座中，宇宙学家斯蒂芬·霍金，这位牛顿在剑桥大学的教席的最新接任者，就在思考自己学科的前景时为物理学之大部鼓与呼。

"比如，我们已经知道那些支配我们在日常生活中所经验的所有事物的物理定律：正如狄拉克所指出的，他的方程是'物理学之大部以及化学之全部'的基础……［夸克的发现］表明了理论物理学已经来到了何种地步，它现在需要动用巨型机器，耗费大量资金，去进行一个我们无法预测其结果的实验。"[12]

但霍金也承认，从粒子物理学的角度理解自然定律，这仍然留下一个问题悬而未决，那就是如何将这些定律应用到除最简单系统之外的东西上。在粒子经过加速最终发生碰撞的气泡室中的可预测性是一回事，在流体翻滚的最简单对流室中、在地球上的天气中，或者在人类的脑中的可预测性则完全是另一回事。

霍金的物理学（它在现实中得以高效地将诺贝尔奖和巨额实验资金揽入怀中），常常被称为一场革命。有时候，它看上去离那个科学的圣杯，即大统一理论或所谓"万有理论"，似乎只有咫尺之遥。物理学已经能够追溯能量和物质发展的、除宇宙最初一瞬间之外的整个过程。但战后的粒子物理学真的是一场革命吗？抑或它只是在爱因斯坦、玻尔及其他相对论和量子力学先驱所奠定的框架上的进一步发展？确实，从原子弹到晶体管，物理学的种种成就深刻改变了 20 世纪的面貌。但也要说，粒子物理学的视野看上去是在不断缩窄的。而距离该领域上次提出一个改变了普通人理解世界方式的理论新思想，时间已经过去了两代人之久。

霍金所描述的物理学能够完成它自己的目标，而无须回答大自然的一些最根本问题：生命是如何起源的？湍流是什么？以及重中之重，在一个由熵统治的、不可避免将趋向越来越无序的宇宙中，秩序如何得以出现？与此同时，我们在日常经验中碰到的对象，比如流体和力学系统，看上去如此基础，又如此普通，以至于物理学家自然而然会倾向于假设它们已经得到了很好的理解。但事实并非如此。

随着混沌革命的兴起，一些最优秀的物理学家发现自己回归到了那些处于人类尺度上的现象，并且不以之为耻。他们不只研究宇宙，也研究云彩。他们不仅在超级计算机上，也在个人计算机上进行卓有成果的计算研究。除了量子物理学的文章，顶尖期刊也开始刊登有关一个抽象台球在球桌上的奇怪动力学的论文。如今，人们看到最简单的系统能够生成极其困难的可预测性问题。但秩序也会从这些系统中自发涌现——混乱和秩序并存。一边是关于单个个体（单个水分子、单个心肌细胞、单个神经元）的行为的知识，一边是关于成百上千万的这些个体的行为的知识，两者之间存在一道巨大的鸿沟，而只有借助一类新的科学，我们才有希望将两者弥合起来。

你看到在一道瀑布的底部，两点水沫并排漂荡。你能猜测出它们在瀑布顶部之时离得有多近吗？根本不能。就标准物理学而言，这个过程仿佛就是上帝将所有这些水分子拿到桌子底下，并亲自"洗牌"。传统上，当物理学家看到复杂的结果时，他们就会试图寻找复杂的原因。当他们看到一个系统的输入与输出之间存在一种随机关系时，他们就会假设自己需要通过人为添加噪声或误差，将这种随机性纳入任何期望符合现实的理论当中。而现代的混沌研究正是始于人们在 20 世纪 60 年代慢慢意识到，像瀑布这样变化剧烈的系统可通过相当简单的数学方程组加以建模。输入中的细微差异能够很快变成输出中的天壤之别——一种被称为"对初始条件的敏感依赖"的现象。比如在天气中，这种现象也（只是）被半开玩笑地称为蝴蝶效应——一只蝴蝶今天在亚马孙河扰动空气能够引发下个月在得克萨斯州的风暴。

当混沌的探索者们开始回顾自己这门新科学的谱系时，他们从过去中找到了许多思想前辈。但其中有一个人尤其醒目。对于引领这场革命的年轻物理学家和数学家来说，他们的一个起始点就是蝴蝶效应。

目录

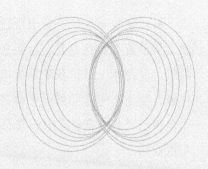

第 一 章

蝴蝶效应

物理学家喜欢这样想,你所需做的一切只是说出:"这些是条件,那么接下来会发生什么?"

——理查德·P. 费曼,《物理定律的本性》

阳光穿过一片从不曾出现过云彩的天空。风掠过一块平滑如镜的大地。从不曾有日落月升，从不曾有秋去冬来，也从不曾有水汽的蒸发和凝结。爱德华·洛伦茨的新型电子计算机中的模拟天气缓慢但确定地变化着，游走在一个始终是干燥的、仲秋的、正午的时光当中，就仿佛整个世界已经变成有着完美天气的卡美洛①，或者某种特别温和版的南加利福尼亚州。[1]

在他的窗户之外，洛伦茨能够看到现实的天气，比如晨雾弥漫在麻省理工学院（以下简称 MIT）的校园当中，或者，从大西洋飘来的低云掠过屋顶上空。但雾和云从不曾出现在他的计算机所运行的模型中。这部机器——一部皇家-麦克比 LGP-30——密布着线路和电子管，醒目地占据了洛伦茨办公室的一大块空间，在运行时发出出人意料、令人心烦的噪声，并且大概每周都会坏一次。它既没有足够的运行速度，也没有足够的内存去真实模拟地球的大气和海洋。但洛伦茨还是在 1960 年创造出一个天气的玩具模型，成功吸引了他的同事。机器每分钟在纸上打印出一行数字，表明模型里又过了一天。如果你知道如何阅读这些输出，你就会看到一股盛行西风一下偏向北，一下偏向南，然后又偏向北。数字化的气旋在一个理想化的球体上缓慢移动。随着消息在系内传开，其他气象学家会与研究生一道聚集到计算机前，打赌洛伦茨的天气接下去会怎样发展。不知怎的，同样的情形从来不会再次出现。

洛伦茨享受天气——当然，这并不是成为一位气象研究者的先决条件。他欣赏天气的变化无常。他也体味在天气中来来去去的模式，以及种种涡旋族和气旋族，它们始终遵循数学定律，却从来不会重复自己。当他观察云彩时，他以为自己从中看出了一种结构。他曾经担心研究天

---

① 卡美洛是传说中亚瑟王宫殿的所在地，也比喻充满诗意、天气晴好的地方。——译者注

气的科学会像用螺丝刀拆开玩偶盒那样，最终发现不过如此。而现在他开始怀疑，科学终究能否洞悉天气背后的魔法。天气有着一种无法通过平均数表达的风味。"马萨诸塞州剑桥市六月的平均日最高气温为 23.9 摄氏度。""沙特阿拉伯首都利雅得的年平均降水天数为十天。"所有这些都是统计数字。其实质是大气中的模式随时间变化的方式，而这也正是洛伦茨在计算机上所把握到的。

他是这个机器宇宙里的神，得以随心所欲地选择自然定律。在经过一番不怎么神圣的试错后，他选择了十二条定律。它们是一些数值法则——表示气温与气压、气压与风速之间的关系的方程。[2] 洛伦茨知道自己是在将牛顿定律付诸实践，而它们是一个钟表匠神明手中的称手工具，借此他可以创造出一个世界，并使之永远运行下去。拜物理定律的决定论所赐，之后的进一步干预会是完全没有必要的。那些创造出这样一些模型的人将这一点视为理所当然，即从现在到未来，运动定律架起了一道具有数学确定性的桥梁。理解了这些定律，你也就理解了整个宇宙。这正是在计算机上为天气建模背后的哲学。

确实，如果 18 世纪的哲学家将他们的造物主想象为一位仁慈的不干预主义者，满足于隐身幕后，那么他们可能想象的正是像洛伦茨这样一个人。他是一位有点儿另类的气象学家。他有着一副美国农民般的沧桑面孔，出人意料明亮的眼睛让他看上去总是在笑，而不论实际如何。他很少谈论自己或自己的工作，但他会认真聆听。他常常自己沉浸在一个他的同事发现无法进入的计算或梦想的世界当中。他的亲近朋友都觉得，洛伦茨花了大量时间神游宇外。

小时候，他就是一个天气迷，至少到了密切留意最高最低温度计的程度，由此记录下了他父母在康涅狄格州西哈特福德镇的房子外每天的最高和最低气温。但相较于观察温度计，他还是花了更多时间待在室内，做数学谜题。有时候，他会与父亲一起解题。有一次，他们碰到了一个特别难的题目，并最终发现它是无解的。这是可接受的，他的父亲告诉他：你总是可以尝试证明解不存在来解决一个问题。洛伦茨喜欢这一点，因为他向来喜欢数学的纯粹性，而当他在 1938 年从达特茅斯学院毕业后，他认定数学是自己的志业。[3] 然而，造化弄人，在美国加入第二次世界大战后，他应召入伍，成为美国陆军航空兵团的一名天气预报员。在战后，洛伦茨决定留在气象学领域，研究其理论，略微推进其数学。他靠着在诸如大气环流之类的正统问题上发表论文而奠定自己的地位。与此同时，他继续思考着天气预报的问题。

在当时的大多数气象学家看来，天气预报根本称不上一门科学。它只是一种直觉和经验之谈，需要技术人员利用某种直觉能力解读仪器数据和云彩来预测第二天的天气。它不过是猜测。在像 MIT 这样的学术重镇，气象学青睐那些有解的问题。洛伦茨像其他人一样清楚天气预报的难度，毕竟当初为了帮助军事飞行员，他有过切身经验，但他在这个问题上仍然抱有一种兴趣———一种数学上的兴趣。

不仅气象学家鄙弃天气预报，在 20 世纪 60 年代，几乎所有严肃的科学家都不信任计算机。这些加强版的计算器看上去根本不像能为理论科学所用的工具。所以数值天气建模看上去并不是一个货真价实的问题。但它的时机已然成熟。天气预报等待了两个世纪，终于等到一种机器能够通过蛮力一再重复成千上万次计算。只有计算机能够兑现这样一种牛顿式许诺，即世界随着一条决定论式的路径前进，像行星那样循规蹈矩，像日月食和潮汐那样可以预测。在理论上，计算机能够帮助气象学家做到长久以来天文学家利用铅笔和计算尺所能做到的：根据其初始条件以及指导其运行的物理定律，计算出我们宇宙的未来。而像描述行星运动的方程组一样，描述空气和水的运动的方程组也已经很好地为我们所知。天文学家并没有，也永远不会臻于完美，至少在一个充斥着八大行星、数十个卫星和成千上万个小行星的引力作用的太阳系中不会，但对行星运动的计算如此精确，以至于人们忘了它们只是预测。当天文学家说"哈雷彗星将在七十六年后如此这般回归"时，这听上去就像事实，而非预言。决定论式的数值预测算出了航天器和导弹的精确轨道。为什么这不能用到风和云上面？

天气要远远更为复杂，但它也受同样的定律支配。或许一部足够强大的计算机能够成为拉普拉斯——这位 18 世纪的哲学家兼数学家以及牛顿哲学的热忱支持者所想象的至高智能。"这样一个智能，"拉普拉斯写道，"将在同一个方程中囊括宇宙中上至最大天体，下至最轻原子的运动；在它看来，没有什么是不确定的，而未来，就像过去，将在它的眼前一览无余。"[4] 在如今爱因斯坦相对论和海森堡不确定性原理的时代，拉普拉斯的乐观主义使他看上去几近小丑，但现代科学的很大一部分其实一直在追求他的梦想。尽管没有明说，许多 20 世纪的科学家（生物学家、神经病学家、经济学家等）长久以来所追求的目标一直是，将他们的宇宙分解成将遵循科学定律的最简单原子。在所有这些科学中，他们一直都在运用某种牛顿式决定论。现代计算科学的先驱们也始终心向拉普拉斯，并且自从约翰·冯·诺伊曼 20 世纪 50 年代在新泽西州普林斯顿镇的高等研究院设计出他的第一台计算机以来，计算的历史就与天气预报的历史交织在一起。冯·诺伊曼意识到，天气建模会是计算机的一项理想任务。

但这里始终存在一个小的妥协，它如此之小，以至于科学家通常会忘记它还在那里，就像一张隐藏在他们哲学的某个角落中的未付账单。测量永远无法做到完美。在牛顿旗帜下前进的科学家实际上挥舞的是另一面大旗，而这面大旗主张的大致是：给定对于一个系统的初始条件的一个近似知识，以及对于自然定律的一个理解，我们就能够计算出这个系统的近似行为。这个假设存在于科学的哲学核心。正如一位理论研究者喜欢告诉他的学生："西方科学的基本思想是，当你尝试解释地球上一张台球桌上的一颗台球的运动时，你不需要将另一个星系里某颗行星上一片落叶的影响考虑进来。非常微小的影响可以忽略不计。事物运行的方式中存在一种收敛性，任意小的影响不会扩大成为任意大的效应。"[5]在经典科学中，对于近似和收敛的信念是合理的，因为它确实有效。在1910年为哈雷彗星定位时的一个微小误差只会导致预测它在1986年回归时的一个微小误差，并且这个误差会在将来的数百万年里保持很小的程度。计算机在为航天器导航时正是基于同样的假设：近似精确的输入会给出近似精确的输出。经济预测也是基于这个假设，尽管其成功的程度并没有那么显著。全球天气预报的先驱们也是如此。

在他的原始计算机上，洛伦茨将天气化约为它的最简单形式。尽管如此，计算机的一行行输出里的风和温度看上去隐约表现得仿佛现实中的天气一般。它们契合洛伦茨有关天气的宝贵直觉，符合他的感知，即天气会重复自己，随着时间的推移展现出相似的模式，比如气压起起伏伏，气流偏南偏北。他发现，当一条曲线从高走到低，中间没有出现一个隆起时，接下来一个双隆起就会出现，而"这是一种天气预报员可以使用的规律"。[6]但重复永远不会是完全一样的。这是一种存在扰动的模式，一种有序的无序。

为了让模式清晰可见，洛伦茨创造出一种原始的作图法。他不再让计算机输出通常的一行行数字，而是让机器打印出字母 a，然后在后面接续特定数量的空格。他会挑选一个变量——或许是气流的方向。然后慢慢地，一个个 a 就会在卷纸上相继出现。它们间隔不等，来回摆动，形成一条波状曲线，其中的一系列峰和谷就代表西风在大陆上的南北摆动。这当中的有序性，这些一再出现但没有两次完全相同的可辨识的循环，无疑具有一种迷人的吸引力。整个系统看上去正在慢慢向天气预报员吐露自己的秘密。

在 1961 年冬的一天，为了仔细检视一大段他感兴趣的序列，洛伦茨抄了一次近道。他没有重新开始整个运行，而是从中间切入，将之前输出的数输入计算机，作为后续运行的初始条件。然后他来到走廊以躲开噪声，并喝上一杯咖啡。当他在一个小时后回到办公室时，他看到了某种意料之外的东西，某种将种下一门新科学的种子的东西。

这次新的运行原本应该与旧的一模一样。数是洛伦茨自己输入的。程序也没有变动。但当他检视新的输出时，洛伦茨发现，他的天气如此之快地偏离了上一次运行的模式，以至于在短短几个月里，原有的相似性完全消失不见。他看看一组数，回头再看看另一组。它们就仿佛是他在随机挑选时会选出的两个天气。他的头一个念头是，又一个电子管坏了。

然后他突然明白了过来。[7] 机器并没有出故障。问题在于他当初输入的数。在计算机的内存中，数值以六位小数的形式存储：0.506 127。而在输出中，为了节省空间，计算机只显示三位小数：0.506。洛伦茨当初输入的是四舍五入后更短的数，他以为这个千分之一的差异无关紧要。

这是一个合理的假设。如果一颗气象卫星能够以千分之一的精度监

测海面温度，其操作员就应该感到谢天谢地了。洛伦茨的计算机运行的
是经典科学程序，其中用到的是一个完全决定论式的方程组。给定一个
特定的起始点，每次运行，天气都会以完全一样的方式展开。给定一个
略微不同的起始点，天气也应该以略微不同的方式展开。一个小的数值
误差就像一小股风——无疑这些小股风会自行消散或相互抵消，而不会
改变天气在大尺度上的重要特征。但在洛伦茨的这个方程组中，小的误
差被证明会引发灾难性后果。[8]

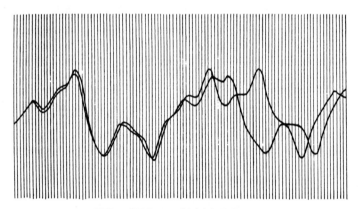

©Edward N. Lorenz / Adolph E. Brotman

两个天气模式如何发生偏离

爱德华·洛伦茨看到，从几乎一样的起始点出发，他的计算机天气模型生成了两个模式，
并且随着时间的推移，它们的差别越来越大，直到原有的相似性完全消失不见。（来自洛伦
茨 1961 年的输出。）

　　他决定更仔细地看一下两次几乎相同的运行是如何分道扬镳的。他
将输出的一条波状曲线复制到一张透明投影片上，然后将它重叠到另一
份输出上，以检视偏离是如何发生的。在一开始的前两个"驼峰"上，
两条曲线几乎若合符节。然后一条曲线开始稍微落后。等到下一个"驼

峰"出现，两次运行已经明显错开了。到了第三或第四个"驼峰"，所有的相似性都已经消失不见了。

这只是从一部笨拙的计算机上所得到的偏差。洛伦茨原本可以假设，是他的这部机器或这个模型哪里出了问题——很有可能他也原本应该如此假设。毕竟这不像是说他当初混合钠和氯而得到了金子。但出于某种他的同事只有在后来才开始理解的数学直觉，洛伦茨有了一种感觉：是哲学上哪里出了问题。而其实践意涵也会非常惊人。尽管他的方程组是对于地球上的天气的拙劣戏仿，但他还是有信心，认为这些方程组把握到了现实大气的实质。在第一天，他就认定，长期天气预报必定是不可能的。[9]

"在这一点上，我们无疑一直没有取得成功，而现在我们有了一个借口，"洛伦茨说道，"我想，之所以人们认为对如此远期的天气进行预报会有可能做到，原因之一是存在一些我们能够做出很好预测的现实物理现象，比如日月食（其中太阳、月亮和地球的动力学是相当复杂的），又如潮汐。我过去从没有将潮汐预报视为预测（我过去一直将它们视为陈述事实），但当然，这是在预测。潮汐实际上与大气一样复杂。两者都具有周期性构成——你可以预测说，下一个夏季会比这个冬季更暖和。但对于天气，我们采取的态度是，这一点众所周知，不值一提。对于潮汐，这个可预测的部分却正是我们感兴趣的，而其不可预测的部分是很小的，除非出现了一场风暴。

"在看到我们能够提前几个月预报潮汐后，一般人可能会说，为什么我们不能对大气做同样的事情，毕竟它不过是另一个流体系统，受到差不多同样复杂的定律支配。但我现在意识到，任何表现出非周期性的物理系统都会是不可预测的。"[10]

在 20 世纪五六十年代，到处弥漫着对于天气预报的不切实际的乐观主义情绪。[11] 报纸和杂志上充斥着对于气象科学的冀望，不只是天气预报，还有人工影响天气和天气控制。有两种技术正在日渐成熟，那就是电子计算机和人造卫星。而一项称为全球大气研究计划的国际合作项目也正在准备充分利用它们。当时的一种思想是，人类社会将从天气的变化无常中解放出来，从其受害者摇身变成其主人。短程线穹顶将罩住玉米地。飞机将直接往云中播散催化剂。科学家将学会如何造雨和止雨。

这种思潮的思想之父是冯·诺伊曼，他设计自己的第一部计算机的意图之一就是控制天气。他召集了一帮气象学家，并向一般科学界宣传他的计划。对于自己的乐观主义，他有一个数学上的具体理由。他注意到，一个复杂的动力系统可以具有一些不稳定点——一些临界点，在那里，轻轻一推就会引发重大后果，就像轻推山顶上的球一样。而冯·诺伊曼设想，有了计算机的帮助，科学家就能够计算出流体运动的方程组在接下来几天的行为。[12] 然后一个由气象学家构成的中央委员会将派遣飞机去播散烟幕或播云，从而将天气推向想要的方向。但冯·诺伊曼忽视了混沌的可能性，而到时每一点都将是不稳定的。

到了 20 世纪 80 年代，专门有一个庞大的机构不惜耗费巨资去追求冯·诺伊曼的目标，至少是其中的天气预报部分。[13] 在马里兰州郊区（靠近华盛顿环路）的一栋外表朴素、屋顶布满雷达和无线电天线的方盒子建筑里，美国的顶尖天气预报员济济一堂。他们的超级计算机所运行的天气模型与洛伦茨的只在最基本的精神上相似。相较于皇家－麦克比 LGP－30 计算机能够每秒进行六十次乘法运算，一部 CDC Cyber 205 大型机的运算速度以每秒百万次浮点运算计。而相较于洛伦茨满足于十二个方程，现代的全球天气模型处理的是包含 500 000 个方程的系统。他们的模型能理解随着空气收缩和膨胀，水汽释放和吸收热量的方式。数字化的风会受到数字化的山脉的影响。而每个小时，来自全球各个国家的数据，来自飞机、卫星、船舶的数据会汇集到这里。美国国家气象中心生产出了世界上第二好的天气预报。

最好的天气预报则出自英格兰的雷丁镇，一个距离伦敦一小时车程的大学小镇。欧洲中期天气预报中心坐落在一处树木掩映的建筑当中，这是一栋有着联合国风格的现代砖和玻璃建筑，里面还摆放着各地赠送的礼物。它是欧洲共同市场精神全盛之时的产物，当时大多数西欧国家决定汇集各自的人才和资源，以求做出更精准的天气预报。欧洲人将他们的成功归结为他们轮转的年轻才俊（没有公务员）以及他们的克雷超级计算机（似乎总是比美国人所用的计算机先进一个型号）。

天气预报标志着利用计算机为复杂系统建模的开始，但无疑这不是其结束。同样的技术也帮助了其他许多领域的科学家和社会科学家做出预测，从推进器设计师关心的小规模流体流，到经济学家关心的大规模金融流，不一而足。事实上，到了 20 世纪七八十年代，利用计算机进行经济预测已经变得与全球天气预报非常相像了。各种模型会穿行在由方程组构成的复杂但不无武断的网络中，通过它们将对于初始条件（不论是大气压，还是货币供应）的测量转化为对于未来趋势的一个模拟。研究者希望，结果不会由于许多不可避免的简化假设而太过偏离现实。如果一个模型确实得出了某个明显离谱的结果（比如撒哈拉发洪水，或者利率涨三倍），研究者就会调整方程组，以便使结果重归正轨。在实践中，经济模型屡屡被证明难以对未来做出可靠的预测，但仍有许多人，他们原本应该更清楚这一点，却表现得仿佛他们对这些结果深信不疑。经济增长率或失业率的预测在被提出时，常常暗示人们自己精确到了两位或三位小数。[14] 而政府和金融机构往往会为这样一些预测买单，并在它们的基础上采取行动，这或许是出于必要或缺乏其他更好选择。也许他们清楚，像"消费者信心"这样的变量，并不像"湿度"那样能够得到很好的测量，而对于政治和时尚的变化，我们也还没有找到能够完美刻画它们的微分方程组。但很少有人意识到，在计算机上为各种流建模的这个过程本身有多么脆弱，哪怕数据是相当可靠的，而支配它们的定律，就像在天气预报中那样，是纯粹物理的。

计算机建模确实已经成功将天气预报从一门艺术变成了一门科学。欧洲中期天气预报中心的评估表明，靠着这些从统计上看聊胜于无的预测，世界每年得以减少数十亿美元的损失。但超过两三天，即便世界上最好的天气预报也不过是猜测；而超过六七天，它们则变得毫无价值。

蝴蝶效应正是个中缘由。[15] 对于小尺度天气现象（在一个全球天气预报员看来，"小尺度"可能意味着雷暴和雪暴），任何预测都会快速恶化而变得没用。误差和不确定性不断积累，在一系列大小不同的湍流现象（从尘卷风和飑，到只能透过人造卫星看到的巨大涡旋）中不断放大。

现代的全球天气模型使用的是从一个格点之间相距一百公里的网格中采样的数据，而即便如此，某些初始数据还是需要靠猜测得到，因为地面站和人造卫星无法每个地方都观测到。但不妨设想整个地球可以布满传感器，它们水平间隔三十厘米，垂直间隔三十厘米，往上直到大气层顶部。[16] 再设想每个传感器可以给出有关温度、气压、湿度，以及气象学家想了解的其他任何物理量的完全精确的读数。然后在正午时分，一部无限强大的计算机读取所有这些数据，并计算接下来每分钟（12:01, 12:02, 12:03, …）的天气状况。

到时，计算机将仍然预测不出在一个月后的某天，新泽西州普林斯顿镇是晴天，还是下雨。在正午时分，位于传感器之间的空间会存在不为计算机所知的随机涨落，即对于平均值的微小偏离。到了 12:01，这些涨落会在三十厘米之外创造出微小的误差。这些误差很快会在三米的尺度上不断积累，如此这般，直到在整个地球的尺度上导致显著的差异。

即便对于资深气象学家来说，所有这些也有违直觉。洛伦茨的一位老朋友罗伯特·怀特是 MIT 的气象学家，后来成为美国国家海洋和大气管理局的首任局长。洛伦茨向他说明了蝴蝶效应，以及他觉得这对长期预测来说可能意味着什么。怀特给出了冯·诺伊曼的回答。"预测，无关紧要，"他说道，"这是天气控制。"[17] 他的想法是，在人力所及范围内的小的人工影响将能够引致我们想要的大尺度上的天气变化。

洛伦茨则认为不然。确实，你能够改变天气。你能够使之变成不同于原本的另一副模样。但如果你这样做了，你就永远无法知道它原本会是什么模样。这就像是把一副已经洗匀的扑克牌再洗一次。你知道这会让你改变运气，但你不知道运气会是变好，还是变坏。

洛伦茨的发现是一个意外，是自阿基米德及其浴缸以来的无数意外发现中的一个。洛伦茨向来不是那种大呼"尤里卡"的类型。这个意外发现只是将他引到了一个他从未曾离开的地方。他准备通过找出它对于科学理解各种流体流的方式究竟意味着什么，深入探索这个发现的意涵。

要是他当初止步于蝴蝶效应，一个说明可预测性让步于完全随机性的意象，那么洛伦茨原本可能揭示的不过只是一个非常坏的消息。但洛伦茨在他的天气模型中看到的不只是随机性。他看到了一个精细几何结构，一种**乔装成**随机性的秩序。毕竟他是一位乔装成气象学家的数学家，而这时，他开始过上一种双面生活。他会写作纯粹气象学的论文。但他也会写作纯粹数学的论文，只是还以有点儿略微误导人的天气话题作为开场白。最终，这样的开场白也会彻底消失不见。

他将注意力越来越多地转向这样一些系统的数学，这些系统始终无法找到一个定态，几乎要重复自己，但始终没有完全做到。每个人都知道，天气就是这样一个系统——非周期的。其他类似例子在大自然中所在皆是：几乎规则起伏的动物种群数量，以接近定期的时间表爆发和消退的流行病，如此等等。要是天气确实有朝一日来到了一个与它之前经历过的某个状态确切一样的状态，每股风和每片云都一模一样，那么有可能它会接下来永远重复自己，这时天气预报的问题就会变得平凡无奇。

洛伦茨意识到，在天气不愿意重复自己与天气预报员无法预测它之间必定存在一种关联——一种在非周期性与不可预测性之间的关联。[18] 找到会生成他所寻觅的非周期性的简单方程组并不是件易事。一开始，他的计算机模型倾向于陷入始终重复的循环。但洛伦茨尝试了各式各样的略微复杂化，并最终在加入一个东西方向上的温差（对应于在现实世界中，比如北美东海岸与大西洋在受热升温上的差异）随时间变化的方程后取得了成功。重复消失不见了。

蝴蝶效应其实并不是一个意外，而是一种必需。洛伦茨推理，设想小的扰动不是在系统中积累扩大，而是维持这么小的状态，那么当天气变得任意接近一个它之前经历过的状态时，它就会**维持**这个样子，接下来继续任意接近该状态。实际上，这样的循环会是可预测的——因而最终也是无趣的。为了生成地球上丰富多彩、变化万端的现实天气，你大概想象不出比蝴蝶效应更好的东西了。

蝴蝶效应也被冠以另一个技术性名称：对初始条件的敏感依赖。而对初始条件的敏感依赖其实并不是一个全新概念。它在民间故事中就有体现：

少了一钉子，失了一铁蹄；

少了一铁蹄，失了一战马；

少了一战马，失了一骑士；

少了一骑士，失了一胜仗；

少了一胜仗，失了一王国。[19]

像在生活中一样，在科学中，众所周知，一连串事件中可以有一个激变点，将小的变化放大。但混沌意味着，这样的点到处都是。它们无处不在。在像天气这样的系统中，对初始条件的敏感依赖是小尺度与大尺度交织在一起的方式的一个不可避免的结果。

他的同事惊喜于洛伦茨同时把握到了非周期性和对初始条件的敏感依赖，而他所用的只是一个天气的玩具模型：十二个方程，然后凭借机械的高效率一遍遍加以计算。那么这样的丰富性、这样的不可预测性（这样的混沌），如何能够从一个简单的决定论式系统中冒出来？

洛伦茨暂时放下天气，试图找到比它还要更简单的方式去生成这种复杂的行为。最终他在一个只由三个方程构成的系统中找到了这样的方式。这些方程是非线性的，也就是说，它们所表示的关系不是严格成比例的。线性关系可被表示为图上的一条直线。它理解起来也很容易：**多多**益善。线性方程组是可解的，而这使得它们适合进入教科书。线性系统还具有一个重要的构件化优点：你可以把它们拆开，然后再把它们组装到一起——其各部分是可加的。

非线性系统则一般是不可解和不可加的。在流体系统和力学系统中，非线性的项往往是人们在试图得到一个简单明了的理解时希望加以忽略的一些特征。比如，摩擦力。在没有摩擦力的情况下，加速一枚冰球所需的能量可用一个简单的线性方程表示出来。而在有摩擦力的情况下，关系变得更为复杂，因为所需的能量取决于冰球已有的运动速度。非线性意味着，参与游戏的行为本身会改变游戏规则。你无法赋予摩擦力一个恒定的重要性，因为其重要性取决于速度。而速度，反过来，又取决于摩擦力。这种相互依赖使得非线性难以计算，但它也创造出了丰富多彩的、不见于线性系统的各类行为。在流体动力学中，一切都可以归结到一个经典方程——纳维－斯托克斯方程。这是一个简洁性的奇迹，将流体的速度、压强、密度和黏度联系到了一起，但它碰巧是非线性的。所以这些关系的性质常常变得不可能明确确定。分析一个像纳维－斯托克斯方程这样的非线性方程的行为，就仿佛是穿行在一个迷宫当中，并且其墙壁会随着你的每一步而发生重新排列。就像冯·诺伊曼自己所说的："方程的特性……在所有相关层面上都同时发生改变：次数和度都发生改变。因此，棘手的数学难题必定随之而来。"[20] 要是纳维－斯托克斯方程里不包含非线性的魔鬼，那么世界会变得大不相同，科学也会不需要混沌。

洛伦茨的三个方程受到了一类特定的流体运动的启发：热的气体或液体的上升，即对流。在大气中，靠近地面的空气受热膨胀上升；在热的沥青和散热器表面，热气升腾，氤氲似鬼魅。洛伦茨也乐于谈论一杯热咖啡中的对流。[21] 按照他的说法，这只是我们可能希望预测其未来的不可计数的流体动力过程中的一种。我们如何能够计算出一杯咖啡会冷却得多快？如果咖啡只是温的，那么不需要任何流体动力运动，其热量也会慢慢耗散。这时咖啡维持在一个定态。但如果它足够热，对流过程就会将热咖啡从杯底带到温度较低的杯面。只需在杯中加入些许稀奶油，咖啡中的对流便会变得清晰可见。由此产生的白色涡旋可以非常复杂。但这样一个系统的长期命运是显而易见的。由于热量不断耗散，也由于摩擦力减缓了流体的速度，整个运动必定最终不可避免会停止。洛伦茨便对着一帮科学家一本正经地开玩笑道："我们可能难以预报咖啡在一分钟后的温度，但我们应该不难预报它在一小时后的温度。"[22] 刻画一杯慢慢冷却的咖啡的运动方程组必须要能够反映系统的这种命运。它们必定要是耗散的。咖啡的温度必定要逐渐趋于室温，而速度必定要趋于零。

洛伦茨选取了一组描述对流的方程，并极力简化，舍弃一切有可能出错的东西，使之简单到脱离现实。[23] 原始模型几乎一点儿影子都没有剩下，但他的确将非线性保留了下来。在物理学家的眼中，这些方程看上去甚是简单。你会扫上一眼（后来的许多科学家确实就是如此），然后说："我能够求解它。"

"确实，"洛伦茨平静地说道，"当你看到它们时，你会倾向于这样想。它们当中存在一些非线性的项，但你认为必定存在某种方式可以绕过它们。但你就是无法做到。"

最简单的教科书式对流出现在一个充满流体的盒子中，盒子的一个平滑底面可被加热，而另一个平滑顶面可被冷却。热的底部与冷的顶部之间的温差控制着流体流的运动。如果温差很小，那么整个系统保持静止。这时热量通过热传导从底部流向顶部，就仿佛流经一块金属，不足以克服流体宏观上维持不动的自然倾向。此外，整个系统是稳定的。任何随机运动（比如一个研究生敲击实验设备所引发的）会慢慢消失，使系统回归其定态。

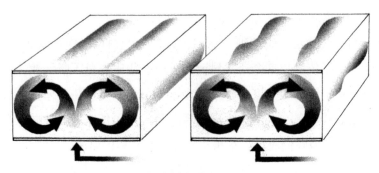

©Adolph E. Brotman

翻滚的流体

当一种液体或气体在底部受热时，该流体倾向于自组织形成一个个圆柱状的涡卷（左图）。热流体在一边上升，逐渐失去热量，然后在另一边下沉——这就是对流过程。进一步加热后（右图），一种不稳定性开始出现，涡卷开始沿着圆柱体的长轴前后摆动。在更高的温度上，流体流变得恣意和紊乱。

但增大加热强度，新的一类行为就会出现。随着底部的流体受热，它体积膨胀。随着它体积膨胀，它密度变小。而随着它密度变小，它相对变轻，足以克服摩擦力，从而上升至顶部。在一个小心设计过的盒子中，圆柱状的涡卷会出现，其中一边是热流体受热上升，另一边则是冷流体下沉补充。从侧面看，整个运动构成了一个连续的圆。而在实验室之外，大自然也经常创造出它自己的对流涡胞。比如，当太阳加热沙漠的地表时，翻滚的气流会在上面的积云或下面的沙堆中创造出神秘莫测的模式。

进一步增大加热强度，流体的行为会变得更为复杂。涡卷会开始扭曲、摆动。洛伦茨的方程组太过简化，完全不足以为这类复杂性建模。它们所抽象的只是现实世界对流的一个特征：热流体上升而冷流体下沉、翻滚仿似摩天轮的圆周运动。这些方程考虑了这种运动的速度以及热量的传递，而这些物理过程是相互作用的。随着热流体沿着圆上升，它会与其他较冷的部分相接触，从而开始失去热量。如果运动的速度足够快，那么底部流体在抵达顶部并开始顺着涡卷的另一边下沉时不会失去所有的额外热量，所以它实际上会开始阻碍处在身后的其他热流体的运动。

尽管洛伦茨的系统没有为对流完全建模，但事实证明，它还是能在现实系统中找到一些确切的对应物。比如，他的方程组就精确描述了一种老式发电机。作为现代发电机的祖先，圆盘发电机通过圆盘在磁场中转动而生成电流。在特定条件下，一种双圆盘发电机能够反转线路中的电流。在洛伦茨的方程组变得为更多人所知后，有些科学家就提出，这样一种发电机的行为或许可以解释另一种怪异的反转现象：地磁场。人们已经知道，在地球的历史上，这种"地磁发电机"已经反转过很多次，并且这些反转之间的间隔看上去毫无规则、难以解释。[24] 面对这样的不规则性，理论研究者通常试图在系统之外寻找解释，提出诸如陨石撞击之类的理由。但或许地磁发电机自有其混沌。

另一个可被洛伦茨的方程组精确描述的系统是某种水车，这是对流的圆周运动的一个力学类比。[25] 在顶部，水匀速流入挂在水车边缘的水斗中。每个水斗则透过底下的一个小孔匀速将水漏出。如果水流缓慢，那么最高处的水斗将永远无法积累足够多的水，不足以克服摩擦力；但如果水流变快，最高处的水斗的重量将带动水车开始转动。转动可能持续朝同一个方向。或者如果水流如此之快，以至于重的水斗越过最低点来到另一边，于是整个水车可能变慢、停止，然后反向转动，一下朝一个方向，一下朝另一个方向。

面对这样一个简单的力学系统，物理学家的直觉（其前混沌的直觉）会告诉他，长期来看，如果水流保持匀速，一个定态就将会演化出来。要么水车匀速转动，要么它稳定地来回振荡，以恒定的间隔一下朝一个方向，一下朝另一个方向。但洛伦茨发现情况并非如此。

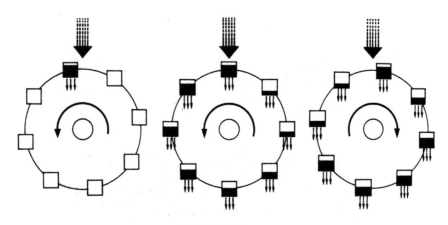

© Adolph E. Brotman

洛伦茨的水车

由爱德华·洛伦茨发现的第一个著名的混沌系统确切对应于一个力学装置：一部水车。这个简单的装置被证明能够生成出人意料复杂的行为。

水车的转动具有一些与对流过程中流体形成的翻滚圆柱体相似的属性。水车就像圆柱体的一个横截面。两个系统都被匀速驱动（被水或热量），并且两者都耗散能量（流体失热，而水斗漏水）。在两个系统中，长期行为都取决于驱动能量的强弱。

水从顶部匀速流入。如果水流缓慢，最高处的水斗永远无法积累足够多的水，不足以克服摩擦力，整个水车就不会开始转动。（类似地，在流体中，如果热量不够多，不足以克服黏性，流体也不会开始运动。）

如果水流变快，最高处的水斗的重量将带动水车开始转动（左图）。整个水车会进入一个朝同一个方向的匀速转动（中间图）。

但如果水流变得更快（右图），由于系统内禀的非线性效应，转动会变得混沌。随着水斗经过水流下方，它们能够承接的水量取决于转动的速度。一方面，如果水车转得很快，水斗就没有多少时间接水。（类似地，处在快速翻滚的对流中的流体也没有多少时间吸收热量。）另一方面，如果水车转得很快，水斗会在水漏光之前来到另一边。因此，在另一边向上运动的重的水斗会导致转动变慢，乃至反转。

事实上，洛伦茨发现，长期来看，转动会多次反转，并且从不会出现一个稳定的频率，也从不会以任何可预测的模式重复自己。

三个方程（连同其三个变量）完全描述了这个系统的运动。[26]洛伦茨的计算机输出了这三个变量不断变化的值：0–10–0, 4–12–0, 9–20–0, 16–36–2, 30–66–7, 54–115–24, 93–192–74。随着系统中时间的推移，五个时间单位，一百个，一千个，这些数起起伏伏。

为了利用数据得到一个直观图像，洛伦茨以每组的三个数为坐标，确定三维空间中的一个点。由此，数的序列生成了一个点的序列，一条记录下这个系统行为的连续的轨线。这样一条轨线可能来到一个地方，然后终止，意味着系统最终进入一个定态，届时有关速度和温度的变量将不再变化。或者轨线可能构成一个环，循环往复，意味着系统最终进入一个周期性重复自己的行为模式。

洛伦茨的系统不属于这两种情况。相反，它的图像展现出一种无穷的复杂性。它始终停留在特定边界之内，不越雷池一步，但也始终没有重复自己。它生成了一个怪异而独特的形状——某种三维空间中的双螺线，就好似伸展双翅的一只蝴蝶。这个形状透露出纯粹的无序，因为其中没有哪个点或点的模式是重复的。但它也透露出一种新的类型的秩序。

多年以后，物理学家会眼带向往之情地谈论起洛伦茨那篇讨论这些方程的论文——"那篇美丽的杰作"。到那时，它被人说得就仿佛是一份古代卷轴，内含有关永恒的天机。在成千上万的讨论混沌的技术性文献中，几乎没有哪篇论文比《决定论式的非周期性流》一文更常被人引用。在很多年里，也没有哪一个对象会比该论文中所刻画的那条神秘曲线，即后来被称为洛伦茨吸引子的双螺线，启发、催生出更多插图，乃至动画。有史以来第一次，洛伦茨的图像得以向我们清楚展示，说"这很复杂"究竟意味着什么。混沌的所有丰富意涵都在那里面。

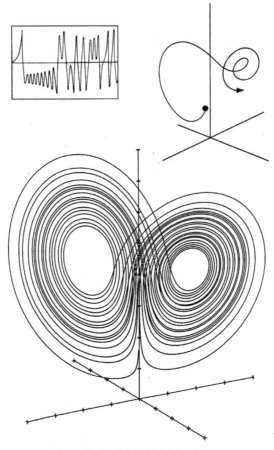

© James P. Crutchfield / Adolph E. Brotman

洛伦茨吸引子

这个类似猫头鹰面具或蝴蝶双翅的神奇图像，成了混沌的早期探索者的一个象征。它揭示出了隐藏在一股无序的数据流背后的精细结构。传统上，一个变量的不断变化的值可表示为一个所谓的时间序列（左上图）。但要想展示三个变量之间不断变化的关系，这需要用到一种不同的技术。在任意一个给定时刻，三个变量的值确定了三维空间中一个点的位置；而随着系统变化，这个点的运动就代表了这些不断变化的变量。

由于系统永远不会确切重复自己，因此其轨迹永远不会自相交。相反，它始终在绕来绕去。吸引子的运动是抽象的，但它还是传递出了现实系统运动的某些特征。比如，从吸引子的一翼跃至另一翼就对应于水车或对流流体的运动方向的反转。

不过，在当时，几乎没有人能看出这一点。洛伦茨曾向威廉·马尔库斯（一位 MIT 的应用数学教授，也是一位彬彬有礼的科学家，对于同仁的工作有着非凡的赏识能力）描述了自己的发现。马尔库斯听完笑了起来："埃德，我们知道（我们清楚地知道），流体的对流根本不会出现那种情况。"[27] 马尔库斯告诉他，复杂性无疑会慢慢削弱，系统最终将趋于稳定而规则的运动。

"当然，我们当时完全没有把握到重点，"马尔库斯在二十多年后（即在他曾在自己的地下室实验室里实际搭起一部洛伦茨水车，以便向非信仰者"传道"的多年之后）说道，"埃德当时所思考的根本不是我们的物理学。他所思考的是某种一般化的或抽象的模型，而其展现出来的行为，他出于本能感到，是外部世界的某些层面的典型行为。不过，他无法跟我们这样说。只是在事后，我们才意识到他当初必定持这样一些观点。"

当时很少有外行人意识到，科学界已经变得多么相互隔绝；它就犹如一艘战舰，其中一道道水密舱壁使各舱室相互隔绝，密不透水。生物学家不需要再关注数学文献，也已经有足够多的东西需要阅读——事实上，分子生物学家不需要再关注种群生物学，也已经有足够多的东西需要阅读。物理学家也有比浏览气象学期刊更好的方式去花费自己宝贵的时间。原本有些数学家会兴奋于看到洛伦茨的发现；而在接下来的十年里，也有许多物理学家、天文学家和生物学家一直在寻找像这样的东西，并且有时他们还自己重新发现了它。但洛伦茨是一位气象学家，而当时没有人想到要去《大气科学期刊》第 20 卷的第 130 页找寻混沌。[28]

第 二 章

革命

CHAOS:
MAKING A NEW
SCIENCE

当然，全部的努力都旨在让自己
置身于所谓的统计学的
通常范围之外。

——斯蒂芬·斯彭德，《空袭夜思》

科学史家托马斯·S. 库恩曾描述过一个令人困扰的实验，它由两位心理学家在 20 世纪 40 年代所做。[1] 受试者被示以各种扑克牌，每次一张，然后被要求说出牌面。当然，这里有点儿小花招。有些牌是异乎寻常的，比如，一张红色的黑桃 6 或一张黑色的方块 Q。

在牌面高速切换的情况下，受试者没有迟疑。事情再简单不过。他们完全没有发现异样之处。在被示以一张红色的黑桃 6 时，他们要么会说"红桃 6"，要么会说"黑桃 6"。但当牌面展示的时间变长时，受试者开始犹豫。他们开始意识到这里存在问题，但又不是十分确信哪里出了问题。一个受试者可能说，他看到了某种怪异之事，像是黑桃心外面有一圈红边。

最终，随着速度更加放慢，大多数受试者明白过来。他们会认出异样之处，并做出必要的心智调整，得以不再出错地玩游戏。不过，并不是所有人都能如此。有些人就受苦于这种错乱感。"我无法认出那个花色，不论它究竟是什么，"有个人这样说道，"那时它甚至看上去不像一张扑克牌。我到现在也还弄不清它的颜色是什么，它到底是一张黑桃，还是一张红桃。我甚至不再确信一张黑桃看上去应该是怎样的。我的天哪！"[2]

职业科学家，在被短暂示以大自然的运行之道时，同样容易在面对其中的不协调时陷入混乱和苦恼。而这种不协调，在它改变了一位科学家看待世界的方式时，有可能催生出一些最为重要的进展。这是库恩所主张的，也是混沌的故事所揭示的。

库恩有关科学如何运作以及革命如何发生的思想，在 1962 年首次提出时，顿时引发广泛关注，毁誉参半，并且从那以后，争议一直没有停息。他一针刺破了这样的传统观点，即科学通过积累知识、层层递进的方式得以进步，而新理论则在新的实验事实提出要求之时得以出现。他打破了将科学视为一个提出问题和找到答案的有序过程的观点。他强调了这样一种对比，即科学家在各自学科范围内已经得到透彻理解的、正经的问题上所做的常规工作，与那些有可能催生出革命的、不同寻常的非常规工作。不出意外地，他使得科学家看上去不完全是完美的理性主义者。

在库恩的图景中，常规科学主要由扫尾工作构成。[3] 实验科学家执行那些先前已经进行过许多次的实验的修订版。[4] 理论科学家则这里一下，那里一下，为理论增砖添瓦。事情很难不变成如此。要是所有科学家都不得不从头开始，都对基本假设提出质疑，那么为了做出有用的工作，他们都必须首先解决一些必要的基础性技术问题。在本杰明·富兰克林的时代，那些试图理解电现象的科学家可以选择他们自己的第一性原理——事实上，他们也不得不如此。[5] 一位研究者可能将吸引视为最为重要的电效应，认为电是带电体所散发的某种"电素"。另一位研究者可能将电视为一种流体，经由导体加以传导。这些科学家相互交流的方式几乎与他们跟外行人交流的方式相同，因为他们尚未到达这样一个阶段，能够将一种专门描述所研究现象的共同语言视为理所当然。与此形成鲜明对比的是，如果一位 20 世纪的流体动力学研究者不首先接受和采用一整套术语和数学技巧，那么很难预期他会在该领域做出贡献。反过来，他也会不自觉地放弃质疑该学科基础的自由。

库恩的思想的关键是，将常规科学视为解决这样一类学生在翻开教科书时首次学到的问题。它们定义了可接受的学术成就的风格，大多数科学家也正是靠着解决它们得以一路完成其研究生学业，完成其博士论文，以及完成构成其学术生涯主体的论文写作。"在常规科学条件下，研究科学家不是一个创新者，而是一个问题解决者，"库恩写道，"并且他所关注的只是那些他相信能够在现有科学传统中加以描述和解决的问题。"[6]

然后革命出现了。一门新科学从已经走到死胡同尽头的旧科学中涅槃新生。通常，一场革命具有跨学科的特征——其核心发现常常由那些游离在自己学科的常规边界之外的人做出。吸引这些理论研究者的那些问题并不被人们认可为正经的学术课题。所以对此的博士论文开题报告会被否决，而学术论文会被拒稿。就连理论研究者自己也不确定，他们在见到一个答案时是否能识别出来。但他们愿意接受这对自己的职业生涯可能带来的风险。少数自由思想家独自一人工作，无法向外人解释清楚自己意欲何为，甚至害怕告诉同事自己正在做什么——这个浪漫的意象存在于库恩的图景的核心，并在探索混沌的过程中一次又一次地变成了现实。

每个早期转向混沌的科学家都有一个曾得不到鼓励或遭受公开敌意的故事可说。研究生被好心告诫，如果他们的学位论文涉足一个未经检验的学科，一个他们的指导老师都不熟悉的领域，那么他们的职业前景可能会受到损害。一位粒子物理学家，在听说这种新数学后，可能因为其既美且难而决定自己摸索一下，但同时打定主意永远不向同事提及。[7]更年长一些的教授则感到自己正在经历某种中年危机，因而决定在一个许多同事有可能误解或不满的研究方向上赌上一把。但他们也感受到了真正全新的东西所能带来的那种智力上的兴奋感，甚至一些敏锐的外部人士也感受到了这种兴奋感。对于高等研究院的弗里曼·戴森来说，20世纪70年代，混沌的新闻传来，就"像一股电流"击中了自己。其他人则感到，职业生涯中第一次，自己正在见证一个真正的范式转换、一次思维方式的转变。

那些在早期就接受混沌概念的人还曾挠头于如何将自己的思考和发现形成可发表的文字。这些工作落在了不同学科之间，比如，它对物理学家来说太过抽象，但对数学家来说又太具实验性。在有些人看来，传递新思想所遇到的困难，以及从传统领域所收到的激烈抗拒，正表明了这门新科学所具有的革命性。毕竟浅薄的思想可被纳入原有的体系，而要求人们重组其世界图景的思想不免会引发敌意。美国佐治亚理工学院的物理学家约瑟夫·福特，就引用了列夫·托尔斯泰的话来阐明这一点："我知道，大多数人，包括那些面对非常复杂的问题也泰然自若的人，很少能够接受哪怕最简单和最显而易见的真理，因为这些真理迫使他们不得不承认他们一直乐于向同事解释的、一直自豪地向其他人传授的，以及已经将之深深融入自己生活当中的那些结论是错误的。"[8]

许多主流科学家仍然只是对这门新出现的科学略有耳闻。还有些科学家，尤其是传统的流体动力学研究者，则主动表示出不满。毕竟乍看之下，混沌相关的论断听上去大胆而不科学，并且混沌基于某种看上去非常规且困难的数学。

随着混沌研究者的不断扩散，有些院系对这些有点儿偏离常规的学者皱起眉头，有些则张开双臂欢迎更多。有些期刊定下潜规则，不接收混沌相关的论文，有些则完全专注于混沌。混沌学家（这样的说法也开始出现[9]）不成比例地频繁出现在年度重要学术职位和奖项的名单当中。到了 20 世纪 80 年代中期，经过一个学术流动的过程，混沌研究者开始占据大学组织中的重要位置。各种专门研究"非线性动力学"和"复杂系统"的中心和院所也开始成立。

混沌已经不仅是理论，还是方法，不仅是一套信念，还是一种做科学的方式。混沌已经创造出它自己的使用计算机的技术，这种技术并不要求使用像克雷或 CDC 那样的超级计算机，而是更喜欢使用可实现灵活互动的普通终端。对混沌研究者而言，数学已经成为一门实验科学，只不过它使用的是计算机，而不是配备试管和显微镜的实验室。而计算机图像是其中的关键。"一位数学家做研究而不使用图像是自找罪受。"一位混沌研究者会这样说，"他如何能够看出这个运动与那个运动之间的关系？他又如何能够形成直觉？"[10] 他们当中有些人在进行自己的研究时，明确否认它是一场革命；其他人则有意采用库恩的范式转换概念来描述他们所见证的变化。

在风格上，早期的混沌研究论文容易让人想起本杰明·富兰克林的时代，也就是说，它们也常常诉诸第一性原理。正如库恩所注意到的，常规科学将那些作为研究的共同出发点的知识视为理所当然。为了避免同行生厌，科学家们经常开门见山，最后利落收尾，全都不多赘述。与此形成鲜明对比的是，自 20 世纪 70 年代后期以来的混沌研究论文，从它们的前言到它们的结论，听上去都像在传播福音。它们提出新的信条，并经常以呼吁诉诸行动作结。"这些结论在我们看来既令人兴奋，也极有启发。一个有关湍流发生的理论图景正在开始浮现。"[11] "混沌的核心在数学上是容易理解的。"[12] "混沌现在预示出未来，这是无可辩驳的。但要接受这样的未来，我们就必须舍弃大部分的过去。"[13]

新的希望、新的风格，以及最为重要的，一种新的看待世界的方式。革命的发生并不是渐变的。[14] 一个有关自然的描述取代了另一个。老问题有了看待的新视角，而其他问题第一次被注意到。这就像是整个工业进行了设备更换，以从事新的生产。或者按照库恩的说法："这就好像整个科学界突然被传送到了另一个星球上，在那里，他们以不同的视角看待熟悉的事物，并遇到了以前没有见过的东西。"[15]

这门新科学的小白鼠是单摆，这个经典力学的标志、受制运动的示例、钟表般规则性的典范。[16] 一个锤系在一条绳或一根杆的一头，绳或杆的另一头固定，然后锤在受到推动后自由摆动。还有什么比这看上去与湍流的变化无端更风马牛不相及吗？

就像阿基米德有其浴缸，而牛顿有其苹果，根据通行的传说，伽利略则有其教堂吊灯，它来回摆动，周而复始，一板一眼地将自己的讯息送入他的意识。克里斯蒂安·惠更斯将单摆的可预测性变成了一种计时手段，从而将西方文明推上了一条无法回头的道路。在巴黎的先贤祠，傅科利用一只二十层楼高的单摆形象揭示出地球的自转。而在石英钟出现之前，每只钟表都有赖于大小或形状不一的单摆。（事实上，石英装置的振荡并没有如此不同。）在太空中，由于没有摩擦力，周期性运动可见于天体的轨道，但在地球上，几乎任何规则的振荡都来自单摆的某种变体。描述基本电路的方程组与描述单摆摆动的方程组是一样的。电子振荡要快上数百万倍，但背后的物理学是一样的。不过，到了 20 世纪，经典力学成了一种仅限于课堂教学和常规工程项目的学问。以"太空球"玩具的形式，单摆在科技馆展示，并在机场礼品店出售。但不再有物理研究者对单摆感兴趣。

然而，单摆的奥秘并没有被穷尽，它仍有惊喜可期。它将成为一块试金石，就像当初它为伽利略的革命所做的。当亚里士多德看到一只单摆时，他看到的是，摆锤试图落向地面，但由于它被摆绳所限制，因此它只能挣扎着来回摆动。[17] 一个现代人可能会觉得，这听上去很愚蠢。受到对于运动、惯性和重力的经典概念根深蒂固的影响，他可能很难欣赏亚里士多德对于单摆的理解所反映出的那种自洽的世界观。在亚里士多德看来，机械运动不是一个物理量或一种力，而是一类变化，就像人的生长是一类变化。悬空的摆锤试图回归其最自然的状态，也就是在没有摆绳的限制时它将达到的状态。在这个语境中，亚里士多德的说法是说得通的。另外，当伽利略看到一只单摆时，他看到的是一种可被测量的规则性。为了解释这种规则性，他需要用到一种对于运动物体的革命性新理解。伽利略相较于古希腊人的优势并不在于他拥有更好的数据。事实上，恰恰相反，他为单摆计算时间的方法是让一些朋友帮忙数一下在二十四小时的周期里单摆振荡的次数——一个费时费力的实验。他之所以看到了规则性，是因为他已经拥有一个理论，而理论预测了这一点。他理解了亚里士多德所无法理解的一点：一个运动物体倾向于保持继续运动，而其速度或方向上的变化只能通过某种外力，比如摩擦力来解释。

事实上，伽利略的理论如此强大，以至于他看出了一种实际上并不存在的规则性。他主张，一只给定绳长的单摆不仅每次来回摆动的时间是相等的，并且不论摆动形成的夹角是大还是小，这个时间始终是相同的。摆动幅度大的单摆需要经过更长的距离，但它恰好也快上那么一点儿。换言之，单摆的周期与振幅无关。"如果让两位友人数一下单摆振荡的次数，其中一个人数摆幅大的，另一个人数摆幅小的，他们将看到，不论是数到数十次，还是甚至数到数百次，他们数出的次数都不会相差一次，或数分之一次。"[18]伽利略以做实验的方式表述了自己的主张，但终究还是理论使它具有说服力——事实上，伽利略的主张如此令人信服，以至于它今天仍在大多数高中物理课上被当作真理传授。但它是错误的。伽利略看到的规则性只是一种近似。不断变化的夹角在方程中引入了一点点非线性。当振幅很小时，误差可以忽略不计。但它终究在那里，并可被测量出来，哪怕是在一个粗略如伽利略所描述的实验中。

微小的非线性容易被无视。任何做过实验的人很快都会知道，自己生活在一个不完美的世界中。自伽利略和牛顿以降的数百年来，在实验中找寻规则性一直是实验科学家的基本工作。他们渴望找到那些保持不变的量，或者那些值为零的量。但这也意味着无视那些会扰乱一个简明图景的细枝末节。如果一位化学工程师发现两种物质的比率始终变化不大，前天是 2.001，昨天是 2.003，今天是 1.998，这时恐怕只有傻子才会不去寻找一个能解释正好二比一比率的理论。

为了得到他的简明结论，伽利略也有意忽视了那些他明知存在的非线性因素：摩擦力和空气阻力。空气阻力是一个臭名昭著的实验麻烦鬼，一个为了直抵力学新科学的实质而必须被剔除的复杂化因素。羽毛的下落速度与石头的一样快吗？所有有关自由落体的日常经验告诉我们答案是否定的。伽利略在比萨斜塔上扔下一轻一重两个球的故事，作为一个迷思，实际上说的是，如何发明一个理想化的科学世界（在其中，规则性可从日常经验的纷繁复杂中被分离出来）来改变我们的直觉。

将重力对一个给定质量的物体的效应与空气阻力对其的效应分解开来，是一个杰出的智力成就。这让伽利略得以触及惯性和动量的核心。尽管如此，在现实世界中，单摆最终还是会像亚里士多德的陈旧范式所预测的那样，它们会停下。

在为下一次范式转换做铺垫的过程中，物理学家开始直面许多人相信自己在像单摆这样的简单系统方面所受教育中的一种不足。进入 20 世纪，像摩擦力这样的耗散过程被纳入考量，学生们开始学习将它们纳入方程。学生们还学到，非线性系统通常是无解的（这点不假），并且它们大多是例外情况——这点则不对。经典力学描述了全部运动物体、单摆和双摆、弹簧和弯曲棒、指拨的弦和弓拉的弦等的行为。其数学还适用于流体系统和电子系统。但在经典力学时期，几乎没有人想到混沌的可能性，没有人想到如果非线性被赋予其应有的地位，在动力系统中可能会出现一种新的行为。

一位物理学家无法真正理解湍流或复杂性，除非他首先理解了单摆，并且是以一种不可能在 20 世纪上半叶想到的方式理解它们。随着混沌开始整合不同系统的研究，单摆的动力学被发现也适用于从激光到超导约瑟夫森结的高科技领域。有些化学反应表现出类似单摆的行为，跳动的心脏也是如此。正如一位物理学家所写的，其出人意料的适用可能性还扩展到了"生理和精神医学、经济预测，或许还有社会的演化"。[19]

试考虑操场边的一架秋千。它在下降时加速，在上升时减速，同时由于摩擦力不断失去一点点速度。设想它受到一个周期性外力推动，比如，来自某种规则运作的机器。我们的所有直觉都告诉我们，不论秋千一开始从多高的地方落下，其运动将最终进入一种规则的来回摆动模式，并且每次都荡到同样的高度。这有可能发生。[20] 然而，尽管可能看上去不可思议，其运动也可能变得不规则，一下高，一下低，永远不会进入一个稳定的定态，也永远不会完全重复之前的一个摆动模式。[21]

这种出人意料的、不规则的行为来自流入流出这个简单振子的能量流中的一种非线性因素。秋千是有阻尼振动，也是受迫振动：有阻尼，因为摩擦力试图使它静止下来；受迫，因为它受到一个周期性外力推动。即便当一个有阻尼受迫系统处于均衡状态时，它也能表现出复杂的行为，而我们的世界充满了这样的系统。首先一个系统就是天气，它一方面由于运动的空气和水的摩擦力以及热量向外太空的耗散而趋于停滞，另一方面则受到太阳能量的持续推动。

但不可预测性并不是物理学家和数学家在 20 世纪六七十年代再次开始严肃看待单摆的原因。不可预测性只是一开始吸引他们注意的地方。这些研究混沌动力学的学者进而发现，简单系统的无序行为也是一个创造性的过程。它生成了复杂性：一些复杂的模式，它们有时稳定，而有时不稳定，有时有限，而有时无限，但总是有着一种仿佛具有生命一般的吸引力。这也是为什么科学家开始钻研玩具。

其中一种玩具是"太空球"[22]或"太空秋千"，两个空心球连在一根短棒的两端，短棒的中心架在一个单摆的一端，单摆摆杆的中心则架在支架上，另一端接着第三个更重的球。底下的第三个球来回摆动，顶上的短棒及另两个球则可以自由转动。所有三个球都内装小块磁铁，并且一旦运动起来，整个装置就会不断运动下去，因为在底座内部有一块电池驱动的电磁铁。装置感知到最底下那个球的接近，并在它经过时用磁力为它推上一把。有时候，整个玩具会进入一种稳定的、规则的摆动。但其他时候，其运动看上去始终是混乱的，总是不断变化，给人无尽的惊喜。

另一种玩具实质上是一种所谓的球面摆——不像单摆只能在一个竖直平面内来回摆动，球面摆可以在一个球面内的各个方向上自由摆动。它的底座上固定着一些小的磁铁。这些磁铁吸引金属摆锤，而当摆停止时，摆锤会被其中一块磁铁所捕获。这里的玩法是，让摆摆动，然后猜哪块磁铁会胜出。即使在只有摆放成三角形的三块磁铁的情况下，摆的运动也是无法预测的。它可能会在磁铁 A 与 B 之间来回摆动一会儿，然后转换到 B 与 C 之间摆动，再然后，就在它看上去将最终停靠到 C 上时，又跳回到 A。设想一位科学家通过以下方式作图来系统地探索这种玩具的行为：选取一个起始点；将摆锤拉到那个位置，然后放手；根据摆锤最后停靠到哪块磁铁上，将那个点相应标为红色、蓝色或绿色。这幅图最终看上去会是什么样子的？正如我们可能预期的，它会有一些实心的红色、蓝色或绿色区域——从某个区域内出发，摆锤将稳妥地停靠到一块特定的磁铁上。但它也会有一些区域，其中不同颜色相互交织，呈现出无尽的复杂性。在一个红色的点附近，不论我们如何靠近看，也不论我们将图放大多少倍，总是会有些蓝色和绿色的点。因此，摆锤的命运实际上将是无法预测的。

传统上，一位动力学研究者会相信，将一个系统的方程组写出来就是理解了这个系统。还有什么比这更好的把握其核心特征的方式吗？对于一具秋千或一件玩具来说，这样的方程组会将单摆的夹角、速度、摩擦力以及所受外力联系在一起。但由于这样的方程组中存在的一点点非线性，研究者会发现自己根本没有办法回答哪怕简单的关于这个系统未来的实际问题。他可以通过计算机模拟，进行一轮轮快速计算来处理这个问题。但模拟会带来它自己的问题：每轮计算中隐含的微小不精确性会快速积累扩大，因为这是一个对初始条件敏感依赖的系统。很快，有用的信号消失不见，剩下的唯有一片噪声。

但真是这样吗？洛伦茨找到了不可预测性，但他也找到了模式。其他人同样在看上去随机的行为中发现了结构的踪影。单摆的例子可能由于简单而容易被人无视，但那些选择不去无视它的人从中找到了一条富有启迪性的讯息。他们意识到，在某种意义上，原有的物理学很好地理解了单摆运动的基本机制，但它无法将这种理解扩展到长期的情况。微观图景非常清晰，但宏观行为仍是个谜。从局域看待系统（分离出各自的机制，然后将它们加总起来）的传统开始被打破。对于单摆、流体、电路或激光来说，那种基本方程组的知识看上去不再是我们要找的那类正确知识。

20 世纪 60 年代，其他个体科学家也做出了与洛伦茨类似的发现，比如，一位法国天文学家就研究了一颗恒星绕一个银河中心的非线性运动[23]，而一位日本电子工程师则为电路建了模[24]。但对于理解全局行为如何可能不同于局域行为，第一批有计划的、有协调的尝试来自数学家。其中之一就是来自加州大学伯克利分校的斯蒂芬·斯梅尔，他之前已经因在高维拓扑学上的研究而享有盛誉。一位年轻物理学家[25]曾在闲聊时问斯梅尔当时在研究什么，结果后者的回答把他惊呆了："振子。"这简直荒唐。振子（单摆、弹簧或电路）是一位物理学家在其训练的早期就早早弄懂的一类问题。毕竟它们很简单。为什么一位杰出的数学家会在研究这么基础的物理学？直到多年以后，这位年轻人才意识到，斯梅尔当时是在研究非线性振子，也就是那种混沌振子，并看出了物理学家已经学会不去看的东西。

斯梅尔当时做了一个错误的猜想。[26]以最为严格的数学语言，他猜想说，差不多所有动力系统，在大多数时候，最终都将趋向不是太过奇怪的行为。但正如他很快就会了解到的，事情并没有这么简单。

斯梅尔是一位不仅解决问题，也揭示问题供其他人解决的数学家。他对于历史的理解以及对于自然的直觉使得他能够独具慧眼，见人所未见，因而他转向了哪个新领域，就是在无言地宣告这个未被尝试的研究领域现在值得数学家花费时间。就像一个成功的商人，他评估风险，冷静地计划自己的策略，并且他具有一种花衣吹笛手的特质。斯梅尔转向哪里，许多人就跟到哪里。不过，他的声望不只局限于数学领域。在 20 世纪 50 年代，他和杰里·鲁宾一道组织了"国际抗议美国军事干预日"，并发起了试图拦阻军队运输火车通过加利福尼亚州的抗议。1966 年，当美国众议院非美活动调查委员会发出传唤，要求他到场作证时，他正在欧洲，准备前往莫斯科参加国际数学家大会。在莫斯科，他获得了数学领域的最高荣誉——菲尔茨奖。

那年夏天发生在莫斯科的一幕后来成为斯梅尔传奇中不可磨灭的一部分。[27] 五千位政治立场各异的数学家齐聚一堂。一时间场内外气氛紧张，各种请愿书在众人间流传。在大会接近尾声时，斯梅尔接受了一位记者的请求，在莫斯科大学的大台阶上举办了一场记者会。他的一番言论给他惹了一点儿麻烦，话音刚落即被带走接受问话。而当他返回加利福尼亚州后，美国国家科学基金会也取消了对他的资助。[28]

斯梅尔所获的菲尔茨奖是表彰他在拓扑学领域所做出的一项重要贡献。拓扑学这一数学分支兴盛于 20 世纪，并在 50 年代一度如日中天；它研究的是那些不因形变（比如，拉伸、压缩和弯曲）而变化的性质。在拓扑学中，一个形状是方是圆，是大是小，都无关紧要，因为拉伸和压缩能改变这些性质。拓扑学家感兴趣的是，一个形状是否是连通的，是否有孔洞，是否是打结的。并且，他们不只研究一维、二维或三维欧几里得空间中的曲面，也研究更高维度的、无法可视化的空间中的曲面。拓扑学是橡胶垫上的几何学。它关心的是定性关系而非定量关系。它问的是，如果你没有测量可供参考，你又能对整体结构做出哪些判断。斯梅尔证明了在五维或更高维度下的庞加莱猜想，从而将解决这个拓扑学的历史难题往前推进了一大步，也奠定了自己在该领域的显要地位。不过，在 20 世纪 60 年代，他离开拓扑学，转向了一个未被尝试的领域。他开始研究动力系统。

拓扑学和动力系统，这两个课题都可追溯至亨利·庞加莱，而他将这两者视为一枚硬币的两面。身处世纪之交，庞加莱是最后一位将某种几何想象力应用于物理世界的运动定律的大数学家。他也是第一位理解混沌的可能性的数学家，其工作揭示出了一类几乎与洛伦茨所发现的同样严重的不可预测性。但在庞加莱去世后，不像拓扑学日渐枝繁叶茂，动力系统变得湮没无闻。甚至这个名字都变得无人使用，斯梅尔所转向的领域当时就被称为微分方程。微分方程描述了系统随时间连续变化的方式。传统的做法是从局域看待这些事情，也就是说，工程师或物理学家一次考虑一组可能性。但就像庞加莱一样，斯梅尔想要从全局上理解它们，也就是说，他想要一次理解全部可能性。

任何一组描述了一个动力系统（比如，洛伦茨的系统）的方程，都允许在一开始对特定参数进行设置。比如在热对流的例子中，这样一个参数涉及流体的黏度。对于这些参数的大的调整可能会导致一个系统出现大的差异——像进入一个定态与出现周期性振荡这样的差异。但物理学家长久以来都假设，非常小的调整只会造成非常小的数值上的差异，而不会是行为上的质变。

能将拓扑学与动力系统关联起来的是这样一种可能性，即有可能利用一个形状来将一个系统的全体行为可视化。对于一个简单系统，这样的形状可能是某种曲面；对于一个复杂系统，它可能是一个多维流形。这样一个曲面上的一个点代表该系统在某个时刻的状态。而随着该系统随时间发展变化，这个点在曲面上不断移动，形成一条轨线。将这个形状稍作变形便对应于改变该系统的参数，比如，使一种流体的黏度变大或略微更用力地驱动一只单摆。看上去大体相同的两个形状则给出了大体相同的两种行为。因此，如果你能把这个形状可视化，那么你也就能理解该系统。

当斯梅尔转向研究动力系统时，当时的拓扑学研究就像大多数纯数学，是明确鄙弃其现实应用的。拓扑学的起源曾经与物理学有着紧密的关系，但对于数学家来说，其曾经的物理学起源早已被遗忘，这时是为了形状而研究形状。斯梅尔完全相信这套理念（他是纯数学家中纯之又纯的），但他也认为，拓扑学这些抽象的、深奥的发展现在有可能为物理学提供某种洞见，就像当初庞加莱在世纪之交时所意图做的。

事实上，斯梅尔的最早一批贡献之一正是他那个错误的猜想。换成物理学语言，他所猜想的是大致这样一条自然定律：一个系统有可能表现得行为难以捉摸，但这种难以捉摸的行为不可能是**稳定的**。稳定性（或者"在斯梅尔眼中的稳定性"，正如严谨的数学家有时会加以限定的）是一个关键性质。一个系统中的稳定行为是那种不会因为某个数值稍有改变就消失不见的行为。每个系统本身都存在稳定的和不稳定的行为。一方面，描述一支笔尖朝下、试图立在平面上的铅笔的方程组有一个很好的数学上的解，即让重心位于笔尖的正上方——但你终究无法让一支铅笔笔尖朝下竖直站立，因为这个解是不稳定的。最轻微的扰动都会使该系统偏离这个解。另一方面，碗底的一颗弹珠会停留在那里，因为如果它受到轻微扰动，它就会滚回底部。物理学家一直假设，任何可在现实中日常见到的行为必须要是稳定的，因为在现实的系统中，微小的扰动和不确定性是不可避免的。你永远无法确切地知道各个参数。因此，如果你想要一个既贴近现实，又能在面对小的扰动时表现出稳健性的模型，物理学家推理说，那么你显然想要的是一个稳定的模型。

坏消息在 1959 年圣诞节不久后通过信件传来，那时斯梅尔正暂住在巴西里约热内卢的一处公寓里，连同他的妻子和两个小孩（其中一个还不满周岁），以及一大堆尿布。他的猜想定义了一类微分方程，它们都是结构上稳定的。而他声称，任何混沌的系统都可通过自己这类系统中的某一个加以任意逼近。但情况并非如此。一位同事来信告知他，许多系统并不像他当初想象的那样行事规矩，并给出了一个反例，一个同时集混沌和稳定性于一身的系统。[29] 这个系统是稳健的。如果你稍微扰动它，就像任何现实的系统始终会受到噪声扰动那样，这种奇怪之处并不会消失。稳健而又奇怪——斯梅尔半信半疑地开始研究起这封信，但慢慢地，他的怀疑逐渐消散。[30]

混沌和不稳定性，这两个现在才开始慢慢得到正式定义的概念，并不是一回事。一个混沌的系统可以是稳定的，只要其独特的不规则模式在面对微小的扰动时得以维持。洛伦茨的系统便是一个例子，尽管要在多年之后，斯梅尔才听说洛伦茨。洛伦茨所发现的混沌，虽有其不可预测性，但它一如碗底的弹珠那般稳定。你可以在该系统中添加噪声，轻摇它，轻搅它，或干涉其运动，但随着最终一切尘埃落定，暂时性的偏离像空谷足音那样渐行渐弱，该系统便会回到之前的独特的不规则模式。它在局域上不可预测，但在全局上可预测。所以现实的动力系统是在遵循一套比任何人原来设想的都更为复杂的规则行事。在斯梅尔同事的信中描述的反例是另一个简单系统，它早在上一代人的时候就被发现，只是一直被人遗忘至今。事实上，它是单摆的改头换面：一个振荡电路。它是非线性的，并且它像秋千那样，是有阻尼受迫振荡。

它其实只是一个电子管，由丹麦电气工程师巴尔塔萨·范德波尔在20世纪20年代最早加以研究。[31] 今天的物理学学生可以通过观察示波器屏幕上的波形来研究这样一个振子的行为。范德波尔当时没有示波器可用，所以他不得不通过倾听电话筒里不断变化的音调来监控自己的电路。随着他改变输入的电流，他很高兴地在电路的行为中发现了规则性。其音调会像爬楼梯一样在不同频率之间跳跃，离开一个频率，然后锁定下一个频率。但范德波尔偶尔也注意到了某种奇怪的东西。这时电路的行为听上去是不规则的，而他对此无法给出解释。不过，在当时，他对此并不担忧。"在频率跳到下一个更低的值之前，我经常会从电话筒中听到一种不规则的噪声，"他在给《自然》杂志的通信中写道，"然而，这是一种次要的现象。"[32]像许多科学家一样，他得以一窥混沌，却没有适当的语言来理解它。对于当时试图制造电子管的人来说，锁频现象是重要的。但对于后来试图理解复杂性的人来说，真正有趣的行为会是由高低频率之间的拉扯而造成的"不规则的噪声"。

尽管是错误的，斯梅尔的猜想还是将他直接引上了那条理解动力系统复杂性的新道路。在他之前，已经有多位数学家检视了范德波尔振子的种种可能性，而现在，斯梅尔将他们的工作带进了一个新天地。他仅有的示波器屏幕是他的心智，但这是一个受过多年拓扑学训练的心智。斯梅尔将振子的全体可能性的范围视为（按照物理学家的说法）一个相空间。于是该系统在任意时刻的状态可被表示为相空间中的一个点，关于其位置或速度的所有信息都包含在这个点的坐标当中。随着系统发生某种改变，这个点会移动到相空间中的一个新位置。而随着系统连续发生改变，这些点会形成一条轨线。

对于一个像单摆这样的简单系统，其相空间可能只是一个矩形：在给定时刻，摆动的夹角会决定点的东西向位置，摆动的速度会决定点的南北向位置。对于一个来回规则摆动的单摆，它在相空间中的轨线会是一条闭曲线，随着系统反复经历相同的位置序列而循环往复。

斯梅尔看的不是具体哪条轨线，他关注的是，随着系统发生改变，比如驱动系统的能量增加，整个相空间的行为会如何变化。他的直觉从系统的物理本质跳到了一类新的几何本质。而他的工具是针对相空间中的形状的各种拓扑变换——像拉伸和压缩之类的变换。有时候，这

些变换具有明白的物理学含义。一个系统中的耗散，比如由于摩擦力损耗
能量，就意味着相空间中的形状会像一只漏气的气球一样收缩——最终
缩小到一个点，这时系统便完全停止了。为了表示范德波尔振子的全部
复杂性，他意识到，相空间会不得不经历这些变换的一类新而复杂的组
合。他很快把这种将全局行为可视化的思想转化成了一类新的模型。他
的创新是一个有着持久生命力的关于混沌的意象，一个后来被称为马蹄
的结构。

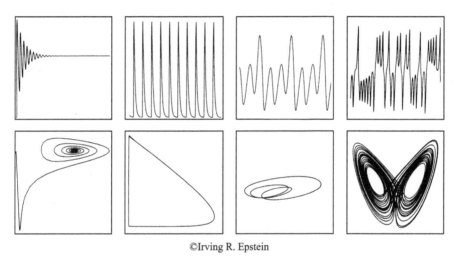

©Irving R. Epstein

在相空间中作图

传统的时间序列（上）和相空间中的轨线（下）是直观呈现相同的数据、获得对于一个系统
的长期行为的图像的两种不同方式。第一个系统（左起）收敛到一个定态——相空间中的一
个点。第二个系统周期性重复自己，形成一个环状轨道。第三个系统以一个更为复杂的、
如圆舞曲三拍子般的节奏重复自己，一个具有"周期3"的循环。第四个系统则是混沌的。

要想制造出一个简单版本的斯梅尔马蹄，你只需取一个矩形，将它
纵向拉伸、横向压缩，形成一个长条，然后将它从中间折叠，两端对齐，

弯曲成马蹄形。[33] 然后想象将马蹄摆放到原来矩形的位置上（弯曲部分留在矩形之外），并重复之前同样的变换，反复拉伸、压缩和弯曲。

　　这个过程有点儿像太妃糖拉糖机的工作过程，后者用不断旋转的机器臂拉伸冷却的糖浆，将其对折，然后再拉伸、再对折，如此这般，直到太妃糖的表面变得非常长、非常薄，并且极其复杂地交错重叠在一起。[34] 斯梅尔让他的马蹄经过了各种拓扑变换，而撇开其中的数学不谈，他的马蹄是对于洛伦茨几年前在大气中发现的对初始条件的敏感依赖的一个很好的视觉类比。对于在原始矩形中相邻的两个点，你将无法猜出它们最终会落到何处。它们会由于所有这些折叠和拉伸而被带到相隔任意远的地方。到后来，原本碰巧相邻的两个点将相隔任意远。

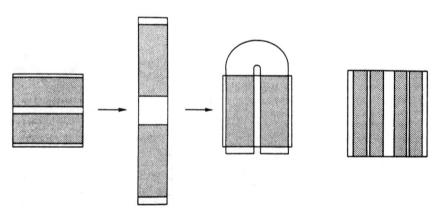

©H. Bruce Stewart and J. M. Thompson

斯梅尔马蹄

这个拓扑变换过程为我们提供了一个理解动力系统的混沌性质的基础。这个过程很简单：将一个空间在一个方向上拉伸，在另一个方向上压缩，然后将其折叠。反复重复这个过程，它就会生成一种做过千层酥皮的人都熟悉的层叠结构。最终紧邻的两个点可能一开始相隔甚远。

起初，斯梅尔原本希望只通过拉伸和压缩来解释所有动力系统——不包括折叠，至少不包括那些会严重损害一个系统的稳定性的折叠。但折叠后来被证明是必要的，它使系统行为得以发生大幅变化。[35] 斯梅尔马蹄是这样一些新的几何形状中的第一个，它们赋予了数学家和物理学家一种新直觉，去揭示运动的新可能性。在许多方面，它人工痕迹太重而没有什么实际用途，大体上仍然属于拓扑学范畴，而对物理学家来说没有什么吸引力。但它是一个起始点。在 20 世纪 60 年代接下来的时间里，在伯克利分校，斯梅尔在自己周围逐渐吸引了一批同样对动力系统这项新工作感到兴奋的年轻数学家。还要再过十来年，他们的工作才会完全吸引到那些研究方向更偏应用的科学家的注意，但等到那时，物理学家将意识到，原来斯梅尔已经使一整个数学分支重新转向了现实世界。那是一个黄金时代，他们这样说。[36]

"这是林林总总的范式转换中最称得上范式转换的。"斯梅尔当时的同事、后来成为加州大学圣克鲁兹分校数学教授的拉尔夫·亚伯拉罕如是说。[37]

"当我在 1960 年开始我的数学职业生涯时（回想起来，那并不是那么久远前的事情），数学整体（我是说，整体）是被物理学家所排斥的，其中包括那些最先锋的数理物理学家。所以，微分动力学、全局分析、映射的流形、微分几何（也就是说，比爱因斯坦当时所用的数学新上不过一两年的所有东西）统统被排斥。数学家和物理学家之间的浪漫史在 20 世纪 30 年代就已经以"离婚"收场了。这些人相互不再说话，他们只是相互鄙视。数理物理学家拒绝让他们的研究生上数学家的数学课：**上我们的数学课就好了，我们会教授你需要知道的一切；那些数学家自命不凡，尽弄些虚无缥缈的东西，他们会搞得你晕头转向的。**这是在 1960 年。到了 1968 年，情况发生了彻底翻转。"最终，物理学家、天文学家和生物学家都意识到，他们必须关注数学界的新闻了。

这是一个不大不小的宇宙谜团：木星的大红斑，一个庞大的、不断旋转的卵形结构，很像一场永不移动、永不停息的巨型风暴。[38] 任何人在看到"旅行者二号"在 1978 年发回的图像时，都会认出湍流那熟悉的外观，尽管其尺度之巨大是我们不熟悉的。木星大红斑是太阳系中最令人印象深刻的地标之一——借用约翰·厄普代克的诗句，"处在紊乱的横眉之下 / 仿佛怒目而视的红斑"。[39] 但它究竟**是什么**？在洛伦茨、斯梅尔及其他科学家开辟了一种理解大自然中各种流的新方式的二十年后，木星上的异世界天气被证明是需要借助混沌科学所带来的、对于大自然的可能性的全新认知，才能解决的诸多问题之一。

在过去的三个世纪里，木星大红斑对于人们来说一直属于了解得越多、发现自己懂得越少的情况。在伽利略首次将他的望远镜对向木星后不久，天文学家就注意到了那颗巨大行星上的一个斑点。罗伯特·胡克在 17 世纪 60 年代看到了它。到了 18 世纪初，多纳托·克雷蒂在其表现天文观测的系列油画中把它在木星上画了出来。作为一个色块，人们在当时并不要求对这个斑点做出什么解释。但后来望远镜的性能越来越好，而知识越多，人们越能发觉自己的无知。在过去一个世纪里，人们相继提出了各种理论，举例如下。

熔岩流理论。19 世纪后期的科学家想象，大红斑是一个由从火山流出的熔岩汇聚形成的巨大的卵形熔岩湖。又或许熔岩是从木星的薄地壳被小行星撞击形成的孔洞中流出来的。

新卫星理论。一位德国科学家提出，大红斑其实是一颗正在从行星表面生成的新卫星。

蛋理论。人们后来发现一个怪异的新事实：大红斑被观察到相对于行星的背景在做微小的漂移。所以在 1939 年提出的一个理论将大红斑视为一个漂浮在木星大气中的或多或少呈固态的物体，就像一个蛋漂浮在水中。这个理论的一些变体（包括将之视为一个不断漂移的氢或氦的大气泡）在许多年里一直经久不衰。

气体柱理论。另一个新事实：尽管大红斑在漂移，但不知为何，它从来不会漂移得很远。所以科学家在 20 世纪 60 年代提出，大红斑是一根升腾的气体柱的顶部，而气体有可能来自一个火山口。

再然后是两部"旅行者号"探测器。大多数天文学家认为，一旦他们能够看得足够清楚，这个谜团就将真相大白；确实，"旅行者号"探测器在飞掠木星时传回了一系列精彩的新数据，但这些数据最终被证明还是不够的。探测器在 1978 年传回的图像揭示出了木星上强烈的风以及多彩的涡旋。透过这些迷人的细节，天文学家开始将大红斑视为一个类似飓风的系统，不断旋转的气流将云彩往外推开，而它本身被嵌在东西向的气流所形成的、环绕整个星球的带状结构之间。飓风是当时人们能够想到的最好描述，但出于几个理由，这个类比其实并不恰当。地球上的飓风是由水汽凝结成雨时释放的热量所驱动的，但木星上并没有这样的凝结过程驱动大红斑。像地球上的所有风暴一样，飓风按气旋方向旋转，也就是说，在北半球呈逆时针方向，而在南半球呈顺时针方向；但大红斑的旋转是按反气旋方向，刚好反过来。另外非常重要的是，飓风在几天内就会被削弱，直至消失。

此外，当天文学家仔细研究"旅行者号"传回的图像时，他们意识到这颗行星几乎全部都是由不断运动的流体构成的。长久以来，他们一直在先入为主地试图寻找一颗固体行星，其外包围着一层薄薄的、像地球大气那样的大气，但即便木星真的有一个固体核心，它也远离其表面。于是整个行星突然间看上去像一个巨大的流体动力学实验，而那个大红斑不动如山，稳定地旋转着，完全不受周围混乱的影响。

大红斑成了一个格式塔心理学测试。科学家看到了他们的直觉允许他们看到的。一位认为湍流便意味着随机和无序的流体动力学研究者，将无从理解在混乱之海中可能出现的一座稳定之岛。"旅行者号"探测器则让这个谜团更加让人挠头，因为它们揭示出了这种流的小尺度特征，那些原本透过地球上最强大的望远镜也分辨不出来的特征。[40] 在小尺度上，存在着快速变化的无序性；在一天或更短的时间里，涡旋生成又消亡。尽管如此，大红斑并不受影响。那么究竟是什么驱动着它？又是什么维持着它？

美国国家航空航天局（以下简称 NASA）将历次获得的图像存放在美国各地大约六七处档案馆里。其中一处档案馆就位于康奈尔大学。而在它附近，在 20 世纪 80 年代初，还是一名初出茅庐的年轻天文学家和应用数学家的菲利普·马库斯有一间办公室。在"旅行者号"探测器得到它们的发现后，马库斯是当时在美国和英国仅有的六七位试图为大红斑建模的科学家之一。在放弃了飓风类比后，他们在别的地方找到了更为恰当的类比。比如，沿着大西洋西岸北上的墨西哥湾暖流，就以有着微妙相似之处的方式蜿蜒和分流。它蛇行前进，形成小的波状起伏，而当振幅过大时，弯曲部分就会结成环，并从洋流主流脱落——形成比如缓慢绕转、存续很长时间、反气旋的暖涡。另一个类比是气象学中一种称为阻塞高压的奇特现象。有时候，一个高压系统会停留在海面上，缓慢旋转，持续长达数周或数月，阻碍盛行的西风气流。阻塞高压打乱了全球天气预报模型，但它也给了天气预报员某种希望，因为它生成了一些持续时间异乎寻常长的有序特征。

马库斯长时间研究这些 NASA 的图像，其中既有用哈苏相机记录下的人类登月的照片，也有传回的木星上的湍流的照片。由于牛顿定律适用于宇宙中的任何地方，因此马库斯在计算机上建立了一个由流体方程组描述的系统。为了模拟木星上的天气，这意味着他需要为一个主要成分是氢和氦、仿佛一颗未被点燃的恒星的大气设定规则。这颗行星自转得很快，一天只有约地球上的十小时。这样的自转形成了一股强大的科里奥利力（那种让人在旋转木马的地板上难以走直线而不免发生偏转的力），而正是科里奥利力驱动了大红斑。

当初洛伦茨只能利用他简单的地球天气模型来在卷纸上输出粗略的线条，而这时，马库斯能够利用强大得多的计算机来生成惊人的彩色图像。他先生成一些等值线图。这时他基本看不出什么名堂。然后他将它们制成幻灯片，再把这些图像组合在一起，制成一部动画影片。这时，启示出现了。在缤纷的蓝色、红色和黄色中，由不断旋转的涡旋构成的一个仿佛跳棋棋盘的模式，逐渐呈现出一个卵形结构，与 NASA 对于实际大红斑的延时摄影影片惊人相似。"你可以看到，这个大尺度的斑点在小尺度的混乱的流中悠然自得，尽管这些混乱的流正在像海绵一样不断吸收能量，"马库斯说道，"但你可以在这一片混乱的背景当中看到这些细线一样的云彩所表征的结构。"[41]

大红斑是一个自组织的系统，是由创造出周围那些变幻莫测的混乱的同种非线性因素所创造和维持的。它是稳定的混沌。

在还是研究生时，马库斯学习的是标准物理学，求解的是线性方程组，进行的是被设计成可加以线性分析的实验。这是一种温室里的教育，但非线性方程组终究难以求解，所以为什么要浪费一个研究生的时间呢？容易满足是他的训练潜移默化的一个后果。只要他让实验保持在特定边界之内，线性近似就够用了，他也将最终得到预期的答案。偶尔，现实世界不可避免地会侵入他的实验，马库斯将看到一些多年以后他才意识到原来是混沌的迹象的东西。他会停下手，并纳闷："奇怪，这里的这点小东西是怎么回事？"而他会被告知："哦，这不过是实验误差，你不必担心。"[42]

但不像大多数物理学家，马库斯最终学到了洛伦茨的经验教训，即一个决定论式系统能够生成的远不只是周期性行为。此时，他知道去寻找彻底的无序，他知道在这样一片无序之海中，有可能出现一座座有序之岛。所以他为大红斑问题带来了一种新的理解，即一个复杂系统可以同时生成湍流和拟序结构。他乐于拥抱一门正在兴起的新学科，后者正在确立起它自己的一个使用计算机作为实验工具的传统。并且，他愿意将自己视为一类新的科学家：首先不是天文学家，不是流体动力学研究者，也不是应用数学家，而是混沌研究者。

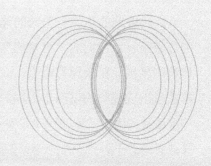

第 三 章

生命的消长

CHAOS:
MAKING A NEW
SCIENCE

我们应该持续不断地将一个数学推导的结论与自己对于什么才算
合理的生物行为的直觉两相比对。当某次这样的比对出现不一致
时，我们必须考虑下述几种可能性：

(1) 数学推导的过程中出现了一个错误；

(2) 初始预设不正确，且（或）太过于简化；

(3) 自己对于生物领域的直觉还不够敏锐；

(4) 一个深刻的新原理被发现了。

——哈维·J. 戈尔德，《生物系统的数学建模》

饥肠辘辘的鱼类与美味的浮游生物。[1] 充斥着不知名的爬行类动物的热带雨林，在树冠下滑翔的鸟类，以及像粒子加速器中电子一般嗡嗡作响的昆虫。在极地苔原上，面对大自然的严酷考验，田鼠和旅鼠的种群数量出现规则的以四年为期的周期性波动。这个世界成了生态学家的一个凌乱的大实验室，一个汇集了五百万种相互作用的物种的大熔炉。[2] 又或者是五千万种？生态学家实际上并不清楚。

在 20 世纪，那些擅长数学的生物学家建立了一个学科——生态学：它剔除现实中生命的纷杂噪声和色彩，删繁就简，将生物种群视为动力系统。生态学家利用数理物理学家的基本工具来描述生命的潮起潮落。不论是单个物种在一个食物有限的区域里的繁殖，还是多个物种相互进行的生存竞争，又或是流行病在宿主种群中的传播——所有这些过程都可被分离出来，如果不是在实验室中，那肯定至少是在理论生物学家的心智中。

在混沌作为一门新科学在 20 世纪 70 年代兴起的过程中，生态学家注定要扮演一个特殊的角色。他们使用数学模型，但他们也始终很清楚，模型不过是对于纷繁的现实世界的浅薄近似。因此，以一种出人意料的方式，他们对数学局限性的清醒意识使得他们能够在一些之前被数学家视为不过是有趣的怪象中看出其重要性。如果常规的方程能够生成不常规的行为——在生态学家看来，这可能就值得关注。种群生物学所用的方程，相较于物理学家用以描述其世界的模型，是非常初级的。但生命科学所研究的现实现象的复杂性，却是物理学实验室里的任何东西都无法比拟的。生物学家的模型一般倾向于对现实的拙劣模仿，其他经济学家、人口统计学家、心理学家、城市规划者，在试图为各自系统的动力学研究赋予某种严谨性时所用的模型也是如此。[3] 并且他们的标准是不同的。在物理学家看来，一个像洛伦茨的方程组那样的系统是如此简单，以至于它看上去几乎一目了然。在生物学家看来，甚至洛伦茨的方程组都看上去复杂得令人望而生畏——其三维的、连续的变量，及其没有解析解。

以简驭繁的艰巨挑战让生物学家形成了一种不同的工作风格。数学描述与现实系统之间的对应关系不得不调转一个不同的指向。物理学家在看到某个特定系统（比如，两个单摆通过一根弹簧相连构成的耦合摆）时，首先要做的是选择适当的方程。这时他会先在参考手册中查找有没有现成的；如果找不到，他会根据第一性原理推导得到正确的方程。毕竟他知道单摆如何工作，也了解弹簧。然后他求解方程，如果他能够做到的话。生物学家则恰恰相反，他永远无法简单通过深入思考某个特定动物种群来推导得到适当的方程。他将不得不先设法收集数据，然后努力找到能够生成相似结果的方程。如果你将一千尾鱼放入一个食物供应有限的池塘中，到时会发生什么？如果你在池塘中再放入五十条日食两鱼的鲨鱼，到时又会发生什么？如果出现一种病毒，以一个特定致死率导致个体死亡，并以一个取决于种群密度的速率传播，情况又会如何？科学家将这些问题理想化，以便他们能够在其中应用简明的方程。

这种做法常常确实有效。种群生物学因而获得了不少对于种群的历史、捕食者如何与它们的猎物互动，以及种群密度如何影响疾病传播的洞见。如果某个特定数学模型出现迅猛增长，或达到均衡，又或逐渐消亡，生态学家就可以对将导致现实中的一个种群或一次流行病出现类似走向的具体情形猜得某些结论。

一种有益的简化是，在为世界建模时使用离散的时间间隔，就像是让秒针一秒秒跳动而不是连续扫过。微分方程描述了随时间平滑变化的过程，但微分方程不好计算。更简单的方程（差分方程）可被用来描述在状态之间跃变的过程。幸运的是，许多动物种群的活动以刚好一年为周期。这时逐年变化常常就要比连续变化更为重要。比如，许多昆虫有一个固定的繁殖季节，所以不像人类，它们代际分明，没有交叠。为了预测明年春天的舞毒蛾虫口数量或明年冬天的麻疹流行情况，生态学家可能只需要知道今年的相应数据。一个逐年的模型所给出的不过只是这个系统之奥义的影子，但在许多现实应用中，这样的影子给科学家提供了他所需的所有信息。

生态学的数学之于斯蒂芬·斯梅尔的数学，就如同摩西十诫之于《塔木德》：它是一整套有用的法则，但其中并没有什么太过复杂的东西。为了描述一个种群的逐年变化，生物学家使用了一种连高中生都能轻松理解的形式化——函数。假设明年的舞毒蛾虫口数量将完全取决于今年的数量。这时你可以想象一个表格，列出所有的具体可能性——今年的 31 000 只舞毒蛾意味着明年的 35 000 只，如此等等。又或者，你可以通过一个数学表达式把握今年的与明年的所有可能数量之间的对应关系。明年的种群数量（$x_{次年}$）是今年数量（x）的一个函数（F）：$x_{次年} = F(x)$。此外，任何具体的函数都能够画出图像，使人对其整体形状有所了解。

在一个像上述这样的简单模型中，要考察一个种群的逐年变化，只要选取一个初始值，然后重复应用相同的函数即可。为了得到后年的种群数量，你只需将这个函数应用到明年的结果上，依此类推。通过这个函数迭代过程（一个反馈环，其中每年的输出都将成为次年的输入），这个种群的整个历史将变得一目了然。反馈可以不断强化，愈演愈烈，就像在喇叭的声音被话筒反复重新拾取时，声音会被快速放大，产生令人难以忍受的啸叫。或者反馈也可以生成稳定性，就像控制室内温度的恒温器所做的：一旦温度高于某个固定的值，它就开始制冷；而一旦温度低于这个值，它就开始制热。

有很多不同类型的函数可供使用。一种对于种群生物学的朴素理解可能会给出一类使得种群数量以一个特定百分比逐年增长的函数。这是一类线性函数（$x_{次年} = rx$），也是古典马尔萨斯理论的基本原理之一：如果没有食物限制或道德制约，那么种群数量就将这样增长。参数 r 代表种群增长率。比方说，它是 1.1，那么如果今年的数量是 10，明年的数量就是 11；如果输入是 20 000，输出就是 22 000。种群将越来越大，就像一直躺在以复利计息的储蓄账户里的钱。

生态学家很早以前就意识到，他们需要做得比这更好。如果一位生态学家希望理解现实池塘中的现实鱼群，那么他需要找到一个函数，能够反映生命的种种平凡现实——比如，饥饿的现实或竞争的现实。随着鱼群数量不断增加，它们会开始缺少食物。一个较小的鱼群会快速增长，一个过大的鱼群则会开始缩小。又或者以日本金龟子为例。每年 8 月 1 日，你来到自家花园，计算金龟子的数量。为简单起见，你忽略各种天敌，忽略各种疾病，而只考虑固定的食物供应这个因素。少量的金龟子会繁衍生息，大量的金龟子则会吃光整个花园而将自己饿死。

在马尔萨斯式的不受限制增长的场景中，线性函数单调递增，没有止境。但对于一个更贴近现实的场景，生态学家需要找到一个方程，其中某种额外的项会在种群变得很大时限制其继续增长。最理想的函数应该是，在种群很小时会快速增长，然后增长幅度会逐渐减小至接近零，最后在种群变得非常大时会开始减小。通过重复这个过程，生态学家就能够看着一个种群最终进入其长期的行为模式——有可能是达到某个定态。一次成功的数学探索将让生态学家能够说出类似这样的话：这里有一个方程；这个是表示繁殖率的变量，这个是表示自然死亡率的变量，这个是表示饥饿或天敌等因素造成的附加死亡率；你看，种群将以这个速率持续增长，直到它达到那个均衡水平。

那么如何才能找到这样一个函数？许多不同的方程都可能有用，而其中可能最简单的是对于马尔萨斯式线性函数的一个修订：$x_{次年} = rx(1-x)$。同样地，参数 r 表示增长率，它可被设定为高一点儿或低一点儿。新的项 $1-x$ 则会确保增长保持在一定范围之内，因为随着 x 增大，$1-x$ 会减小。① 只需一部计算器，我们就能够选取某个初始值和某个增长率，然后通过算术算出次年的种群数量。

到了 20 世纪 50 年代，多位生态学家开始研究这个方程（它被称为逻辑斯谛差分方程或逻辑斯谛映射）的不同变体。[4] 比如，在加拿大，W. E. 里克就将之应用到现实渔业上。生态学家们很清楚，增长率参数 r 是该模型的一个关键特征。在这些方程原来出自的物理系统中，这个参数对应于比如加热强度、摩擦系数，或者其他某种麻烦的物理量的程度。简

---

① 为便利起见，在这个高度抽象的模型中，"种群数量"由 0 和 1 之间的一个小数表示，0 表示灭绝，1 表示一个环境可能供养的最大数量。

我们现在开始：为增长率 r 任意选取一个值，比如 2.7；为种群数量 x 任意选取一个初始值，比如 0.02。1 减去 0.02 是 0.98，乘以 0.02 得到 0.0196，再乘以 2.7 得到 0.0529。非常小的初始值现在翻了一倍还不止。重复这个过程，使用新的种群数量作为输入，我们得到 0.1353。靠着一部廉价的可编程计算器，我们只需按一次按键就可以实现一次迭代。数量随后增长到 0.3159，然后到 0.5835，然后到 0.6562——增长幅度在减缓。再然后，随着死亡率超过繁殖率，数量减少到 0.6092，然后到 0.6428，然后到 0.6199，然后到 0.6362，然后到 0.6249。种群数量看上去在上下波动，并逐渐趋于一个固定的值：0.6329、0.6273、0.6312、0.6285、0.6304、0.6291、0.6300、0.6294、0.6298、0.6295、0.6297、0.6296、0.6297、0.6296、0.6297、0.6296、0.6296、0.6296。大功告成！

在过去只能依靠纸笔做算术的时代，以及在后来使用手摇加法机的时代，基于数值计算的探索一直无法走得太远。

言之，非线性的程度。在一个池塘中，这个参数可能对应于鱼群在不受限制的情况下最强的增长能力（更庄重的说法是"繁殖潜力"），而它不仅能使种群壮大，也能使其走向没落。现在的问题是，这个参数的不同的值会如何影响一个不断变化的种群的终极命运？一个显而易见的回答是，低一点儿的值会导致这个理想化的种群最终达到一个低数量的均衡水平，而高一点儿的值会导致一个更高水平的定态。事实证明，这对于许多值来说是正确的——但也不是全都如此。偶尔地，像里克这样的研究者无疑会尝试更高的值，而当他们这样做时，他们必定会看到混沌。

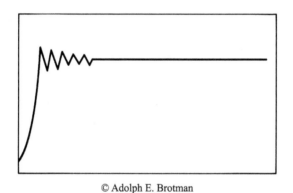

© Adolph E. Brotman

一个种群在经过快速增长和反复波动后达到均衡

　　奇怪的是，这时，一连串的数开始表现得不规则，而这会让任何使用手摇加法机进行计算的人感到很是讨厌。当然，这些数仍然不会无限制增长，但它们也没有收敛到一个稳定的水平。不过，看上去这些早期的生态学家既没有意愿，也没有能力去把这些拒绝安定下来的数继续演算下去。不管怎样，如果种群数量一直来回波动，这些生态学家就会假设，它是在绕着某个隐秘的均衡上下振荡。这个均衡很要紧。但当时的生态学家从来没有想过，可能事实上并不存在这样一个均衡。

当时讲到逻辑斯谛方程及其更复杂变体的参考书和教科书甚至通常不承认，混沌行为有可能出现。[5] J. 梅纳德·史密斯在其 1968 年的经典之作《生物学中的数学思想》里，给出了对于可能性的标准阐述：种群数量常常近似于保持恒定，或者要不然"以一种相当规则的周期性"绕着一个假想的均衡点上下波动。这并不是说，他天真到认为现实中的种群从来不会表现出不规则性。他只是假设，这样的不规则行为不会出现在他所描述的那一类数学模型中。并且不管怎样，生物学家需要与这些模型保持一定距离。如果模型开始背离其创造者对于现实中种群的行为的认知，那么这种不一致性总是可以通过某种缺失的特征加以解释，比如，种群中的年龄分布、对于领域或地理因素的某种考量，又或者需要将性别因素纳入考量的某种复杂化等。

此外，还非常重要的是，在生态学家的潜意识中始终存在这样一个假设，即一连串不规则的数很有可能意味着，计算器出了毛病，或者单纯是它不够精确。[6] 稳定的解才是让人感兴趣的解。秩序本身便是奖励。毕竟，找到适当的方程并进行计算，这件事情并不容易。没有人希望把时间浪费在一项会变得混乱不堪而生成不了稳定性的工作上。并且也没有哪位够格的生态学家会忘记，自己的方程只不过是对于现实现象的高度简化。而简化的全部目的正在于为规则性建模，那么又为什么要不嫌麻烦，只为看到混沌？

多年以后，人们会说，当初是詹姆斯·约克重新发现了洛伦茨，并为这门新科学赋予了"混沌"之名。这后半部分确实不假。

约克是一位更愿意将自己视为一名哲学家的数学家，尽管这样的想法对职业发展而言有点儿危险，不好公开承认。他才华出众且待人和气，是头发略显凌乱的斯蒂芬·斯梅尔的一位同样头发略显凌乱的崇拜者。像其他人一样，他发现斯梅尔深不可测、难以理解。但不像大多数人，他理解**为什么**斯梅尔深不可测、难以理解。在年仅二十二岁时，约克加入了美国马里兰大学的一个跨学科研究机构——物理科学和技术研究所（他后来成为其所长）。他属于那一类渴望能让自己对于现实的理解多少发挥些用处的数学家。他写过一份关于淋病如何传播的报告，这份报告说服了美国联邦政府改变控制该病的国家策略。[7] 他曾在 20 世纪 70 年代石油危机时在马里兰州议会上作证，认为单双号汽油限购政策只会让排队长龙更长（同样正确，但可惜这次未能说服人）。[8] 在 20 世纪 50 年代的战争期间，美国政府公布过一张由侦察机拍摄的照片，意在表明即便在某次反战集会最高潮的时候，华盛顿纪念碑周围的人群也不过稀稀落落，但他通过分析纪念碑的影子，证明了照片实际上是在半小时后，也就是在人群散场时拍摄的。[9]

在这个研究所，约克享受着一种不寻常的自由，可以研究一些超越传统学科分野的问题，并得以与众多学科的专家经常切磋琢磨。这当中的一位专家，也是一位流体动力学研究者，在 1972 年偶然读到洛伦茨1963 年的论文《决定论式的非周期性流》，并一直对它赞不绝口，一有机会就把它分发给任何愿意收下的人。他也把一份论文副本送给了约克。

一看到洛伦茨的论文，约克就知道这正是自己一直在寻觅的东西。[10] 首先来说，它是一个数学上的冲击——一个有违斯梅尔原来的乐观猜想的混沌系统。但它不只是数学；它还是一个生动的物理模型，一个关于运动中的流体的图景，所以约克当即意识到这样的东西正是他想让物理学家看的。斯梅尔已经引导数学转向这样一些物理问题所揭示的方向，但约克也很清楚，数学语言仍然是一个妨碍沟通的严重障碍。要是学术界有数学家兼物理学家的跨界选手的一席之地，那该有多好啊——但可惜当时并没有。尽管斯梅尔在动力系统方面的工作已经开始弥合双方之间的空隙，但数学家继续在说一种语言，而物理学家在说另一种。正如物理学家默里·盖尔曼所说的："院系成员都很熟谙这样一类人，他们在数学家看来像一名优秀的物理学家，而在物理学家看来像一名优秀的数学家。很自然地，他们并不想要这类人在自己身边。"[11] 这两个学科的标准是不同的。数学家通过逻辑推理证明定理，物理学家的证明则用到了更为笨重的设备。构成他们各自世界的对象是不同的。他们所用的例子也是不同的。

斯梅尔可以满足于像这样的一个例子：任取一个在 0 与 1 之间的小数，使之乘以 2；接着去掉小数点左边的整数部分，只留下右边的小数部分；然后重复这个过程。由于大多数数是无理数，其小数部分没有规则可循，因此这样的过程只会生成一个不可预测的数的序列。在一位物理学家看来，他只会看到一个枯燥的数学怪象，完全没有意义，太过简单、抽象而且毫无用处。但直觉告诉斯梅尔，这个数学把戏会见于许多物理系统的核心实质。

对一位物理学家而言，一个正经的例子是诸如一个能以简单形式写出来的微分方程。当约克看到洛伦茨的论文时，他就知道这是一个物理学家会理解的例子，尽管它出自一份气象学期刊。他将一份论文副本寄给了斯梅尔，并在上面贴了一张写有自己地址的便签，以便斯梅尔寄回来。[12] 斯梅尔惊喜地看到，这位气象学家早在十年前就已经发现这样一类他自己一度认为在数学上不可能出现的混沌。他将《决定论式的非周期性流》一文复印了很多份，由此催生出约克重新发现洛伦茨的传说。在伯克利分校流传的每份论文副本上都有约克的地址便签。

约克感到，物理学家已经被训练成对混沌视而不见。在日常生活中，洛伦茨所揭示的对初始条件的敏感依赖现象几乎无处不在。一个人在早晨晚离开家三十秒，一盆花以几毫米之差避开他的脑袋，然后他被一辆卡车碾过。或者不那么戏剧化地，他错过一班每隔十分钟发车的公交车，结果错过了一班每隔一小时发车的火车。一个人在日常生活轨迹中的微小扰动可以引发巨大后果。一位击球员在面对投手的投球时很清楚，自己近似相同的挥棒并不会产生近似相同的结果，毕竟棒球是一项毫厘之间的运动。不过，至于科学，科学曾被认为有所不同。

就教学而言，物理学和数学的很大一部分内容曾是（并且现在仍是），在黑板上写下微分方程，然后教学生如何求解它们。微分方程将现实表示为一个连续统，随着时间推移从一个状态平滑变化到另一个状态，而不是分成离散的网格节点或时间步长。正如每位理科学生都清楚的，求解微分方程是很难的。但在过去的两个半世纪里，科学家已经积累了大量的相关知识，关于各种微分方程，连同求解它们，或者按照科学家的说法，是"找到一个解析解"的不同方法。我们可以不夸张地说，中世纪之后，科学所取得的大部分实践成就都有赖于微积分学的蓬勃发展；也可以说，微积分学是人类在试图为周围不断变化的世界建模时所创造的最天才的工具之一。所以等到一位科学家掌握了这种思考自然的方式，习惯于这种理论及实践的时候，他很有可能已经学会忽视一个事实——大多数微分方程根本没有解析解。

"如果你能写出一个微分方程的解，"约克说道，"那么它必然不是混沌的，因为要想把它写出来，你必须找到不变量，即一些保持不变的东西，就像角动量。你找到足够多的这些东西，然后这让你能够写出一个解。但这个过程也正好是消除混沌的可能性的过程。"[13]

有解析解的系统是出现在教科书中的那些。它们行事规矩。而当面对一个非线性系统时，科学家将不得不用其线性近似替代它，或者找到其他某种未知可否的巧妙方法。教科书向学生介绍的也只是一些罕见的可用这样一些技巧解决的非线性系统。会实际生成混沌的非线性系统极少被教授，也极少被学习。当人们偶然遇到这样一些东西时（他们也确实多有遇到），他们接受的所有训练告诉他们，这些不过是非典型行为，可以不加理会。只有少数人能够记起，有解的、有序的线性系统才是非典型的。也就是说，只有少数人理解大自然的本质是何等非线性的。[14] 恩里科·费米有一次便感慨道：《圣经》中并没有说，所有自然法则都能被线性表示。"[15] 数学家斯坦尼斯瓦夫·乌拉姆也说过，称混沌研究为"非线性科学"就好比称动物学为"关于非大象动物的研究"。[16]

但约克理解。"第一条讯息是，无序无处不在。物理学家和数学家想要发现规则性。他们会说，无序又有何用？但如果人们想要处理无序，他们首先需要了解它，就像一个不了解阀门中的沉积物的汽车技师不是一个好技师。"[17] 约克相信，科学和非科学家都一样，如果对复杂性没有恰当理解，他们就很容易让自己误入歧途。为什么投资者坚持认为黄金和白银的价格具有周期性？因为周期性是他们能够想象的最复杂的有序行为。当他们看到一个复杂的价格变动模式时，他们会自然而然地去寻找某种隐藏在些许随机噪声背后的周期性。而实验科学家，不论是在物理学、化学中的，还是在生物学中的，也没有什么不同。"在过去，人们已经在数不胜数的场合中见到过混沌行为，"约克说道，"他们做了一个物理实验，而实验表现出异常。然后他们要么试图修正，要么放弃。他们将异常行为解释为由于存在噪声，或者干脆说，由于实验设计得不好。"

约克认为，洛伦茨和斯梅尔的工作中存在一条物理学家一直没有听进去的讯息。所以他写了一篇论文，投给《美国数学月刊》，这是在他认为自己能够发表的期刊中受众类型最多样的。（作为一名数学家，他发现自己终究难以将思想表达成可为物理学期刊接受的形式；直到多年以后，他偶然发现了一个妙计，那就是与物理学家合作撰写论文。）约克的论文[18]自身有其价值，但到最后，它影响最深远的部分还是其稍显神秘和恶作剧式的标题：《周期3蕴涵混沌》。他的同事曾建议他选择一个更平实的说法，但约克还是坚持使用这个词，而它后来慢慢被人们接受，被用来指代一个日益发展的研究决定论式无序的学问。他也跟他的朋友罗伯特·梅，一位生物学家交流过。

事实上，梅是一位半路出家的生物学家。[19]他在家乡的悉尼大学取得理论物理学的博士学位，然后前往美国哈佛大学做应用数学方面的博士后工作。1971年，他利用学术休假的机会前往普林斯顿的高等研究院；在那里，他发现自己"不务正业"，频繁跑到普林斯顿大学，跟那里的生物学家交流。

即便在今天，生物学家大多并不掌握除微积分之外的太多数学。那些喜欢数学并对此有天赋的人大多会去研究数学或物理学，而不是生命科学。梅是一个例外。一开始，他的兴趣所在是有关稳定性和复杂性的抽象问题，试图通过数学解释是什么使得相互竞争的种群能够共存。但他很快转而开始关注单个种群如何随时间变化这个最简单的生态学问题。那些不可避免非常简化的模型似乎并不像原本看上去的那样简单。等到他干脆加入普林斯顿大学生物系时（他后来成为该校的大学研究委员会主席），他已然在一个版本的逻辑斯谛差分方程上花了很多时间，利用数学分析以及一部原始的手摇计算器对它加以研究。

事实上，当梅还在悉尼大学时，他曾把这个方程写在走廊的一块黑板上，作为给研究生出的一道题目。它开始让他感到有点儿气恼。"当拉姆达大于聚点时到底会发生什么？"[20] 也就是说，当一个种群的增长率超过一个临界点时会发生什么？通过赋予这个非线性参数不同的值，梅发现他可以剧烈地改变系统的行为模式。提高这个参数的值意味着提高非线性的程度，而这不仅会引发量变，也会引发质变。它不仅影响到种群达到均衡时的数量，也影响到它是否最终会达到均衡。

当参数值较小时，梅的简单模型会最终进入一个定态。当参数值较大时，这个定态会一分为二，种群数量最终会在两个不同的值之间持续振荡。当参数值非常大时，这个系统（**这同一个系统**）就表现得看上去不可预测。这是为什么？在导致这些不同类型的行为之间的临界点上到底发生了什么？梅很久都无法弄明白。（他的研究生也没弄明白。）

梅对这个最简单的方程的行为进行了一次深入的数值探索。他的研究有点儿类似于斯梅尔的：他在尝试一劳永逸地理解这个简单方程，不是从局域上，而是从全局上。这个方程比斯梅尔所研究的都要简单得多，所以它看上去简直不可思议，它生成秩序和无序的种种可能性竟然没有在很久以前就被穷尽。事实上，梅的研究只是一个开始。他考察了这个参数数百个不同的值，看迭代运算生成的一连串数是否会趋向一个定点，以及最终会趋向哪个定点。他越来越密切关注导致定态与导致振荡之间的临界点。这就好像是他拥有一口自己的鱼塘，并且他可以精确掌控其中鱼群的"消长"。他仍然使用逻辑斯谛方程 $x_{次年} = rx(1-x)$，并尽可能缓慢地增大参数 r 的值。如果参数值是 2.7，种群数量最终会达到 0.6296。而随着参数值增大，种群的最终数量也会略微提高，在图上可表示为一条斜线。

但突然之间，随着参数值超过 3，直线一分为二。梅的假想鱼群拒绝趋向一个单一的点，而是在不同年份交替在两个点之间振荡。从一个较小的初始值开始，种群数量会不断增长，然后上下波动，直到它最终稳定地上下起伏。再把按钮调高一点儿（把参数值增大一点儿），振荡会再次一分为二，生成一连串数，最终趋向四个不同的值，每四年一个循环。[①] 现在种群数量以一个规则的四年周期上下波动。周期再一次翻倍——上次是从每年到每两年，现在则是到每四年。也再一次地，生成的周期性行为是稳定的，不同的初始值会收敛到同一个四年周期。

正如洛伦茨在十年前就已经发现的，要想能够理解这些数，同时又保护我们的视力，唯一的办法是作图。梅画了一幅粗略的图，试图用它总结我们对于这样一个系统在不同参数值下不同行为的现有知识。参数的水平表示在横轴上，从左往右递增。种群数量表示在纵轴上。对于每个参数值，根据系统在达到均衡时的最终结果，梅画出相应的点。在左端，参数值较小时，这个结果会是一个点，所以不同的参数值生成了一条往右上倾斜的斜线。当参数值超过第一个临界点时，梅将不得不画出两个点：直线会一分为二，仿佛一个横躺的 Y 字或一把叉子。这样的一分为二对应于一个种群从一年一周期的循环进入两年一周期的循环。

[①]　比如，以参数值为 3.5、初始值为 0.4 为例，他会看到如下一连串数：

0.4000, 0.8400, 0.4704, 0.8719,

0.3908, 0.8332, 0.4862, 0.8743,

0.3846, 0.8284, 0.4976, 0.8750,

0.3829, 0.8270, 0.4976, 0.8750,

0.3829, 0.8270, 0.5008, 0.8750,

0.3828, 0.8269, 0.5009, 0.8750,

0.3828, 0.8269, 0.5009, 0.8750, …

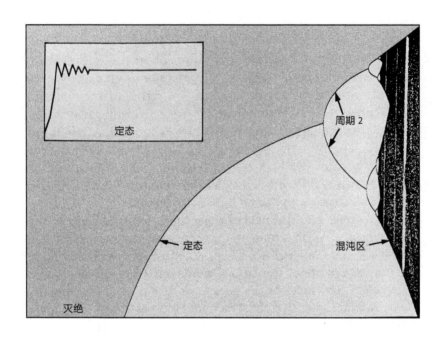

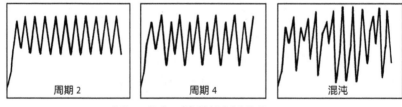

倍周期分岔与混沌

罗伯特·梅及其他科学家没有使用不同的图来表示在不同生育力下种群数量的行为，而是使用一种"分岔图"来将所有信息整合进一张图里。

分岔图表明了，一个参数（在这里，是某个野生动物种群的增长率）的变化会如何改变这个简单系统的最终行为。横轴是这个参数的值，纵轴是最终的种群数量。在某个意义上，增大参数值意味着更有力地驱动这个系统，增加其非线性。

当参数值较小时（左端），种群最终会灭绝。随着参数值增大（中间），种群数量的均衡水平也随之提高。然后，随着参数值进一步增大，均衡一分为二，就像在对流的流体中，进一步加热会引入不稳定性；种群数量开始在两个不同的水平之间交替。这样的分岔变得越来越快。最终系统进入混沌（右端），种群数量可以遍历无穷多个不同的值。

随着参数值进一步增大，点的数量不断加倍，一而再，再而三。这不免让人惊愕——如此复杂的行为，却又如此迷人而有规则。"暗藏在数学草丛中的蛇"是梅对它的描述。这样的加倍本身是分岔，而每次分岔意味着重复的模式进一步分化。一个原本以两年为期周期性波动的种群现在会在第三年和第四年出现变化，从而进入周期4。

这些分岔会越来越快（4, 8, 16, 32, …），然后突然终止。超过一个特定点（"聚点"），周期性便让位于混沌。波动永远不会最终归结到某些值，图中的这部分区域内的所有值都能被遍历到，于是整个区域都被填充满了。要是你长期观察一个由这个最简单的非线性方程支配的动物种群，你会认为这时种群数量的年际变化是完全随机的，就仿佛是被环境噪声搞得一团乱。但就在这样的复杂性当中，稳定的周期又突然重新出现。即便参数值还在增大，也就是说，非线性还在越来越用力地驱动这个系统，一个有着规则周期的窗口会突然浮现：一个奇数周期，像是周期3或周期7。不断变化的种群数量以三年或七年为周期重复自己。然后，倍周期分岔以更快的速率重新上演，快速经过周期3, 6, 12, …或周期7, 14, 28, …，然后再一次突然终止，进入混沌。

一开始，梅还无法看到这整个图景。但他所能算得的部分碎片已经足够令人不安。在一个现实世界的系统中，观察者一次只会看到对应于一个参数值的纵向切片。他只会看到一种类型的行为——可能是一个定态，可能是一个七年周期的循环，也可能是看上去的随机行为。他将无从知道，只要稍微改变某个参数，同一个系统就能够展现出一个完全不同类型的模式。

在其《周期3蕴涵混沌》一文中，詹姆斯·约克便通过严谨的数学分析了这种行为。他证明了，在任何一个一维系统中，只要出现一个周

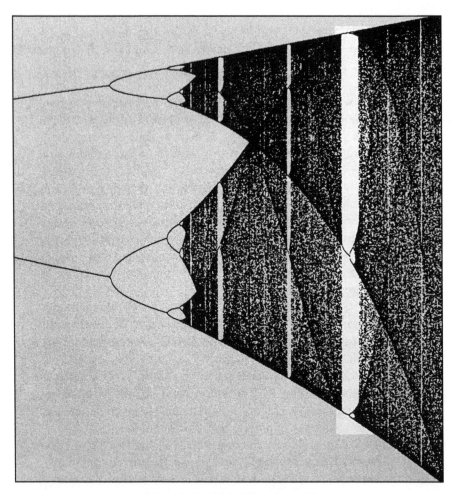

© James P. Crutchfield / Nancy Sterngold

期 3 的规则循环，那么这同一个系统也将展现出任何其他周期长度的规则循环，以及完全混沌的循环。正是这个发现，"像一道电击"，击中了像弗里曼·戴森这样的物理学家。它如此有违直觉。你原本会以为，构建一个会以周期 3 振荡重复自己，但永远不会生成混沌的系统简单得不值一提。但约克表明了，这是不可能做到的。

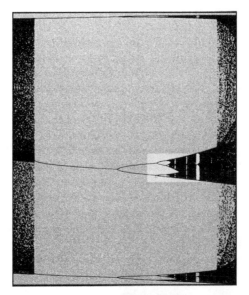

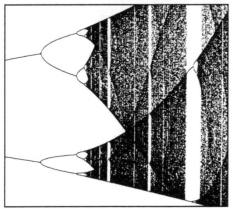

混沌中的有序窗口

即便是最简单的方程，其分岔图中的混沌区也被证明具有一种精细结构——比罗伯特·梅一开始所能猜想的远为有序。首先，分岔生成周期 2, 4, 8, 16, …，然后进入混沌，不再存在规则的周期。但接着，随着系统被更用力地驱动，具有奇数周期的窗口出现。一个稳定的周期 3 出现，然后倍周期分岔再次开始，生成周期 6, 12, 24, …。整个结构具有无穷深的层次。从中任选一个区域放大，可以发现它与原来的混沌区一样。

尽管它非常惊人，但约克相信，他这篇论文的公关价值要超过其数学重要性。[21] 这部分是事实。多年以后，在东柏林参加一次国际学术会议时，他忙里抽闲，在施普雷河上乘船观光。突然有个苏联人来到他身边，急切地试图跟他说点什么。在一位波兰朋友的帮助下，约克才最终明白，这个苏联人声称是自己首先证得同样的结论。对方拒绝透露细节，只说他会把论文寄给约克。四个月后，论文寄到了。A. N. 萨柯夫斯基确实发现在先，其论文《线段连续自映射周期的共存性》早在十年前就发表了。[22] 但约克所提供的不只是一个数学结论。他还给物理学家发送了一条讯息：混沌无处不在，它是稳定的，它具有结构。他还给出了理由让人们相信，传统上需要通过难以处理的连续微分方程建模的复杂系统，也可以通过简单的离散映射加以理解。

这次在几位比着手势沟通的数学家之间的邂逅，只是苏联与西方科学界之间持续存在的一道沟通鸿沟的一个例子。部分由于语言不通，也部分由于苏联方面的出国限制，常常有很多杰出的西方科学家在重复苏联文献中已有的成果。在美国和欧洲兴起的混沌科学在苏联已经激发了大量相关研究，但另一方面，它也引发了相当的困惑，因为这门新科学的很多内容在莫斯科那里并没有那么新。苏联数学家和物理学家在混沌研究上有着一个坚实的传统，最早可追溯至 A. N. 柯尔莫哥洛夫在 20 世纪 50 年代所做的工作。[23] 此外，他们还有着一个跨学科合作的传统，得以避免在其他地方出现的数学和物理学的学科分立。

因此，苏联科学家很乐于接受斯梅尔——他的马蹄在 20 世纪 60 年代就掀起过相当一阵热潮。一位杰出的数理物理学家，雅科夫·西奈，很快将类似系统翻译成热力学语言。类似地，当洛伦茨的工作最终在 70 年代为西方物理学界所了解时，它也在苏联同时传播。而在 1975 年，当约克和梅还在努力争取同事的注意时，西奈等人在高尔基市快速集结起了一个实力强大的物理学家工作组。近年来，一些西方混沌研究者[24]特地定期访问苏联，以便跟上最新进展；不过，他们中的大多数人还是不得不满足于西方版的混沌科学。

在西方，约克和梅是第一批感受到倍周期分岔的巨大冲击，并试图将这股冲击传递给科学界的人。之前注意到过这一现象的少数数学家只是将之视为一个技术性问题、一个数值上的奇怪之处：它几乎是一种数学游戏。这并不是说他们认为它平凡无奇，而是他们认为它是一样只限于数学领域的东西。

生物学家一直未能注意到这种通向混沌的分岔，这是因为他们缺乏足够的数学功底，也因为他们缺乏探索无序行为的动机。数学家之前注意到过分岔，但他们越门而过。而作为一个同时涉足两个世界的人，梅知道自己正在进入一个迷人而深刻的新领域。

为了更深入地探索这个最简单的系统，科学家需要更强大的算力。[25]美国纽约大学柯朗数学科学研究所的弗兰克·霍彭斯特德特就有这样一部强力计算机可用，他也决定借此制作一段动画。

霍彭斯特德特（这位数学家后来也对生物学问题产生了浓厚兴趣）在他的 CDC 6600 超级计算机上亿万次地运行逻辑斯谛非线性方程。同时，对于每一千个不同的参数值，他拍摄一张计算机显示屏的照片。随着参数值变化，分岔出现，然后是混沌，再然后在一片混沌当中，出现狭窄的有序窗口，并稍纵即逝。这些是周期性行为的些许影子。看着他自己制作的影片，霍彭斯特德特感觉自己仿佛在穿越一片异星景观。前一刻它还一点儿都没有混沌的迹象，下一刻它就充斥着不可预测的紊乱。这种令人惊奇的感觉是霍彭斯特德特此后一直难以忘怀的。[26]

梅看过霍彭斯特德特的动画。他也开始收集来自其他领域，比如遗传学、经济学和流体动力学的类似案例。作为一位混沌的宣传员，他相对于理论数学家有两个优势。其一是，他很清楚，简单方程无法完美再现现实。他知道它们只是隐喻，所以他开始好奇这些隐喻的适用范围有多大。其二是，混沌的诸多启示可以直接帮助解决他所选领域的一个重大争议。

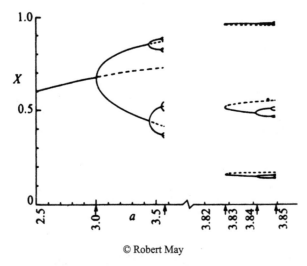

© Robert May

梅一开始时绘制的分岔图大略，后来更强大的算力将进一步揭示出其丰富的精细结构

种群生物学本身长久以来就争议不断。比如在生物系中，分子生物学家与生态学家之间就关系紧张。分子生物学家认为自己所做的才是**真正**科学、明确、困难的问题，而生态学家所做的不过是不清不楚的工作。生态学家则相信，分子生物学的技术性成就不过是对于那些定义良好的问题的详尽阐发罢了。

　　而在生态学内部，梅认为，它在 20 世纪 70 年代初的一个核心争议是关于种群数量变化的本质。[27] 生态学家对此几乎各执一词。有些人将这个世界解读为有序的：种群数量的变化稳定有序——除了少量例外。其他人则做出完全相反的解读：种群数量的波动毫无规则——除了少量例外。毫不意外，双方阵营内部对于如何应用高深的数学来处理难搞的生物学问题也莫衷一是。那些相信种群数量稳定变化的人主张，它们必定遵循某种决定论式机制。那些相信种群数量无序波动的人则主张，它们必定受到不可预测的环境因素的影响而随机消长，从而将任何可能存在的决定论式信号完全抹除。因此，要么是决定论式的机制生成了稳定的行为，要么是随机的外部噪声生成了随机的行为。两者必居其一。

　　在这个辩论的语境中，混沌揭示了一条令人惊奇的讯息：简单的决定论式模型能够生成表面上看似随机的行为。这类行为实际上具有一个细致的精细结构，但其中任意一部分又看上去与噪声相差无几。这个发现直切整个争议的核心。

　　随着梅透过简单混沌模型的三棱镜来检视越来越多的生物学系统，他进一步发现了更多有违从业者一般直觉的结果。比如在流行病学中，众所周知，流行病的流行常常具有或规则或不规则的周期性。麻疹、脊髓灰质炎、风疹——它们的发病率都以一定频率起伏。梅意识到这样的振荡可经由一个非线性模型加以再现，并且他好奇，如果这样一个系统受到一个突发外力（可能对应于一个预防接种计划的一种扰动）的影响，情况又会怎样。朴素的直觉会告诉我们，系统将平滑地转向我们想要的方向。但梅发现，实际上可能出现的是大的振荡。即便长期趋势确实调头向下，在趋向一个新的均衡的过程中仍会出现出人意料的凸起。事实上，在比如英国的一个消除风疹计划的实际数据中，医生确实见到了像梅的模型所预言的那种振荡。但任何卫生官员，在看到风疹或淋病发病率出现一个急剧的短期上升时，都会认为预防接种计划失败了。

在短短几年时间里，混沌研究为理论生物学注入了一股强劲动力，并让生物学家和物理学家开始展开在几年前还难以想象的学术合作。生态学家和流行病学家翻出了被早前的科学家视为难以处理而弃之一旁的老数据。决定论式混沌在纽约市麻疹发病的历史记录以及加拿大猞猁种群数量在过去两百年的波动（由哈德逊湾公司经销的毛皮数量推得）中都可被找到。[28] 分子生物学家开始将蛋白质视为在不断运动的系统。生理学家也不再将器官视为静态结构，而是将之视为由规则的和不规则的振荡构成的复合体。

梅知道，在科学的各个领域，研究者已经发现各自系统中的复杂行为，并为此相互争论不已。每个学科都认为自己发现的混沌是特别的。这种想法无疑会让人感到灰心。但如果表面看来的随机性可源自简单模型，事情会怎样？如果同一个简单模型可解释不同领域的复杂性，事情又会怎样？梅意识到，那种令人惊奇而自己才刚触及皮毛的结构与生物学并没有内在关联。他也好奇有多少其他领域的科学家会像自己那样感到惊奇。于是他开始写作一篇最终被他视为"弥赛亚式的"论文，也就是 1976 年发表在《自然》杂志上的那篇综述文章。

他主张说，如果送给每个年轻学生人手一部便携计算器，并鼓励他们随意摆弄逻辑斯谛差分方程，世界将变得更加美好。[29] 这个简单的计算（他在《自然》杂志的文章中对其给出了细致分析）能够纠正人们经由标准的科学教育所形成的、对于世界的可能性的扭曲认知。它会改变人们思考从商业周期理论到流言传播模式的一切方式。

　　他呼吁，混沌应该被尽早教授。现在是时候意识到，标准的科学教育给科学家留下了一个错误印象。他主张，不论线性数学变得如何完善，连同所有那些傅里叶变换、正交函数、回归分析，它不可避免误导了科学家对于一个非线性占绝对主导的世界的认知。"如此形成的数学直觉让学生在面对哪怕最简单的非线性离散系统所展现出来的怪异行为时不免感到手足无措。"他这样写道。[30]

　　"不只在科学研究中，也在日常的政治和经济世界中，如果有更多的人意识到，简单的非线性系统并不必然具有简单的动力学性质，我们都将因此受益。"

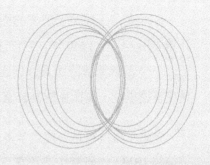

第 四 章

大自然的一种几何学

CHAOS:
MAKING A NEW
SCIENCE

但关联终究浮现出来，
一个微小的关联不断扩大，
好像一朵云彩在地上、在山坡上投下的影子。

——华莱士·史蒂文斯，《混乱鉴赏家》

多年来，一幅关于现实的图景在贝努瓦·曼德尔布罗特的脑中慢慢开始成形。[1]在1960年，它仍还只是某个未知思想的一个模模糊糊的影子，一个影影绰绰的图像。但当他看到它时，他一眼就认了出来，而他是在亨德里克·霍撒克的办公室的黑板上看到它的。

曼德尔布罗特是一位数学多面手，当时刚加入国际商业机器公司（以下简称IBM）的研究中心不久，并得以在那里自由追逐兴之所至。他长久以来涉猎的一个领域是经济学，而当时他正在研究一个经济体中的收入分布问题。哈佛大学经济学教授霍撒克于是邀请他来做一个讲座。当这位年轻数学家来到经济系所在的位于哈佛园以北的、外观威严的利陶尔中心时，他吃惊地看到自己的发现已经在老人家的黑板上画成图了。[2]曼德尔布罗特开了一个看似抱怨的玩笑（"我的图怎么在我的讲座之前就画出来了？"），但霍撒克当时并不明白他在讲什么。那个图与收入分布根本毫无关系，它表示的是棉花价格在八年里的波动。

在霍撒克看来，这个图也确实有点儿奇怪。当时的经济学家一般假设，像棉花这样的商品的价格是随着两个不同的节拍起舞的，一个有序，而另一个随机。长期而言，棉花价格会受到现实的经济力量的稳步驱动——新英格兰地区棉纺织业的景气状况，或者国际贸易路线的开辟，诸如此类。短期而言，棉花价格则会或多或少随机起伏。不幸的是，霍撒克的数据并不符合他的预期。图中的大起伏太多了。当然，大多数价格变动是小变动，但小变动与大变动的比率并不如预期的那样高。概率分布在右边下降得不够快。它有一条长尾巴。

为变量的概率分布建模的标准模型当时是（并且现在也仍是）钟形曲线。在中间，即钟的隆起部分，大部分数据聚集在平均值附近。在左右两边，极端值的比率快速下降。钟形曲线之于统计学家，就如同听诊器之于内科医生，都是他们的首选工具。它表示的是所谓的高斯分布，或者简单来说，"正常"（正态）分布。它实际上对随机性的性质下了一个论断，认为不管事物怎样变化，它们都试图停留在一个平均值附近，并且能够做到以一种相当平滑的方式散布在这个平均值左右。但作为一种寻找穿越数学荒原的道路的手段，这样的标准模型并无法令人满意。正如诺贝尔经济学奖获得者瓦西里·列昂季耶夫所说的："没有哪个经验研究的领域如此大量且复杂地使用了一种统计工具，却取得了如此不痛不痒的结果。"[3]

不论霍撒克怎样为数据作图，他都无法让棉花价格的变动契合钟形曲线。但这确实生成了一个图像，而曼德尔布罗特也开始在其他一些风马牛不相及的地方注意到其模样。不像大多数数学家，曼德尔布罗特是基于自己对于模式和形状的直觉来处理问题的。他不信任分析，但他信任自己的心理图景。并且他已经意识到，有其他定律支配着随机现象。他将记录着棉花价格数据的一箱穿孔卡片带回了位于纽约州约克敦海茨、坐落在韦斯特彻斯特县北部丘陵之间的 IBM 研究中心，并在那里的计算中心运行程序分析这些数据。后来他又从华盛顿的美国农业部取得了更多数据，它们最早可追溯至 1900 年。

就像其他领域的科学家，经济学家也正在跨越门槛，迈入计算机时代，正在慢慢意识到自己将拥有力量，能在之前不可想象的规模上收集、整理和操作信息。不过，并不是所有类型的信息都可获得，并且那些可被搜集到的信息仍然需要被转换成某种可加利用的形式。穿孔卡片时代因而也只是一个开始。在硬科学中，研究者搜集成千上万或上百万的信息还是比较容易的。但经济学家，就像生物学家，面对的是一个由众多执拗的生物构成的世界。并且经济学家研究的是它们当中最难以琢磨的。

THE
NORMAL
LAW OF ERROR
STANDS OUT IN THE
EXPERIENCE OF MANKIND
AS ONE OF THE BROADEST
GENERALIZATIONS OF NATURAL
PHILOSOPHY ◆ IT SERVES AS THE
GUIDING INSTRUMENT IN RESEARCHES
IN THE PHYSICAL AND SOCIAL SCIENCES AND
IN MEDICINE AGRICULTURE AND ENGINEERING ◆
IT IS AN INDISPENSABLE TOOL FOR THE ANALYSIS AND THE
INTERPRETATION OF THE BASIC DATA OBTAINED BY OBSERVATION AND EXPERIMENT

© W. J. Youden

钟形曲线

随机误差的正态分布定律堪称人类对于自然界的最宽泛的概括之一。它在自然和社会科学中，在医学、农业和工程学中都发挥着指导作用，是分析与诠释观察和实验数据的必不可少的工具。

　　但至少经济学家的世界在源源不断地生成数据。在曼德尔布罗特看来，棉花价格是一个理想的数据源。这些记录完整且长期，最早可追溯至一个世纪以前甚或更早。棉花的交易是一个中心化的市场（因而有着中心化的交易记录），因为在 19 世纪与 20 世纪之交时，美国南方的所有棉花都要经由纽约棉花交易所流向新英格兰地区，并且英国利物浦的棉花价格也与纽约价格相联动。

　　尽管当时的经济学家在分析商品价格或股票价格时可用的信息很少，但这并不意味着他们缺少对于价格是如何变动的一个基本观点。恰恰相反，他们共享一些特定信念。其中之一便是，他们相信小的、短期的变动与大的、长期的变动是两回事。快速的短期波动是随机的。在一个交易日里发生的小起伏只不过是噪声，不可预测，也不有趣。然而，长期变动是完全另一回事。价格在几个月、几年或几十年里的大巨变是由深层次的宏观经济力量，由战争或经济衰退的趋势，由在理论上可加以解释的力量决定的。因此，一边是短期波动的噪声，另一边则是长期变动的信号。

但事实上，在曼德尔布罗特正在形成的关于现实的图景中，并没有这样的二分法的一席之地。他的图景并没有将小的变动与大的变动分割开来，反而是将它们结合在一起。他正在寻觅的不是在这个或那个尺度上的模式，而是在所有尺度上的模式。当时他还不清楚该如何描绘他所设想的图景，但他知道，它将必须具有某种对称性，不是一种左右对称性或上下对称性，而是一种大小尺度上的对称性。

确实，在曼德尔布罗特利用 IBM 的计算机检视过棉花价格数据后，他找到了他所寻觅的惊人结果。那些从正态分布的角度来看是偏离正常的数据，从标度（scaling）的角度来看则具有对称性。[①] 每种特定价格变动是随机的，是不可预测的。但由这些变动构成的序列是与尺度（scale）无关的：每日价格变动的曲线与月度价格变动的曲线完美匹配。简直不可思议，从这个角度分析数据，他发现其变异度在长达六十年的时间里保持不变，更别说在这期间时局动荡，见证了两次世界大战和一次大萧条。

在最无序的数据当中竟然存在一种出人意料的秩序。考虑到他所检视的数据的任意性，曼德尔布罗特不禁好奇，为什么竟会有定律统括它们？又为什么它同时适用于个人收入和棉花价格？

---

① 鉴于缺乏更贴切的译法，也为了与常见说法相一致，这里采用"标度"来对译"scaling"，以与"尺度"（scale）相区分。或许透过英文更容易理解，后者是名词，是静态的；而前者是动词，是动态的，是存在于不同尺度之间的现象、模式和规律。——译者注

实际上，曼德尔布罗特与经济学家沟通的能力跟他的经济学背景一样存在不足。当他撰文发表自己的发现时，他的文章前面特意配了一篇由他的学生撰写的解释文章，将曼德尔布罗特的内容以经济学家能够理解的文字重述了一遍。曼德尔布罗特随后转向了其他兴趣点。但他对于探索标度现象的决心日益增长，它似乎是一样有着自己生命的东西——一个挥之不去的印记。

在多年以后的一次讲座上，当主持人介绍完他后（"……在哈佛大学教授经济学，在耶鲁大学教授工程学，在爱因斯坦医学院教授生理学……"），他不无自豪地开玩笑道："常常，当我听到罗列我之前的工作时，我不免会怀疑自己是否存在。这些集合之间无疑没有交集。"[4] 确实，从他早年在 IBM 工作时起，曼德尔布罗特在一长串不同的研究领域中都未能确立存在感。他始终是一个局外人，采取一些非正统的方法去探索一些非热门的数学角落，闯入一些他很少受到欢迎的学科，隐藏起他的宏大思想以便使论文得到发表，并主要靠着他在约克敦海茨的上司们对他的信心才保住工作。他乘兴而来，涉足像经济学这样的领域，然后兴尽而返，留下许多吸引人的思想，却少有扎实的系统性工作。

在混沌的历史上，曼德尔布罗特可谓特立独行。但 1960 年那幅在他脑中逐渐成形的关于现实的图景，终究从一个奇想发展成为一门成熟的几何学。尽管在那些致力于阐发诸如洛伦茨、斯梅尔、约克和梅等人的工作的物理学家看来，这位不合群的数学家的所作所为不过是一场边角小戏，但他的技巧和他的语言最终成了他们的新科学中不可或缺的一部分。

下面这个描述对于任何在他晚年才认识他，对他的大脑门以及一长串头衔和荣誉印象深刻的人看来似乎根本放不到一起，但贝努瓦·曼德尔布罗特其实最好可被描述为一位难民。他于 1924 年出生在波兰华沙的一个立陶宛裔犹太人家庭，其父亲是一名服装经销商，母亲是一名牙科医生。[5] 整个家庭在 1936 年移居巴黎，部分是出于对地缘政治发展的警觉，部分则是因为那里有亲戚（曼德尔布罗特的一位叔叔，数学家沙勒姆·曼德尔布罗特）可投靠。当战争爆发时，他们一家再次抢在纳粹之前，抛弃一切，只带着几个箱子，加入了从巴黎南逃的难民大军。他们最终在法国中部小镇蒂勒停下了脚步。

有一段时间，曼德尔布罗特在铁路上充当模具工学徒，但他的身材和谈吐都不像学徒，一度引发了维希当局的怀疑。那是一段充满了难以忘却的景象和恐惧的时期，但他后来鲜少提及个人的艰辛，而是更多回忆起他在蒂勒及其他地方与学校老师成为朋友的日子，这些老师中有一些本身是杰出的学者，也是迫于战争才流落他乡。总之，他受到的学校教育是非常规的，是断断续续的。他声称从来没有学过字母表，或者更厉害的是，他没有学过超过五的乘法表。但终究，他拥有一种天赋。

在巴黎解放后，他参加了巴黎高等师范学院和巴黎综合理工学院的入学考试。尽管无法像其他人那样进行数年的准备，他还是通过了考试。考试为期一个月，包括口试和笔试。其中一门沿袭下来的科目是素描，而他发现自己在临摹断臂维纳斯上有着一种潜藏的才能。在数学科目上，尤其是在抽象代数和数学分析的题目中，曼德尔布罗特借助他的几何直觉，成功掩饰了他缺乏训练。他已经意识到，给定一个分析问题，他几乎总是可以在头脑中将之转换成关于某个形状的问题。而给定一个形状，他可以找到方法对它做变换，改变其对称性，使之变得更加谐和。常常，他的变换直接将他引向了相对应问题的一个解。在无法应用几何学的物理和化学科目上，他成绩不佳。但在数学上，那些他通过常规技巧无法解决的问题，在经过他对形状的一番捣鼓后，就迎刃而解了。

巴黎高等师范学院和巴黎综合理工学院是当时法国培育精英的学校，美国的教育体系中并没有这样的学校。这两所学校每年总共录取不超过三百名学生，他们毕业后将进入法国大学和公务员系统。曼德尔布罗特一开始选择了两校中规模较小但声望更高的高等师范学院，但没几天后就转校到了综合理工学院。这时，他成了一位逃离布尔巴基学派的难民。[6]

或许只有在法国，在这个推崇学术权威和学习的一定之规的地方，布尔巴基学派才能茁壮成长。它一开始是一个俱乐部，由包括沙勒姆·曼德尔布罗特在内的几位希望重建法国数学的年轻数学家在 20 世纪 30 年代中期成立。第一次世界大战葬送了法国数学界的众多青年才俊，导致在大学教授与学生之间出现了一个很大的年龄断层，学术传承也为之中断，而这些聪明的年轻人立志要为数学实践奠定新的基础。这个团体的名字本身是一个内部笑话，得名自一位 19 世纪的希腊裔法国将军，按照后来的猜测，大概是出于其姓氏发音奇怪又好听的缘故。布尔巴基学派诞生之初的这份轻松好玩儿的性质很快就会消失不见。

其成员秘密进行聚会。事实上，至今他们的名字还没有全部得到确认。他们的人数是固定的。当一名成员由于年届五十而不得不退出时，剩下的成员会选取其替代者。他们是最杰出、最聪明的一批数学家，其影响很快传遍整个欧洲大陆。

布尔巴基学派的出现部分是出于对庞加莱的反动。这位 19 世纪后期的伟人、异常多产的思想家和作家，并不像有些人那样关心数学严格性。庞加莱会说："我知道它必定是正确的，那么为什么我还要证明它？"布尔巴基学派相信，庞加莱给数学留下的是一个松松垮垮的基础，所以他们开始撰写一部长篇巨著（并且在风格上越写越狂热），旨在将该学科拨乱反正。逻辑分析则是个中关键。数学家必须从扎实的第一性原理出发，然后从中推导出所有结论。他们强调数学是诸科学中至高无上的，因而坚持要与其他科学保持距离。数学就是数学——其价值不能用其现实应用加以衡量。并且最要紧的，布尔巴基学派排斥使用图像。数学家总是有可能被其视觉辅助所愚弄。几何学是不值得信任的。数学应该是纯粹的、形式化的，以及朴素的。

并且这也不完全是一个法国现象。在美国，数学家也在毅然地从物理科学的需求中抽身出来，就像当时的艺术家和作家决然地从大众口味的需求中脱身出来。一种独善其身的情绪占据了上风。数学家的研究课题变得自成一体，研究方法变得形式上公理化。一位数学家可以不无自豪地承认，自己的工作没有解释世界上或科学中的任何东西。这种态度带来了累累硕果，数学家也引以为宝。斯蒂芬·斯梅尔，即便在他积极致力于重新撮合数学和自然科学的时候，也发自内心地相信，**数学应该是不假外求的**。[7] 这样的自成一体带来了明晰性。而明晰性与公理化方法的严格性相得益彰。每一位严肃的数学家都很清楚，严格性是这个学科的标志性特征，是承载一切的钢铁骨架，若失去它，一切都会轰然倒塌。正是数学严格性使得数学家敢于拾起某条延续了数个世纪的研究思路，然后继续深化和拓展它，而不必担心之前的一切。

尽管如此，对严格性的需求给 20 世纪的数学带来了种种意料之外的后果。这个领域以一种特殊的演化方式发展着。[8] 在选取了一个问题后，研究者首先要就大方向做出一个决定。常常，这个决定牵扯到一个选择：是选择一条数学上可行的思路，还是选择一条对理解大自然而言有趣的思路？对于一位数学家来说，这里的选择是明确无疑的：他会暂时抛开任何与大自然明显相关的关联。最终，他的学生们也会面对一个类似的选择，并做出一个类似的决定。

没有哪个地方比法国更推崇这些价值，在那里，布尔巴基学派获得了其创立者做梦也想不到的成功。它的规则、风格和记号成了标准。得益于掌握了最优秀的学生并源源不断生产出成功的数学家，它取得了不可撼动的地位。它对高等师范学院的掌控是全面的，而这在曼德尔布罗特看来无法忍受。由于布尔巴基学派，他逃离了高等师范学院，而在十年后，出于同样的理由，他逃离了法国，定居美国。随后在不到几十年里，布尔巴基学派无止境的抽象化将由于计算机所带来的一个冲击，由于它所开辟的一门视觉化新数学而开始停下脚步。但对于无法忍受布尔巴基学派的形式主义，并无意抛弃自己的几何直觉的曼德尔布罗特来说，那已经来得太晚了。

作为一个时刻不忘打造自己的神话的人，曼德尔布罗特给自己在《美国名人录》的词条最后特意补充道："要是科学（就像体育）追求比赛第一，要是它通过区分狭隘定义的专项来明确比赛规则，那么科学就完蛋了。那些稀有的、自觉选择成为游牧者的学者对于已经定居下来的学科的智力福祉来说是至关重要的。"这位自觉选择成为游牧者（他也称自己为迫不得已而为之的先驱者 [9]）的人在离开法国，接受 IBM 的托马斯·J. 沃森研究中心的邀请时，也离开了学术界。在他从无名到显耀的三十年学术历程中，他从来没有看到自己的研究受到那些他所涉足的学科的欢迎。甚至连数学家都会说（尽管是不带明显恶意的），不管曼德尔布罗特究竟是何许人，他都不是自己的同类。

曼德尔布罗特慢慢地摸索着自己的道路，其间，他一直受益于自己对于科学史上被人遗忘的"捷径"的渊博知识。他涉足过数理语言学，在自己的博士论文中阐述了一个词频分布定律。（他强调，他注意到这个问题是因为读到一篇书评，而后者是他从一位理论数学家的废纸篓中捡回来的，只是为了在搭乘巴黎地铁时有东西消遣。）他探索过博弈论。他出入过经济学。他讨论过城市规模分布在不同尺度上的相似性。而那个能将他的工作整合起来的一般框架还隐藏在幕后，只有部分成形。

在他在 IBM 的初期，他在研究过商品价格问题后不久就遇到了一个引发公司强烈关切的实践问题。当时工程师困扰于在计算机之间传递信息的电话线中的噪声问题。电流以离散包的形式传递信息，并且工程师知道，电流越强，它越能克服噪声干扰。但他们发现，某种自发生成的噪声怎么也掩盖不了。时不时地，噪声会淹没一段信号，导致出现一个差错。

尽管传输噪声在本质上是随机的，但众所周知，它是聚集成团的。没有传输差错的时段之后会跟着出现差错的时段。通过跟工程师交谈，曼德尔布罗特很快了解到一个关于噪声的口耳相传的传说（之所以从来没有被书之文字，是因为它不符合任何常规的思维方式）：他们越深入细看这些噪声集团，差错发生的模式就显得越发复杂。曼德尔布罗特给出了一个描述差错分布的方式，能够很好地拟合观察到的模式。但它极其怪异。首先来说，它使得计算误码率（每小时、每分钟或每秒钟的平均差错数量）变得不可能。在曼德尔布罗特的描述中，平均而言，差错的分布趋向于无穷稀疏。

他的做法是将没有差错的时段和出现差错的时段不断深入细分。设想你把一天分成小时。某一小时里可能没有出现任何差错。接着下一小时里可能出现差错。然后又一小时里可能没有出现差错。

但设想你接着把出现差错的那一小时进一步细分成二十分钟的更小时段。你会发现，同样在这里，有些时段是完全无误的，而有些时段则包含一段突发差错。事实上，曼德尔布罗特指出，尽管有违直觉，但你永远无法找到这样一个时段，在其中差错是连续分布的。在任何出现突发差错的时段之中，不论其多么短暂，总是会存在完全没有传输差错的时段。此外，他发现了突发差错与无误传输之间的一个稳定几何关系。在一小时或一秒钟的不同尺度上，完全无误的时段与差错丛发的时段的比例却是相同的。（有一部分数据看上去不符合他的描述，这曾让曼德尔布罗特心里一沉，但他后来发现，原来是工程师当初没有记录下那些最极端的案例，他们以为它们是不相关的。）

当时的工程师没有其他可供参照的东西来理解曼德尔布罗特的描述，但数学家有。实际上，曼德尔布罗特是在复制一个被称为康托尔集的抽象构造，后者得名自 19 世纪数学家格奥尔格·康托尔。要想构造一个康托尔集，你先取一段 0 到 1 的线段，然后去掉中间的三分之一。这样留下了两段线段，然后你又去掉每段中间的三分之一（即原来的九分之一到九分之二，以及九分之七到九分之八）。这样留下了四段线段，然后你又去掉每段中间的三分之一——如此反复，直至无穷。最后剩下的是什么？一个奇怪的"点集"，这些点聚集成团，无穷之多但又无穷之稀疏。曼德尔布罗特将传输差错视为一个时间维度上的康托尔集。

这个高度抽象的描述却对于科学家选择不同的差错控制策略有着实践意义。[10] 具体来说，它意味着，工程师不应该试图通过不断增大信号强度来克服越来越多的噪声，而是应该选择一个中等强度的信号，接受差错是不可避免的，然后使用一种冗余策略来检测和纠正差错。曼德尔布罗特也改变了 IBM 的工程师思考噪声成因的方式。面对突发差错，工程师从前总是习惯性地认为必定是系统中哪里出了问题。但曼德尔布罗特的标度模式表明，噪声终究无法通过具体的局域性事件加以解释。

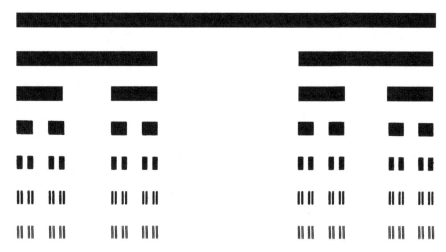

康托尔"点集"

首先取一段线段，然后去掉中间的三分之一，接着再分别去掉剩下两段线段的中间三分之一，如此反复。由剩下的点构成的集合就是康托尔集。这些点无穷之多，但它们的总共长度为零。

这样一种构造的悖论性质一直困扰着 19 世纪的数学家，但曼德尔布罗特将康托尔集视为对于电信号传输过程中差错发生模式的一个模型。工程师注意到，完全没有传输差错的时段与出现差错的时段交相出现。而在细看之下，在出现差错的时段当中也存在完全无误的时段。更深入细看，相同的情况再次上演，如此等等——它是分形时间的一个例子。曼德尔布罗特发现，在每一个时间尺度上，从小时到秒，差错与无误传输之间的关系保持恒定。他于是主张，在为突发性建模时，这样一种点集至关重要。

　　曼德尔布罗特继而将注意力转向其他数据——从世界各地的河流获得的数据。埃及人在过去数千年里一直记录着尼罗河的水位。这不是一时兴起。尼罗河的水位变化之大异乎寻常，有些年份河水泛滥成灾，有些年份则低于平均水位。曼德尔布罗特根据两类效应将变化加以分类；这两类效应也常见于经济学，他分别称之为诺亚效应和约瑟效应。

诺亚效应意味着不连续性：当一个物理量改变时，它可以以几乎任意快的速度改变。经济学家传统上假设，价格以平滑的方式改变——变化可以有快有慢，但它总是平滑的；也就是说，当价格从一点变动到另一点时，它经过了其间的所有中间水平。这个运动意象是从物理学那里借用过来的，就像经济学所用的大多数数学一样。但它是错误的。价格可以以瞬间跃变的方式改变，就像一条新闻可以通过电传线路瞬间传递，而一千名股票经纪人可以转眼改变他们的判断那样快速。曼德尔布罗特指出，如果一个股票投资策略假设，一只股票在从 60 美元下跌到 10 美元的过程中必定能在某个时点以 50 美元卖出，那么这个策略注定会失败。

约瑟效应则意味着持久性。[11] "必有七个大丰年来到埃及全地，随后又有七个荒年。" 如果说这个《圣经》传说旨在说明周期性，这当然是过度简单化的解读。但洪水和干旱确实有着持久性。尽管背后有其随机性，但一个地方经受干旱的时间越长，它越有可能遭受更多干旱。此外，对于尼罗河水位的数学分析表明，持久性既适用于百年的尺度，也适用于十年的尺度。诺亚效应和约瑟效应作用方向不同，但两相作用之下就会有如此结果：大自然中的趋势确实真实存在，但它们可以来也匆匆，去也匆匆。

不连续性、突发噪声、康托尔集——像这样的现象在过去两千年的几何学中始终没有一席之地。古典几何学中的形状是线和面、圆形和球体、三角形和圆锥体。它们代表了一种对于现实的强有力的抽象，也催生出一种关于柏拉图式和谐的强有力的哲学。欧几里得利用这些形状创立了一种延续了两千年的几何学——一种到现在仍是大多数人唯一学过的几何学。艺术家在它们当中发现了一种理想的美，托勒密派天文学家则利用它们构造了一整套宇宙论。但对于理解复杂性而言，它们最终被证明是那种错误的抽象。

"云彩不是球体"，曼德尔布罗特喜欢这样说。[12] 山脉不是圆锥体，闪电也不是沿直线游走的。他的新几何学反映的是一个曲折而不光滑、粗糙而不平整的宇宙。它是一种关于粗糙、斑驳、支离破碎之物，关于曲折、杂乱、相互缠绕之物的几何学。理解大自然中的复杂性，需要等到人们开始怀疑复杂性不只是随机的，也不只是一种偶然的时候。它要求一种信念，相信比如一道闪电的路径的有趣之处不在于其走向，而在于其左拐和右折的分布。曼德尔布罗特的工作实际上是做出了一个关于世界的论断，即这样一些奇形怪状富有深意。这些坑坑洼洼之处和一团乱麻不仅仅是一些不完美之瑕，而是对于欧几里得几何经典形状的扭曲变形。它们常常是洞悉一样事物的实质的关键。

比如，一条海岸线的实质是什么？曼德尔布罗特就在一篇成为其思想转折点的论文中问了这个问题："英国的海岸线有多长？"

曼德尔布罗特最初接触到海岸线问题，是通过一篇英国科学家刘易斯·弗赖伊·理查森在死后发表且少有人知的论文。事实上，理查森很早就涉足了出人意料多的后来被证明与混沌相关的话题。他曾在 20 世纪 20 年代讨论数值天气预测，往海湾里扔白色的欧防风来研究流体的湍流，还在一篇 1926 年的论文中问道："风有一个速度吗？"（他接着解释道："这个问题乍看之下很愚蠢，但仔细想想，就不是那样了。"）理查森又对蜿蜒曲折的海岸线和国境线产生了兴趣，并在查阅西班牙和葡萄牙、比利时和荷兰的百科全书后发现，两个邻国各自对于共同边界的长度的估计有着 20% 的出入。[13]

曼德尔布罗特对于这个问题的分析在论文读者看来要么纯属显而易

见，要么纯属胡说八道。他发现大多数人对于这个问题的回答不外乎两种："我不知道，这不是我的专业领域"，或者"我不知道，但我会在百科全书里找找看"。

事实上，他所主张的是，在一个意义上，任何海岸线都是无穷长的。而在另一个意义上，答案取决于你所用标尺的长度。试考虑这样一种不无合理的测量方式：一位测量员取一把圆规，使其两脚张至一码[①]，然后带着它步行测量海岸线长度。由此得到的码数只是真实长度的一个近似值，因为圆规漏掉了那些不足一码的曲折，但测量员还是把这个数记了下来。然后他把圆规张至一个较小的幅度，比如一英尺[②]（原来的三分之一），并重复这个过程。他最终得到了一个稍大一些的长度，因为，之前一码的"尺子"转一次就能覆盖的距离现在需要一英尺的"尺子"转三次，从而它将记录下更多的细节。他记下这个新的数，然后将圆规张至四英寸[③]（又是原来的三分之一），并再次重复这个过程。这个使用了一把想象的圆规的思想实验，以一种量化的方式彰显了从不同距离、在不同尺度上观察一个对象时的效应。相较于一位试图利用双脚丈量每一处海湾和海滩的观察者，一位试图利用卫星图像估计英国海岸线长度的观察者会给出一个较小的数值；而相较于一只艰难跋涉过每一枚小石头的蜗牛，他对于个中曲折会做出一个较小的估计。

---

① 1 码≈ 91.44 厘米。——译者注

② 1 英尺≈ 30.48 厘米。——译者注

③ 1 英寸≈ 2.54 厘米。——译者注

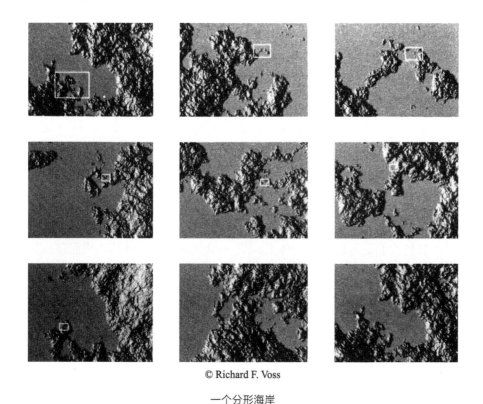

© Richard F. Voss

一个分形海岸

这是一条计算机生成的海岸线：细节是随机的，但分形维数是常数，所以其曲折或不规则的
程度看上去是相同的，而不论图像放大了多少倍。

　　常识会说，尽管这些估计值会不断增大，但它们终将达到一个特定
的最终值，即海岸线的真实长度。换言之，这些测量值应该会收敛。并
且事实上，如果一条海岸线是某种欧几里得形状，比如一个圆，这种加
总越来越短的直线距离的方法确实会收敛。但曼德尔布罗特发现，随着
测量的尺度越来越小，对一条海岸线测得的长度会无限增加，海湾和岬
角会不断揭示出更次一级的海湾和岬角——至少直到原子层次，到时，
这个过程会最终走到尽头。或许吧。

由于欧几里得测量的概念（长度、深度、厚度）无法把握到不规则形状的实质，曼德尔布罗特转向了一个不同的概念——维数的概念。维数在科学家眼中要比在非科学家眼中丰富多彩得多。我们生活在一个三维世界中，也就是说，我们需要三个数来确定一个点，比如，经度、纬度和海拔。这三个维度被想象成是相互垂直的三个方向。这也是欧几里得几何的遗产：在欧氏几何中，空间是三维的，平面是二维的，线是一维的，而点是零维的。

让欧几里得当初得以构造出一维或二维对象的抽象化过程，也很容易扩展到我们面对的日常物体上。[14] 一幅交通地图，就其功用而言，是一样本质上二维的东西，它是一个平面。它用其二维表面承载了一类刚好二维的信息。当然，在现实中，交通地图像所有其他东西一样，是三维的，但其厚度是如此之小（并且与其功用如此不相关），使得它可以被忽略。即便被折叠起来，一幅交通地图仍然实际上是二维的。同样地，一根麻绳实际上是一维的，而一个粒子实际上根本没有维数。

那么一个麻绳球的维数是多少呢？曼德尔布罗特的回答是，它取决于你观看的距离。从很远的地方看，麻绳球不过是一个点，没有维数。近一点儿看，你可以看到它占用了一个球状空间，拥有三个维度。更近一点儿看，麻绳看得一清二楚，于是这个对象实际上就变成一维的，只不过这个一维以一种利用到三维空间的方式自己缠绕成一团。确定一个点需要多少个数的概念仍然非常有用。[15] 从远处看，它根本不需要数——那里就只有一个点。近一点儿看，它需要三个数。更近一点儿看，一个数就够了——麻绳长度上的任意一个位置都是唯一的，而不论麻绳是拉直成线，还是缠绕成球。

视角进而推进到微观层次：麻绳变成一股股三维的麻线，麻线又分解成一条条一维的纤维，最终实体的物质解体为零维的点。曼德尔布罗特还搬出了相对性："这种认为一个数值结论应该取决于对象与观察者之间的关系的思想，符合这个世纪的物理学的精神，甚至是它的一个示例。"

但抛开哲学不说，一个对象的有效维数确实被证明不同于其普通的三维。曼德尔布罗特的文字论证看上去存在的一个弱点是，它使用了一些模糊的概念，比如"很远"和"近一点儿"。在它们之间时，情况又会如何呢？无疑，二者之间不存在一个明确的界线，过了这里，一个麻绳球就从一个三维对象突然变成一个一维对象。但实际上，这些转变的定义的不良性质并不是一个弱点——相反，它引出了一个关于维数问题的新思想。

曼德尔布罗特没有局限于普通的维数（0, 1, 2, 3, …），而是拥抱了一个看上去的不可能：分数维数。这是一个不容易理解的概念。对于非数学家来说，它需要用到一点儿主动的悬置不信。但它最终证明了自己是威力极其强大的。

分数维数可以测量那些不然没有办法明确定义的量：一个对象的曲折、破碎或不规则程度。比如，一条蜿蜒的海岸线尽管就长度而言是不可测量的，但还是具有特定的曲折程度。曼德尔布罗特给出了一些计算实际对象的分数维数的方法，前提是能够提供构造一个形状的某种技术，或者提供某些数据；并且他的几何学让他就自己研究过的大自然中的不规则模式做出了一个论断，即在不同尺度下，不规则程度保持不变。出人意料经常地，这个论断被证明是正确的。因此，一次又一次地，世界展示出一种规则的不规则性。

1975 年的一个冬日下午，意识到物理学界也正在出现的类似研究，正在准备自己首部专著的曼德尔布罗特决定，他需要为自己的形状、自己的维数以及自己的几何学起一个名字。[16] 他的儿子放学回家，曼德尔布罗特便随手翻阅起儿子的拉丁语词典。他偶然看到了形容词 "fractus"，它由动词 "frangere" 变化而来，意为 "破碎的"。英语中由它而来的两个同源词——"fracture"（碎裂）和 "fraction"（一小部分）——看上去也与不规则性的意象相符。曼德尔布罗特于是创造出了一个新词 "fractal"（分形），它既是名词，也是形容词；既是英语词，也是法语词。

在心智之眼看来，一个分形就是一次见证无穷。

设想一个等边三角形，每条边长一英尺。再设想一种特定变换（一套定义良好且易于重复的具体规则）：取每条边中间的三分之一，以它为底边添加一个新的等边三角形。

结果是一个大卫星。原始的形状由三段一英尺的线段构成，现在这个形状则由十二段四英寸的线段构成。原始的形状有三个顶点，现在的则有六个。

现在取这个六角形的每条边并重复这个变换，以边中间的三分之一为底边添加新的等边三角形。如此重复，直至无穷。其轮廓变得越来越细节丰富，就像一个康托尔集变得越来越稀疏。它有点儿像一种理想的雪花，因而被称为科赫雪花，这些由直线段连接而成的折线则被称为科赫曲线，得名自瑞典数学家黑尔格·冯·科赫，后者最早在 1904 年描述了它们。

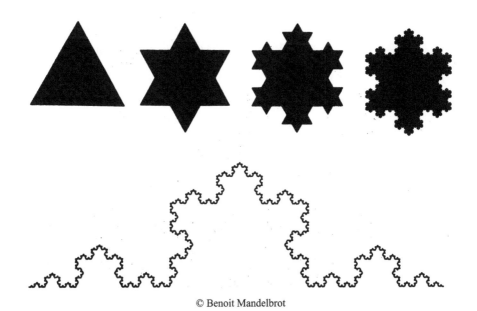

© Benoit Mandelbrot

科赫雪花和科赫曲线

"对于海岸线的一个粗略但有效的模型"，曼德尔布罗特便这样描述道。为了构造一个科赫雪花，先取一个边长为 1 的等边三角形，然后以每条边中间的三分之一为底边添加一个新的等边三角形，如此不断重复。整个形状的边长是 $3\times\dfrac{4}{3}\times\dfrac{4}{3}\cdots$，即无穷长的。但其面积始终不超过原始三角形的外接圆的面积。因此，一条无穷长的曲线圈出了一个有限的面积。

　　仔细思考之后，我们很容易看出科赫雪花有着一些有趣的特征。首先，它的轮廓是一条连续的闭曲线，永远不会自相交，因为添加的新等边三角形总是足够小，不会撞上其他的。其次，每次变换都给曲线所包围的区域增加了一小点面积，但整个面积始终是有限的，其实并没有比原始三角形大太多。如果你在原始三角形外面作一个外接圆，那么科赫雪花将永远不会超出这个圆。

　　但曲线本身是无穷长的，只要这些欧几里得直线段能够无穷无尽地细分下去。正如第一次变换将一段一英尺的线段变成了四段四英寸的线段，每次变换都使总长度增加了三分之四倍。这个不无悖论的结论（在一个有限面积的空间里出现了一条无穷长的曲线）困扰了许多世纪之交时的数学家。科赫雪花是对于有关形状的所有合理直觉的公然挑衅，并且（这几乎不言而喻）"病态"得不像任何可见于自然界的东西。

由于种种原因，这些工作在当时几乎没有产生什么影响，但一些坚持探索的数学家还是设想了其他许多有着科赫曲线的部分怪异性质的形状。比如，皮亚诺曲线。又比如，谢尔平斯基地毯和谢尔平斯基垫片。这种地毯的做法是，先取一个正方形，将它"井"字分割，使之等分成九个小正方形，再去掉中间的一个。接着在剩下的八个正方形中分别进行这个操作，然后不断重复，使每个正方形中间都有一个方洞。垫片的做法相同，只是它使用的是一个等边三角形，而非正方形；它具有一种难以想象出来的性质，即任何一个点都是一个分支点，都是结构中的一个分叉。这难以想象出来，确实，但直到你联想到埃菲尔铁塔，一个很好的三维近似：其优雅的抛物线形立柱和水平横梁由小的桁架元构成，而每个桁架元的杆件又由更小的桁架元构成，整体形成一个熠熠生辉的、有着精细结构的网络。[17] 当然，古斯塔夫·埃菲尔无法继续这样的设计，直至无穷小，但他意识到，这种设计的工程学优点使得他能够尽量减少材料的重量而不损害结构的强度。

心智终究无法想象出这种复杂性的无穷无尽之层层嵌套。但对于一个能够以几何学家的方式思考形式的人来说，这种相同的结构在越来越精细的尺度上的重复出现可以打开一个新天地。探索这些形状、不断深入它们的种种可能性，对曼德尔布罗特来说就仿佛是一种游戏，看到前人所未见或未理解的变体给他带来了孩童般的快乐。当这些变体还没有名字时，他给它们命了名：绳和片、海绵和泡沫、花菜和垫片。

分数维数被证明正是那个对的标尺。在某种意义上，不规则的程度对应于一个对象占用空间的效率。一条简单的、欧氏的、一维的线根本没有占用空间。但科赫雪花的轮廓，由于其无穷的长度挤在有限的区域里，确实占用了空间。它已不再是一条线，但还不能算是一个面。它大于一维，但又小于二维。利用一些由 20 世纪早期科学家[18]发明但后来被遗忘的技术，曼德尔布罗特可以精确算出分数维数。比如，对于科赫雪花，由于其长度以三分之四的倍数无限增加，由此可得到一个 1.2618 的维数。

相较于为数不多的思考过这些形状的前辈数学家，曼德尔布罗特在继续探索时拥有两个巨大优势。其一是他能够借助 IBM 所拥有的计算资源。这是另一个完美适合计算机的"傻"快的任务。就像气象学家需要重复对大气中成百上千万的相邻点进行相同的少量计算，曼德尔布罗特需要一而再，再而三地进行一个程序简单的变换。人的聪明巧思构想出了这些变换。计算机则把它们画了出来——有时候，结果还出人意料。20 世纪早期的数学家当初很快就遇到了一个难以再计算下去的障碍，就像没有显微镜可用的早期生物学先驱所面对的。在不断深入检视一个具有越来越精细的细节的宇宙时，想象力只能帮你到这么远。

用曼德尔布罗特自己的话来说："曾经有一段长达一百年的中断期，其间，绘图不再在数学中扮演任何角色，因为铅笔和尺子被认为已经被穷尽了。它们已经得到透彻理解，不再属于重要课题。而那时计算机还不存在。

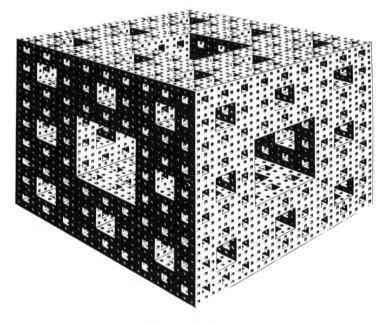

© Benoit Mandelbrot

利用孔洞构造

通过增加或移除无穷多部分的技术，一些20世纪早期的数学家构想出了许多看上去不自然的对象。其中之一是谢尔平斯基地毯：移除一个正方形的中间九分之一，然后分别移除剩下的八个小正方形的中间九分之一，如此不断继续。其三维类比是门格海绵，一个看上去像实心的、具有无穷大表面积以及零体积的晶格。

"在我加入这个游戏的时候，它当中完全缺乏直觉。而直觉的培养只能从头做起。由常规工具（铅笔和尺子）训练出来的直觉认为这些形状相当不自然和病态。但旧的直觉是在误导人。第一批图片让我大吃一惊，然后我会认出有些图片与之前的很像，如此等等。

"直觉不是一种给定不变的东西。我已经将我的直觉训练成会将那些一开始被斥为荒诞不经的形状视为显而易见的，并且我发现其他人也能做到如此。"[19]

曼德尔布罗特的另一个优势在于他在处理棉花价格、信号传输噪声、河流水位等问题时逐渐成形的关于现实的图景。这个图景现在正在变得越来越明晰。他对于自然过程中的不规则模式的研究与他对于无穷复杂的形状的探索有着一个思想上的交点：一种**自相似性**的性质。毕竟，分形意味着自相似性。

自相似性是在不同尺度上的对称性。它意味着递归，模式之中的模式。曼德尔布罗特的价格变动图和水位变动图表现出自相似性，因为它们不仅在越来越精细的尺度上生成细节，它们也以特定常数生成细节。像科赫曲线这样的不自然形状之所以表现出自相似性，是因为它们在即便被放大很多倍后依然看上去一模一样。这种自相似性源自构造这些曲线的技术——相同的变换被应用到越来越小的尺度上。自相似性是一种很容易识别的性质。其图像在文化中无处不在：在一个人站到两面镜子之间时所形成的无穷尽镜像中，或者在大鱼吃小鱼、小鱼吃小小鱼、以大吃小无穷尽的动画创意中。曼德尔布罗特就喜欢引用乔纳森·斯威夫特的诗句："所以博物学家观察到，一只跳蚤有更小的跳蚤当佳肴；而它们又有更小的可享用，如此这般，直至无穷。"

在美国东北部，研究地震的最好去处是拉蒙特－多尔蒂地质观测所，这是一组隐身在南纽约州的森林之中、就位于哈德逊河西岸的不起眼建筑。[20] 正是在拉蒙特－多尔蒂，克里斯托弗·肖尔茨，这位专门研究地壳的形式和结构的哥伦比亚大学教授，开始了他对分形的思考。

当数学家和理论物理学家还在无视曼德尔布罗特的工作时，肖尔茨却属于那样一类实用主义的科学从业者，非常愿意吸纳分形几何学所提供的工具。他早在 20 世纪 60 年代就偶然听说过曼德尔布罗特的名字，当时曼德尔布罗特正在研究经济学，而肖尔茨在 MIT 攻读研究生，正在花费大量时间研究一个与地震相关的难题。在此前的二十多年间，人们逐渐意识到，大小地震的时空分布遵循一个特定的数学模式，而它正好与看起来决定了一个自由市场中的收入分布的标度模式相同。在地球上的任何地方，只要那里地震的频率和烈度得到观测，都可以观察到这个模式。而考虑到通常地震的发生是多么不规则和不可预测的，这里无疑值得深究到底是何种物理过程可能导致了这种规则性。至少在肖尔茨看来如此。大多数地震学家长久以来满足于发现了这个事实，然后就转向别的了。

肖尔茨一直记得曼德尔布罗特的名字，在 1978 年，他购入了一本满是插图和公式、知识异常丰富的图书，题为《分形对象：形、机遇和维数》。曼德尔布罗特仿佛把自己所知道或猜测的关于我们宇宙的一切都放进了这本大杂烩中。在短短几年时间里，这本书及其增订版《大自然的分形几何学》的销量就超过了任何其他高等数学图书。它的风格深奥难解、让人沮丧，时而睿智，时而文学化，时而又晦涩难懂。曼德尔布罗特自己称它为"一部宣言和一本案例手册"。[21]

就像少数其他领域的一些难兄难弟，特别是研究自然现象的科学家，肖尔茨也花了多年时间试图弄明白该如何利用这本书。这远非显而易见。

《分形对象》，按照肖尔茨的说法，"不是一本指南，而是一部天书"。[22]
不过，肖尔茨碰巧关注的是表面，而表面在这本书中到处可见。他发现
自己无法不去思考曼德尔布罗特的思想所蕴含的潜力。他开始致力于找
寻一种方式，利用分形来描述、分类和测量自己研究领域里的各种对象。

他很快意识到自己不是一个人在战斗，虽然还要等上多年，分形学
术会议和研讨会才会开始多起来。分形几何学的这一统合思想将那些原
本认为自己的发现不过是些偏离常规的个案，以及那些一直苦于没有系
统性方式来理解它们的科学家召集到了一起。分形几何学的洞见也为那
些研究事物如何分与合、如何破裂的科学家提供了帮助。它是一种看待
物质的方法——不论是微观上参差不齐的金属表面、多孔的含油岩石的
微小孔隙，还是一个地震带上的破碎地形。

在肖尔茨看来，描述地球表面（地面与平坦的海面相交之处就是海岸
线）是地球物理学家的职责之一。而在地壳中还有另一种类型的表面——
裂缝的表面。断层面和破碎带在地壳结构中占据主导，因而它们是任何
好的描述的关键，可以说，比它们所穿过的介质都更为重要。破碎带在
三个维度上裂解地壳，形成肖尔茨所称的"脆裂层"。它们控制着流体在
地下的流动——不论是水流、石油流，还是天然气流。它们也控制着地
震行为。理解这些表面非常重要，但肖尔茨认为自己的职业正处于一个
窘境。老实说，他没有一个框架可用。

地球物理学家看待表面的方式与其他人的相同，即将之视为形状。
一个表面可能是平坦的。或者它可能有着一个特定形状。比如，你可以
观察一辆大众甲壳虫汽车的轮廓，然后将那个表面画成一条曲线。那条
曲线将像在欧氏几何中那样可以测量。你可以用一个方程来拟合它。但
在肖尔茨的描述中，你只是透过一个狭窄的波段来观测那个表面。你就

像是透过一个红色滤光镜来观察世界——你能够看到在那个特定波长上的东西，却错过了在可见光的其他波长上的一切，更别说发生在红外线或无线电波的广大谱段上的活动了。在这个类比中，光谱对应于尺度。借助欧几里得形状来考虑一辆甲壳虫汽车的表面，就相当于只是在观察者距离十米或百米之远的尺度上观察它。那么在观察者距离一公里或百公里之远的尺度上，情况会如何呢？在观察者距离一毫米或一微米之远的尺度上，情况又会怎样呢？

设想从百公里之远的距离观察地面。我们可以看到它随着树木、山丘、建筑，以及某处一个停车场里的一辆甲壳虫汽车高低起伏。在那个尺度上，那个汽车表面只不过是其他众多起伏的其中之一，还是一个随机起伏。

再设想越来越近距离地观察甲壳虫汽车，甚至用上放大镜和显微镜。一开始，随着圆乎乎的保险杠和发动机盖被挤出视野，其表面看上去变得越来越平滑。但然后，钢板的微观表面被证明本身是粗糙不平的，以一种看上去随机的方式起伏。一切似乎一团混乱。

肖尔茨发现分形几何学提供了一种有效方式来描述地面的这种高低起伏，冶金学家也发现它同样适用于不同种类的金属的表面。比如，一种金属表面的分形维数就常常能够揭示该金属的强度。肖尔茨则考虑了一种典型地貌形态：崩落的岩块在山坡上堆积形成的倒石堆。从远处看，它是一个欧几里得形状，维数为2。但随着地理学家靠近观察，他发现自己与其说是走在它上面，不如说是走在它里面——倒石堆分解成了一块块汽车大小的岩块。其实际维数变成了大约2.7，因为这些岩块表面相互错落堆垒，几乎占据了一个三维空间，就像一块海绵的表面。

这样的分形描述很快被发现可应用于与相互接触的表面相关的一系列问题上。比如，轮胎胎面与路面的接触问题。又比如，机械结合部或电极的接触问题。表面之间的接触具有一些与所涉及材料相当无关的性质。而这些性质最终被发现与表面的粗糙起伏的分形性质有关。由表面的分形几何学可以得出一个简单但意义重大的结论：相互接触的表面其实并不是处处接触的。这是因为在所有尺度上都存在起伏。即便在受到巨大压力作用的岩石中，在某个充分小的尺度上，它也会被发现存在孔隙，可供流体流动。在肖尔茨看来，这是一种矮胖子效应（"矮胖子，坐墙上，一不小心摔下来；所有人，所有马，怎么都凑不起来"）。这也说明了为什么摔碎的茶杯无法再拼凑起来，即便这些碎片在某个较大的尺度上看已经严丝合缝了。但在更小的尺度上，不规则的起伏仍然相互错开。

肖尔茨成了自己领域中众所周知的少数积极吸纳分形技术的人之一。他知道自己的有些同行将这一小群人视为异类。如果在自己论文的标题中使用了"分形"的字眼，他觉得自己会被视为要么是值得称赞地跟上潮流，要么是不那么值得称赞地追赶时髦。他甚至在写作论文的时候也要面对困难的选择：是面向少数的分形热爱者，还是面向更广泛的地球物理学家（这时就还需要解释基础概念）？尽管如此，肖尔茨还是认为分形几何学的工具不可或缺。

"这单个模型就能让我们处理广大变化范围内的地面维数，"他说道，"它给了你数学和几何学工具来进行描述和做出预测。一旦你克服了最初的障碍，理解了这个范式，你就可以开始测量事物，以一种新的方式思考事物。你看待它们的眼光将为之一新。你将具有一个新的视野。它与旧的视野完全不同——它要宽广得多。"[23]

"它有多大？""它持续了多久？"这些是科学家针对一样事物所能问的最基本的问题。它们对我们将世界概念化的方式而言如此基础，以至于我们不容易看出它们其实暗含着特定的偏好。它们暗示，大小和持续时间，这些其实取决于尺度的物理量，是本身有意义的物理量，是能够帮助描述或归类一个对象的物理量。当一位生物学家描述一个人，或一位物理学家描述一个夸克时，"多大"和"多久"确实是适当的问题。动物的基本生理结构使得它们与特定一个尺度密切相关。设想把一个人按比例放大到原来的两倍，你能想象得出，这个结构将由于承受不住自重而垮塌。尺度是重要的。

地震行为的物理学则大体上是与尺度无关的。一个大地震只是一个小地震的放大版。这一点使得地震不同于，比如动物——一只十英寸的动物必定与一只一英寸的动物在结构上相当不同，而一只百英寸的动物也需要另一个不同的结构，以避免其骨架承受不住增加的体重而垮掉。然而，云彩则是像地震那样的标度现象。其典型的不规则性（可通过分形维数加以描述）不会随着观察尺度的变化而改变。这正是为什么飞机乘客常常无法分辨一块云彩的远近。要是不辅以诸如清晰与否等细节，一块二十英尺远的云彩与一块两千英尺远的云彩会是无法区分的。事实上，分析卫星图片可知，从数百英里之远外观察到云彩也具有一个不变的分形维数。

我们终究难以破除从"多大"和"多久"的角度思考事物的习惯。但分形几何学所要声称的正是，对于某些自然现象，试图找寻其典型尺度反而是画蛇添足。比如，飓风。根据定义，它是一种达到特定规模的风暴。但这样的定义是人类强加给大自然的。在现实中，大气科学家逐渐开始意识到，大气中的扰动构成了一个连续统，从城市街角卷起的旋风到太空中可见的巨型气旋，不一而足。归类会误导人。连续统的两端其实与中段性质相同。

事实上，流体流的方程组在许多情景中是无量纲的，也就是说，它们适用于不同的尺度。按比例缩小的机翼和船舶推进器可以在风洞和实验室水槽中加以测试。而在某些限度内，小风暴的行为与大风暴的相同。

血管（从主动脉到毛细血管）则构成了另一种类型的连续统。它们不断产生分支，越变越细，最终狭窄到只容血细胞逐个通过。这种分支的性质是分形的。它们的结构与曼德尔布罗特在世纪之交时的数学家前辈所构想的其中一个怪异对象很相像。出于一种生理学上的必需，血管必须变一点儿维度魔术。就像科赫雪花将一条无穷长的曲线装进了一个有限面积的空间，血液循环系统也必须把一个庞大的表面积装进一个有限的体积。就身体的资源而言，血液是昂贵的，空间也非常稀缺。这个系统的分形结构运作得如此高效，使得在大多数组织中，没有哪个细胞距离最近的血管会超过三四个细胞之远。同时血管和血液又只占用了很少的空间，不超过身体的百分之五。按照曼德尔布罗特的说法，这是一种威尼斯商人综合征——不只是你无法割下一磅肉而不取走一滴血，你甚至无法割下哪怕一毫克肉而不取走一滴血。

这样的精致结构（实际上，它包含两个相互交织的静脉树和动脉树）远非例外情况。身体中其实充斥着这样的复杂性。在消化道中，肠绒毛的褶皱中又存在褶皱。肺部也需要将尽可能最大的表面积装进最小的空间。一种动物吸收氧的能力大致与其肺部的表面积成正比。典型的人类肺部就拥有相当于一个网球场大小的表面积。此外，作为一个额外的要求，细支气管末端的肺泡还必须与动脉和静脉的毛细血管高效地配合在一起。

每个学医的学生都知道，肺部被设计成了拥有一个巨大的表面积。

但解剖学家长久以来被训练成一次只看一个尺度——比如，只看数以百万计的肺泡。解剖学的语言倾向于掩盖不同尺度上的那种统一性。分形方法则恰恰相反，通过生成它的分支过程，以及通过在从大到小的尺度上都始终如一的分支过程，从整体上把握这个结构。为了研究血液循环系统，解剖学家根据口径把血管归入了不同类别：动脉和小动脉、静脉和小静脉。对于有些目的来说，这样的归类被证明是有用的。但对于其他一些目的，它们则会误导人。教科书式的方法有时似乎在绕圈子："在从一种类别的动脉逐渐过渡到另一种类别的过程中，这个中间区域有时很难被归类。有些中等口径动脉具有更大口径动脉的管壁，而有些大口径动脉又具有像这些中等口径动脉的管壁。这些过渡区域……常常被标记为混合类别的动脉。" [24]

不是马上，而是在曼德尔布罗特发表他的生理学猜想之后十年，一些理论生物学家开始在身体各处寻找控制着各种结构的分形组织。[25] 对于支气管分支的标准的"指数式"描述被证明大错特错，一个分形描述被发现更符合数据。收集血液中代谢废物的肾血管被证明是分形的。还有肝脏中输送胆汁的胆管，以及心脏中传导电脉冲到心肌的特殊神经纤维网 [26]。最后一个结构（被心脏病专家称为希氏－浦肯野系统）激起了一系列重要的研究。大量关于健康的与异常的心脏的研究表明，它们之间的区别取决于左右心房和心室的心肌细胞如何协调它们的收缩时机。多位具有混沌概念的心脏病学家发现，像地震和经济现象一样，心率曲线也遵循分形定律，并且他们主张，理解心率的一个关键是希氏－浦肯野系统的分形组织，后者是一个不断分支的、在越来越小的尺度上具有自相似性的复杂路径。[27]

那么大自然如何能够演化出这样复杂的架构？曼德尔布罗特指出，

它只是在传统欧氏几何的语境中才看上去复杂。作为分形，这些不断分支的结构可以以最简单的方式、只花少量信息就能得到描述。或许那种生成了科赫、皮亚诺和谢尔平斯基所设想的那些形状的简单变换可以在生物体基因的编码指令中找到类比。脱氧核糖核酸（以下简称 DNA）显然无法一一指定数量庞大的支气管、细支气管、肺泡，或者由此形成的支气管树的特定空间结构，但它可以指定一个不断重复的分岔和发育过程。单靠这样的过程就足以实现大自然的目的了。当杜邦公司和美国陆军开始生产一种保暖性能可媲美鹅绒的合成纤维时，这一切都源于他们最终意识到，天然纤维杰出的固定空气能力来自羽绒的主要成分——角蛋白的分形节点和分支。[28] 曼德尔布罗特很自然地从血管树和支气管树接着跳到了真正的植物树，即那些需要借助分形的树枝和分形的树叶来抗御风雨和吸收阳光的树。而理论生物学家也开始猜想，分形生长在生物的形态发生中不仅是常见的，而且是普遍的。他们主张，理解这些模式如何被编码和处理已经成为生物学要面临的一个重大挑战。

"我开始在科学的废纸篓中翻找这样一些现象，因为我猜想我所观察到的不是例外情况，而或许是非常广泛存在的。我参加讲座，翻阅那些不时髦的期刊，其中大多数搜寻无功而返，但偶尔我也会找到一些有趣的东西。在某种意义上，这是一种博物学家的方法，而不是理论研究者的方法。但我的碰运气终究获得了回报。"[29]

在将自己关于大自然和数学史的毕生心血倾注到一本书中后，曼德尔布罗特发现自己取得了一个之前从未有过的巨大学术成功。他成了科学讲座的一个常客，他必不可少的众多彩色幻灯片以及他稀疏的白发都令人印象深刻。他开始赢得奖项和其他学术荣誉，而他的名字不仅为数学界，也开始为普通公众所熟知。这部分因为他的分形图案让人看着赏心悦目，也部分因为数以千计的拥有微型计算机的爱好者能够自己开始探索他所揭示的世界，还部分因为他不断宣传自己。他的名字出现在了一份由美国哈佛大学科学史家 I. 伯纳德·科恩所整理的简短名单中。[30]科恩多年来上下求索，到处找寻那些宣称自己的工作是一场"革命"的科学家。他总共只找到了十六位这样的科学家。罗伯特·西默，一位与本杰明·富兰克林同时代的苏格兰人，他关于电现象的思想确实激进，却被证明是错误的。让-保罗·马拉，现在只因他在法国大革命中的牺牲而为人所知。拉瓦锡。冯·李比希。哈密顿。当然，查尔斯·达尔文。菲尔绍。康托。爱因斯坦。闵可夫斯基。冯·劳厄。阿尔弗雷德·魏格纳——大陆漂移。康普顿。贾斯特。詹姆斯·沃森（DNA 结构的发现者之一）。以及贝努瓦·曼德尔布罗特。

然而，在理论数学家看来，曼德尔布罗特仍然是个圈外人，并且一直汲汲于玩弄科学的政治。即便在他最功成名就的时候，他也被有些同行所抨击。这些同行认为他对于自己在历史上的位置有着一种不自然的执着。他们说曼德尔布罗特甚至威逼恐吓他人，要求给予他应得的功劳。毫无疑问，在他作为学术异类的岁月里，他逐渐意识到，要想取得科学成就，不仅干货很重要，策略也很重要。有时候，当使用了分形几何学思想的文章出现时，他会给作者打电话或写信，抱怨文章中没有提到他或他的书。

他的崇拜者觉得他的自大不难谅解，尤其是考虑到他克服了多少困难才让自己的工作得到认可。"当然，他有一点儿妄自尊大，他有一个不可思议自大的自我，但他所做的东西很漂亮，所以大多数人也就听之任之了。"一个人这样说。[31]另一个人则说："他与他的数学家同行曾经相处得如此不好，所以单是为了生存下去，他也不得不发展出这种强化自我的策略。要是他当初没有这样做，要是他没有如此坚信自己的眼光是正确的，那么他也不会取得成功。"[32]

在科学中，功劳的收受和给予可以让人欲罢不能。曼德尔布罗特这两样都做了很多。他的书中频繁充斥着第一人称："我断言……""我构想和发展了……并实施了……""我已经确认……""我证明了……""我首创了说法……""在探索这些新开辟或新涉足的领域的过程中，我常常情不自禁行使权利，给其中的'地标'起名字"。

许多科学家无法欣赏这样一种行文风格。曼德尔布罗特同样频繁地提及前人的工作，即便其中有些人完全不为人知（并且所有人，正如他的那些不屑者也注意到的，都相当安全地已经过世），这一事实也无法赢得他们的首肯。他们认为这只是曼德尔布罗特的一个伎俩，试图将自己摆放在学术渊源的正中央，承前启后，并让自己像教宗那样，广施祝福，从一个领域到另一个。所以他们进行了反抗。科学家几乎避免不了要用到"分形"的说法，但如果他们想要避免提及曼德尔布罗特的名字，那么他们可以将分数维数称为豪斯多夫－贝西科维奇维数。[33]他们（特别是数学家）还不满于曼德尔布罗特出入不同学科的方式：半道闯进来提出他的论断和猜想，然后拍拍屁股走人，把证明它们的实际工作甩给其他人。

这是一个正当的质疑。如果一位科学家宣布某件事情很有可能是真的，然后另一位科学家严格证明了它，那么谁对推动科学出力更多？做出一个猜想是一种发现行为吗？又或者它只是一种冷血的抢功劳行为？数学家长久以来一直面临着这样一些问题，但随着计算机开始扮演它们的新角色，这个争论变得愈发激烈。那些利用计算机做实验的人变得越来越像实验科学家，他们遵从一些规则进行计算，这些规则可以让人做出发现而不必经由通常的定理证明——标准数学论文中的那种定理证明。

曼德尔布罗特的书话题广泛，并充斥着数学史的细枝末节。不论混沌把我们引领到哪里，曼德尔布罗特都有某种底气声称他早已首先涉足那里。大多数读者发现他的引用不为人知或甚至全无用处，但这已经无关紧要。他们不得不承认，他的非凡直觉为许多他之前从未实际研究过的领域（从地震学到生理学）指明了前进的方向。这一点有时让人觉得不可思议，有时也令人气恼。甚至他的一位崇拜者也不免愤愤不平："曼德尔布罗特并没有在大家想到之前就想到他们所想到的。"[34]

这其实也不要紧。毕竟天才并不总是需要面带一副爱因斯坦般的温和面容。但在过去几十年里，曼德尔布罗特后来回想起来，他一直不得不小心经营自己的工作。他不得不将自己的原创性思想以不会冒犯人的方式说出。他不得不删除听上去富有远见的前言，以便使自己的文章得到发表。当他写作《分形对象》的第一版（法语版，出版于 1975 年）时，他感到自己被迫假装它并没有包含任何太过惊人的东西。这也是为什么他现在明白声称，要将该书最新一版写成"一部宣言和一本案例手册"。他一直都在处理科学的政治。

"这种政治影响了我的行文风格，并且是以我后来觉得后悔的方式。我过去常说，'自然而然有……可以得到一个有趣的观察……'。但事实上，它们根本不是自然而然得到的，有趣的观察实际上是长期研究、苦心证明和自我批评的结果。这种哲学的、轻描淡写的态度，是我觉得为了让我的思想得到接受所必需的。这里的政治是，要是我说我将要提出一个完全不同以往的理论，那么读者就没有兴趣继续看下去了。

"后来，我看到人们也这样说，'自然而然可以观察到……'，但这并不是我当初所期望的。"[35]

回望过去，曼德尔布罗特看到，不同领域的科学家对于他所提出的方法的反应几乎如出一辙，都落入可预测的几个阶段。第一个阶段总是相同的：你是谁啊？你为什么对我们的领域感兴趣？第二个阶段：这又跟我们一直在做的有什么关系？你为什么不用我们听得懂的话来解释一下？第三个阶段：你确定这是标准数学吗？（是的，我确定。）那么为什么我们都没有听说过它？（因为它是非常不为人知的标准数学。）

在这一点上，数学不同于物理学及其他应用科学。一旦物理学的一个分支变得落伍或没用，它就有可能永远成为过去的一部分。它可能变成一件历史珍玩，偶尔成为一位现代科学家的某种灵感的来源，但已被废弃的物理学通常都是出于充分的理由而被废弃。相反，数学中则满是这样的通道和小路，它们在一个时期看上去不知通向何处，在另一个时期却成为重要的研究方向。某个纯数学思想的潜在应用是永远无法预测的。这正是为什么数学家倾向于从一个审美的角度评估工作的价值，追求优雅和美，就像艺术家一样。这也是为什么曼德尔布罗特在历史的故纸堆中搜寻时，会邂逅这么多优秀的数学家，并很容易地就能从他们那里汲取养分。

因此，第四个阶段：这些数学分支里的人们又是如何看待你的工作的？（他们并不关心，因为它在数学上并没有新意。事实上，他们只是感到吃惊，自己的思想竟然能被用来描述大自然。）

最终，"分形"一词成了一种描述、计算和思考那些曲折破碎的不规则形状（下至雪花晶体，上至宇宙尘颗粒的形状）的方式的代名词。说一个形状是分形的，就意味着在这个形状惊人复杂的变化中隐藏着一种组织结构。连高中生都能够理解分形，并摆弄它们；它们就如同欧氏几何那般基础。生成分形图案的简单计算机程序也在个人计算机爱好者之间得到广泛流传。

曼德尔布罗特发现自己在研究石油、岩石或金属的应用科学家当中受到了最热情的欢迎，尤其是那些工作于企业的研究中心的科学家。到了 20 世纪 80 年代中期，比如来自美国埃克森公司庞大研究机构的众多科学家就致力于研究分形问题。[36] 在美国通用电气公司，分形成为研究聚合物以及（尽管此项工作是秘密进行的）核反应堆安全保障问题的一个重要原理。而在好莱坞，分形找到了其最不寻常的应用，被用于电影特效，打造出了极其逼真的地球或外星景观。

罗伯特·梅和詹姆斯·约克等人在 20 世纪 70 年代初发现的那些模式（它们在有序行为与混沌行为的边界上有着复杂变化），后来被发现其实也有着未被察觉的、只能通过大小尺度之间的关系加以描述的规则性。这些用于理解非线性动力学的关键结构被证明是分形的。而在最实际的应用层次，分形几何学也提供了一套工具，并为物理学家、化学家、地震学家、冶金学家、概率学家和生理学家等所采用。这些研究者自己信服，并试图说服其他人也信服，曼德尔布罗特的新几何学正是大自然自己的几何学。

这些研究者也对正统数学和物理学产生了毋庸置疑的影响，但曼德尔布罗特本人终究未能从这些圈子得到完全的尊重。尽管如此，他们还是不得不承认他。一位数学家曾这样告诉自己的朋友，他有天晚上从噩梦中醒来，醒后仍是惊魂未定。[37] 在梦中，这位数学家去世了，然后他突然听到毫无疑问是上帝的声音。"你看，"他说道，"它怎么听都是曼德尔布罗特的声音。"

自相似性的概念呼应了我们文化中的一些思想脉络。西方思想史中的一个古老传统便与这个想法相契合。莱布尼茨曾经想象，一滴水里蕴含了一整个宇宙，后者反过来蕴含了更多的水滴以及蕴含其中的新宇宙。"在一粒沙中看到一个世界。"布莱克曾经如是说，而科学家也曾经常常倾向于如此看待事物。当精子被首次发现时，它们每个都被视为一个"小人"（homunculus）——一个微小但完全成形的人。

但作为一个科学原理的自相似性后来逐渐凋萎，并且出于一个很好的理由：它不符合事实。精子不是简单的缩小版的人（它们要比那更有意思得多），而个体发生也要比简单放大更有意思得多。作为一个组织原理的自相似性，其早期理解源自人类对于尺度的经验的种种局限性。在当时，要想想象非常大和非常小、非常快和非常慢，除了对已知的事物加以延伸，还有别的办法吗？

这个迷思随着人类的视力经由望远镜和显微镜得以扩展而彻底消亡。人们第一次意识到，尺度的每个变换都会揭示出新的现象和新类型的行为。对于现代粒子物理学家来说，这个过程一直没有结束。每部新的加速器（连同其新的最大能级和最大速度）都扩展了科学的视野，深入了更微小的粒子以及更短暂的时间尺度，因而每次扩展似乎都带来了新的信息。

乍看之下，认为在新尺度上将一切如旧的想法似乎只会给出更少的信息。人们之所以会这样想，部分是因为科学中的另一个趋势，即趋向于还原论。科学家将事物一层层打破，不断深入其构成，并且一次只审视一层。如果他们想要考察亚原子粒子的相互作用，那么他们会同时审视两或三层。这已经足够复杂了。然而，自相似性的威力要在更高得多的复杂程度上才开始施展。它要求审视整体。

尽管曼德尔布罗特后来从几何学的角度对它进行了最为广泛的应用，但标度思想在 20 世纪 60 年代和 70 年代的回归已经掀起一股思潮，影响同时波及许多地方。自相似性的思想暗含在爱德华·洛伦茨的工作中。它是他的直觉理解的一部分，尤其是对于他的方程组所给出的图像的精细结构（这种结构他可以隐约感觉到，但直到 1963 年才能在计算机上最终看到）。标度也成为一场物理学运动的一部分，而这场运动比曼德尔布罗特的工作更直接地推动了混沌这门学科的诞生。即便在一些关系较远的领域中，科学家也开始从尺度层级的角度来思考自己的理论；比如在演化生物学中，很明显一个完整的理论将需要同时涵盖在基因、生物体个体、物种，以及群落等不同尺度上的发生和演化。

　　或许不无悖论的是，对于标度现象的重新发现必须从当初朴素的自相似性概念摔倒的地方重新爬起来，也就是说，它得益于相同的那种人类视力的扩展。到了 20 世纪后期，通过种种之前想象不到的方式，难以理解之小和不可思议之大的事物的图像逐渐成为每个人经验的一部分。我们的文化目睹了原子和星系的照片。人们不再需要像莱布尼茨那样，只能想象着宇宙在显微镜或望远镜尺度上是怎样的——显微镜和望远镜已经使得这些图像成为日常经验的一部分。而鉴于我们的心智总是渴望找出不同经验之间的相似之处，不可避免地，人们会开始进行新一类的比较，比较大小不同的尺度——并且其中有些比较是富有成果的。

　　那些为分形几何学所吸引的科学家常常感到，在自己新的数学审美与 20 世纪下半叶艺术风尚的变化之间存在着某些情感上的类比。他们感到自己也在从更大范围的文化领域当中汲取某种内在热情。在曼德尔布罗特看来，在数学之外，欧几里得审美的另一个典范是包豪斯建筑。或者，以约瑟夫·阿尔贝斯的方色块为代表的绘画风格：方块的、有序的、线性的、极简的、几何式的。"几何式的"——这个词意指它数千年来所意指的。被称为几何式的建筑由简单形状、直线和圆形所构成，可通过少许数据就加以描述。几何式建筑和绘画的风尚来了又走。后来的建筑师不再想要设计像纽约的施格兰大厦那样归整单调的摩天大楼，尽管它曾经备受推崇和屡遭效仿。而在曼德尔布罗特及其追随者看来，这个中原因也很清楚。简单形状是不合人性的。它们既不合大自然组织自己的方式，也不合人类感知世界的方式。借用格特·艾伦贝格尔（这位德国物理学家原来研究超导现象，后来转向非线性科学）的说法："为什么在冬日黄昏的映衬下，一棵随风摇摆的光秃秃树木的剪影被认为是美的，但在同样情况下，任何大学多功能楼的剪影则不被认为是美的，而不论建筑师的设计如何巧心？在我看来，尽管可能有点大胆猜测，这里的答案与来自动力系统的新洞见有关。我们对于美的感知受到了自然现象中，比如云彩、树木、山脉或雪花中有序与无序的和谐排布的启发。所有这些形状反映的是一些凝结成实体的动力学过程，并且每个都反映出特定的有序与无序的组合。"[38]

　　一个几何形状终究有一个尺度，即一个特征长度。而在曼德尔布罗特看来，真正给人满足的艺术是缺乏尺度的，也就是说，它在所有尺度上都包含一些重要元素。作为施格兰大厦的对比，他所举的例子是 19 世纪下半叶的学院派建筑。一座像巴黎歌剧院这样的学院派建筑典范没有尺度，因为它有每个尺度。一位观察者无论从哪个距离观看，总会被某些细节所吸引，不论是其雕塑和滴水兽、其墙角石和边框石、其漩涡花饰，还是其上为檐沟、下饰齿状的檐口。随着他逐渐接近这座建筑，其细节的组合会不断改变，新的结构元素也会不断冒出来。

　　欣赏某座建筑的和谐结构是一回事，欣赏大自然的野性则是完全另一回事。就审美价值而言，分形几何学的新数学让硬科学呼应了一种尤其现代的感受，即人们对于未被染指、未被开发、未被征服的自然的渴望。雨林、沙漠、荒原和劣地曾经代表了社会在试图改天换地时所要征服的典型事物。如果人们想从植物身上获得审美满足，他们首先想到的是花园。正如约翰·福尔斯在讲到 18 世纪的英格兰时所写的："这个时期对于未受人控制或原始的自然没有丝毫同情。它是十足的荒芜，是一个丑陋的、怎么也躲避不开的提醒，让人回想起人类的堕落，回想起人类被逐出伊甸园。……甚至那时的自然科学……也对野生的自然从骨子里持敌视的态度，将它视为只是某种有待征服、分类、改造和利用的东西。"[39] 但到了20 世纪末，我们的文化已经改变，而科学现在也随之发生改变。

所以，科学发现了康托尔集和科赫雪花的这些表亲的新的用武之地。先前，这些奇形怪状可以作为呈堂证据，被递交给世纪之交时数学与物理学的"离婚庭审"，以结束自牛顿以来一直是科学主旋律的这场联姻。像康托尔和科赫这样的数学家一直自负于自己的原创性。他们认为自己比大自然更聪明——尽管实际上，他们对于大自然的创造望尘莫及。物理学的主流也在很早以前就将视线从日常经验的世界上移开。只是在后来，在斯蒂芬·斯梅尔让数学家重新开始关注动力系统之后，某位物理学家才能够说："我们要感谢天文学家和数学家，当他们将这个领域交给我们物理学家的时候，其状况要比我们在七十年前交到他们手上时好上太多。"[40]

不过，尽管有斯梅尔，尽管有曼德尔布罗特，开创混沌这门新科学终究还是要靠物理学家。曼德尔布罗特提供了一种必不可少的语言，以及一系列出人意料的关于大自然的图案。但正如曼德尔布罗特所承认的，他的几何学更擅长描述，而非解释。他可以算出诸多自然元素，比如海岸线、河网、树皮、星系等的分形维数，并且科学家也可以利用这些数值做出预测。但物理学家想要知道更多。[41] 他们想要知道为什么。大自然中还有许多型相（不是可见的形式，而是隐藏在运动的机理当中的形状）有待揭示。

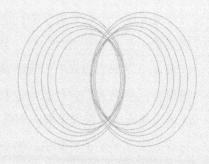

第 五 章

奇怪吸引子

CHAOS:
MAKING A NEW
SCIENCE

大涡破碎成小涡，
同时也把能量传；
小涡破碎成更小涡，
直至能量被黏性耗散完。

——刘易斯·弗赖伊·理查森

湍流是一个众所关注的问题。所有大物理学家都思考过它，不论是正式地，还是非正式地。[1] 一股平稳的流体失稳形成大小不同的涡旋。在流体与固壁的边界上出现不规则的模式。能量快速地从大尺度涡旋传递给小尺度涡旋。为什么会这样？对此的最好想法都来自数学家；对于大多数物理学家来说，湍流问题令人望而生畏，不值得在上面浪费时间。它看上去几乎是不可知的。有一个故事就说，量子物理学家维尔纳·海森堡在临死前表示，他希望死后求教上帝两个问题：为什么是相对论？以及为什么是湍流？海森堡接着说："我其实认为，他可能对第一个问题有答案。"[2]

理论物理学家已经与湍流现象形成了某种僵局。事实上，科学已经在地上画了一条线，并表示我们不可逾越此线。在这条线以里，流体有序流动，我们可以多有作为。并且幸运的是，平稳流动的流体表现得并不像是由无数相互独立、可独立运动的分子构成的。相反，在一开始时，相邻的流线在流动过程中倾向于继续相邻，就像被套在衡轭下的马匹。工程师们有一些可行的技术来计算流体的流动，只要它一直保持平稳。他们使用了一套可追溯至 19 世纪的知识，而在当时，理解液体和气体的运动是一个物理学前沿问题。

然而，进入现代后，这个问题不再处于前沿。在最纯粹的理论学家看来，流体力学看上去已经没有留下任何理论谜团，除了即便在天堂也找不到答案的那个问题。其应用层面已经得到如此透彻的理解，使得它大可留给技术人士去处理。物理学家会说，流体力学其实已经不再属于物理学。它现在只属于工程学。聪明的年轻物理学家有其他更有价值的事情可做。流体力学家则一般归属于大学的工程系。对于湍流的应用兴趣一直存在，并且这种兴趣通常只专注于一个方面：控制湍流。在一些应用场合中，湍流是受欢迎的——比如在飞机发动机中，其燃料的高效燃烧有赖于其与空气的快速混合。但在大多数场合中，湍流意味着灾难。湍流会降低飞机机翼的升力。湍流会增大石油管道的阻力。政府和企业在像飞机、喷气发动机、螺旋桨、潜水艇外壳等在流体中运动的形状的设计上投入了大量资金。研究者需要操心血管和心瓣中血液的流动。他们需要操心爆炸波的形状和传播。他们需要操心涡旋和涡流、火焰和冲击波。在理论上，第二次世界大战中的原子弹项目是一个核物理学问题。但在现实中，其核物理学问题早在项目开始前就已经大部分得到了解决，聚集在美国洛斯阿拉莫斯的科学家所钻研的其实是一个流体力学问题。

那么湍流是什么？它是遍布所有尺度的无序，大涡破碎成小涡，小涡破碎形成更小涡旋。它是不稳定的。它是高耗散的，也就是说，湍流消耗能量，并生成曳力。它是失去稳定性的运动。但流体的流动究竟**如何从平稳变成紊乱**？设想你有一个完美匀速供水的水源以及一根完美平滑的管道，并且它们完美免受任何外部振动的干扰——这样一种流动究竟如何能够生成某种随机的东西？

所有的规律似乎都失效了。当流动是平稳的，或是所谓的层流时，小的扰动会逐渐消失。但在湍流发生后，小的扰动会急剧增大。这个发生过程，或所谓从层流到湍流的转捩，成了科学的一大谜团。水流在大石头两侧形成两串漩涡，它们不断增大，旋转着流向下游。香烟的烟柱在静止的空气中升腾而起，一开始有规则，但在超过临界速度后便消散成大小不一的涡旋。湍流的发生可在实验室的实验中见到，并得到测量；它可通过风洞实验被用于测试新的机翼或螺旋桨；但它的本质一直不为人知。传统上，这样获得的知识始终是特殊性的，而不是普适性的。针对波音 707 机翼所做的试错式研究，不能为针对 F－16 战斗机机翼所做的试错式研究提供任何助益，甚至超级计算机在面对不规则的流体运动时也几近于束手无策。

　　设想你晃动一种流体，从外部激励它。流体有黏性，使得其中的能量不断耗散，所以如果你停止晃动，流体自然而然会恢复静止。当你晃动它时，你为其输入了低频（或者说，长波）的能量，而你注意到的第一件事是，长波的能量解体成为波长更短的能量。涡旋形成，然后破碎，形成更小的涡旋，如此反复，每一次都耗散流体的能量，每一次都生成一个各不相同的节律。在 20 世纪 40 年代，A. N. 柯尔莫哥洛夫给出了一个数学描述，让人得以对这些涡旋究竟是如何运作的形成了某种初步认识。他设想，能量在越来越小的尺度上级串传递，直至达到一个限度，届时涡旋将变得如此之小，使得相对较大的黏性效应将占据主导，将能量耗散殆尽。

　　为了得到一个简洁的描述，柯尔莫哥洛夫设想，所有这些大小不一的涡旋占满了流体的整个空间，使得流体处处是一样的。这个假设——这个均匀假设，后来被证明并不成立（甚至庞加莱早在四十年前就知道了这一点；他注意到在河流的起伏水面上，漩涡总是与水流平稳流动的区域交错在一起的）。[3] 涡旋是局域的。能量实际上只在整个空间的部分区域中耗散。随着你更细致地观察一个湍流涡旋，在每个尺度上，你都会找到新的平稳区域。因此，均匀假设让位于间歇性假设。这样的间歇性图景，在稍加理想化后，看上去是高度分形的——在从大到小的不同尺度上，紊乱的区域与平稳的区域相互交错在一起。这个图景后来同样被证明与现实不怎么契合。

　　与此密切相关但又相当不同的是，湍流如何发生的问题。流体的流动如何越过从平稳到紊乱的界线？在湍流得到充分发展之前，它可能会经过哪些中间阶段？对于这些问题，存在一个略微强些的理论。这个正统范式出自列夫·朗道之手，这位苏联大科学家的流体动力学教材到现在仍是标准教科书之一。[4] 朗道所描述的图景由相互竞争的节律叠加而成。他设想，当更多的能量被注入一个系统时，新的节律会一个个出现，并且每一个都与前一个不可通约，就像小提琴的琴弦在受到越来越用力地拉弓时会发出第二个不调和的音调，然后第三个、第四个，直到声音变成不堪忍受的刺耳噪声。

任何液体或气体都可以被看成多至无穷的一个个基本单元的集合。如果每个单元都独立运动，那么流体的流动将具有无穷多的可能性，或者借用术语来说，无穷多的"自由度"，而描述其运动的方程组将不得不处理无穷多的变量。但所幸每个这样的流体质点并不是独立运动的（其运动相当依赖于其相邻质点的运动），并且在层流中，自由度可以非常少。看上去相当复杂的运动其实仍然是耦合在一起的。相邻的单元保持相邻，或者以一种平滑的、线性的方式相互分离，生成在风洞图片中看到的那些规则线条。香烟烟柱中的质点一起升腾而起，但只是一小会儿。

然后混乱降临，出现了各种神秘的不规则运动。有时候，这些运动被赋予了名字：埃克豪斯失稳、扭曲失稳、交叉失稳、振荡失稳或斜向曲张失稳。[5] 在朗道的图景中，这些不稳定的新运动简单叠加在一起，一个接一个，从而生成有着相互重叠的速度和幅度的节律。在概念上，这个湍流的正统思想看上去契合现实，而即便这个理论在数学上没有什么用处（它也确实如此），那么也就这样吧。朗道的范式是我们在举手投降的同时保住自己些许颜面的一种方式。

设想水流经一根水管，或绕着一个圆筒转动，发出微弱的、平稳的嘶嘶声。然后在你的想象中，你增大水压。一个来回振荡的节律出现了。

就像一道波，它缓缓地撞击着水管。继续拧大水龙头。从某个地方，第二个频率加入了，与第一个完全不同步。这两个节律相互重叠，相互竞争，相互推搡。它们已然创造出一个如此复杂的运动（水波撞击水管，相互发生干涉），让你几乎无法跟上。现在再拧大水龙头。第三个频率加入，然后第四个、第五个、第六个，每一个都相互不可通约。整个流动于是变得极其复杂。或许这就是湍流。物理学家接受了这个图景，但至于什么时候增大能量会生成一个新的频率，又或者这个新频率会是什么样子的，所有人都没有头绪。没有人在实验中见过这些神秘出现的频率，因为事实上，从没有人检验过朗道的湍流发生理论。

理论科学家在他们的头脑中进行实验，实验科学家则不得不还要用上他们的双手。理论科学家是思想者，实验科学家则是手工匠。理论科学家不需要任何帮手；实验科学家则不得不网罗研究生，笼络机械师，向实验室助理说好话。理论科学家在一个没有噪声、振动或灰尘的理想空间中进行操作；实验科学家则不得不与现实世界亲密接触，就像一位雕塑家对泥土所做的那样，不断敲打它，形塑它，并参与其中。理论科学家会创造出自己的伴侣，就像纯真的罗密欧想象出他完美的朱丽叶；实验科学家的爱人则会出汗、抱怨和放屁。

理论科学家和实验科学家相互需要，但他们都允许在这段"婚姻"中保留某些不平等，从很早以前每位科学家还是身兼两职时起就是如此。尽管最好的实验科学家当中仍有一些理论科学家，但反过来就不成立了。最终，声望汇集到了牌桌上的理论科学家面前。尤其在高能物理学中，荣耀归于理论科学家，而实验科学家已经变成高度专业化的技术人员，只是负责运行昂贵而复杂的设备。在第二次世界大战后的数十年时间里，随着物理学逐渐等同于基本粒子研究，最广为人知的实验是那些经由粒子加速器实现的实验。同时，自旋、对称性、色与味——这些抽象最为光彩夺目。对于大多数留意科学进展的普通人，以及不少科学家来说，亚原子粒子研究**就是**当下物理学的全部。但在越来越短的时间尺度上研究越来越小的粒子，意味着需要越来越高的能量。所以优秀实验所需的设备每隔几年就要更新，粒子物理学实验的性质因而彻底发生了改变。大实验吸引了更多团队，这个领域变得人头拥挤。粒子物理学的论文常常在《物理评论快报》上显得异常醒目：其作者署名通常可以占据一篇论文的将近四分之一篇幅。

然而，有些实验科学家还是更偏好单独或结对工作。他们研究更靠近手头的物质。尽管像流体力学这样的领域已经是昨日之花，但固态物理学已经跻身明日之星，并将自己的疆域扩展得足够广大，从而可以获得一个更综合性的名称——"凝聚态物理学"：研究液态、固态及其他相态的物质的物理学。在凝聚态物理学中，所需的设备要更为简单。在理论科学家与实验科学家之间的区隔也没有那么显著。理论科学家的气焰要略微收敛一些，实验科学家的愤愤也要稍微缓和一些。

尽管如此，双方的视角仍有不同。不难想象一位理论科学家打断了一位实验科学家的讲座，并问道：多些数据点会不会更有说服力？那幅图是不是有点儿杂乱？这些数难道不应该上下延伸到更多个数量级吗？

也不难想象，作为回应，哈里·斯温尼挺直了身子（他的个头不到一米七），以一种混合了先天的路易斯安那式冷静和后天的纽约式易怒的口气说道："这个不假，前提你拥有无穷多的无噪数据。"[6] 然后他转向黑板，不以为然地补充道："当然，在现实中，你只拥有有限的有噪数据。"

斯温尼当时正在做实验研究物质的性质。对他来说，转折点出现在他在美国约翰斯·霍普金斯大学攻读研究生的时候。在当时，粒子物理学如日中天。传奇的默里·盖尔曼曾来学校做过一次讲座，斯温尼也深受吸引。但当他决定看一下这个方向上的研究生在做什么时，他发现他们都在编写计算机程序或焊接火花室。正是在那之后，他开始跟随一位老一辈的物理学家研究相变——物质从固体到液体，从非磁体到磁体，从正常导体到超导体的转变。没过多久，斯温尼拥有了一个空房间——比一个储物间大不了多少，但毕竟只属于他一个人。他找来一本产品目录，开始订购仪器。很快，他有了一张桌子、一部激光器、一些冷冻设备以及一些探针。他设计了一个装置来测量二氧化碳在气－液临界点附近的导热性如何。当时的大多数人认为，届时导热性只会稍微变化。但斯温尼发现，它改变了一千倍。这着实令人激动——一个人在一个小隔间里发现了某个其他人都不知道的事情。他也观察到了这种气体（事实上，任何气体）在临界点附近时所散发的柔和光芒，即所谓的"临界乳光"——由于光的散射，物质看上去是乳白色的。

很像混沌现象，相变也涉及一类看上去难以通过观察微观细节而加以预测的宏观行为。固体受热，温度升高，分子振动加剧。它们所占据的空间也随之扩张，迫使物质膨胀。受热越多，物质就越膨胀。但在来到一个特定温度和压力时，突变发生，变化变得不连续。就好像一根绳子原来一直在被拉长，现在它一断为二。晶体结构解体，分子相互错落。它们现在遵循流体的运动定律，一点儿也不像原来固态时的样子。分子的平均能量没什么改变，但物质（现在是一种液体、一种磁体或一种超导体）已经进入一个新领域。

美国 AT&T 贝尔实验室的冈特·阿勒斯研究过液氦中所谓的超流体相变——随着温度降低，液体会变成某种神奇的、随心所欲流动的超流

体，完全缺乏黏性或摩擦力。其他人研究过超导性。斯温尼还研究过在
液态与气态的临界点附近的行为。到了 20 世纪 70 年代中期，斯温尼、
阿勒斯、皮埃尔·贝尔热、杰里·戈勒布、马尔齐奥·吉利奥——这些
来自美国、法国和意大利的实验科学家（他们都来自这个探索相变和临界
现象的年轻传统），正在努力寻找新的课题。就好像一位邮差已经将自己
派送区域的大街小巷了然于胸，他们也已经理解了物质在不同相态之间
拐弯转向的独特路标。他们已经研究过物质在它上面将摇摇欲坠的那个
悬崖边缘。

　　相变研究的队伍长久以来借助了类比的指引：非磁体 – 磁体相变被证
明类似于气 – 液相变，流体 – 超流体相变被证明**就像**导体 – 超导体相变。
一个实验的数学可以被应用于其他许多实验。到了 20 世纪 70 年代，相
变问题已经大体上得到了解决。现在，剩下的一个疑问是，相变理论可
以推广到多远？世界上还有其他哪些改变，在经过仔细检视之后，也将
被证明其实是相变？

　　将相变理论应用于流体流，这个想法既不是特别有原创性，但也不是
非常显而易见。它不是特别有原创性，因为伟大的流体力学先驱雷诺和
瑞利及其在 20 世纪初的追随者早已注意到，一个精心控制的流体实验可
以创造出一种运动的质变——换用数学用语来说，一种分岔。比如，在
一个流体单元中，底部受热的液体会突然从静止变成运动。物理学家这
时不禁会设想，这种分岔的物理性质可能类似于物质相变时的那种改变。

　　但这个想法也不是非常显而易见，因为不像真正的相变，流体的这
些分岔没有改变物质本身。相反，它们只是增添了一个新的元素：运动。
静止的流体变成了流动的流体。这样一种改变的数学有什么理由应该对
应于气体冷却变为液体时的数学呢？

　　1973 年，斯温尼正在美国纽约市立学院教书。杰里·戈勒布，一位刚从哈佛大学毕业不久的博士，则正在哈弗福德学院教书。[7] 作为一所坐落在费城附近乡间的文理学院，哈弗福德学院看上去不太像一位物理学家的理想归宿。它只招收本科生，因而没有研究生来协助实验室的工作，来填补非常重要的导师 – 弟子合作关系中的底下一环。不过，戈勒布热爱教授本科生，并开始致力于将学院的物理系建成一个日后以高品质的实验研究而知名的学术重镇。在那一年，他学术休假一个学期，来到纽约，与斯温尼展开合作。

　　基于流体失稳可与相变相类比的设想，这两个人决定考察一个液体被限制在两个同心圆筒之间的经典系统。两个圆筒相对转动，带动它们之间的液体流动。整个系统将流体流限定在一定范围之内。因此，它限制了液体在空间中运动的可能性，从而不像开放空间中的喷射和尾流。同轴旋转圆筒系统会生成所谓的泰勒 – 库埃特流。通常，为便利起见，只有内筒旋转而外筒静止。随着内筒开始旋转，液体也随之平稳地开始流动，而随着转速提高，达到某个临界值，二次流动出现，导致失稳，然后最终进入一个新的稳定状态，形成一种精致的运动模式（或所谓斑图），有点儿像我们在加油服务站见到的轮胎层层堆叠在一起的样子：甜甜圈形状的涡旋出现在圆筒周围，一个叠在另一个上面，并且相邻涡旋的方向相反。这种现象已经得到很好的理解，G. I. 泰勒在 1923 年就见到并测量了它。

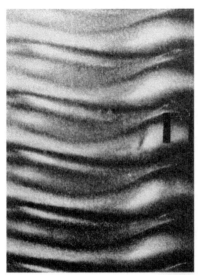

同轴旋转圆筒之间的流体流

两个圆筒之间的水流所形成的斑图让哈里·斯温尼和杰里·戈勒布得以一窥湍流是如何发生的。随着圆筒转速增加，斑图变得越来越复杂。一开始，水流形成一种独特的条形斑图，就好像一个个甜甜圈堆叠在一起。接着，这些甜甜圈开始晃荡变形，越来越紊乱。两位物理学家使用了激光来测量水流在每个新结构出现时的速度。

为了研究泰勒－库埃特流，斯温尼和戈勒布建造了一个可放在桌面上的仪器：外层是一个玻璃圆筒，大小比装网球的球筒还细长一些，高约三十厘米，直径约五厘米；内层是一个居中摆放的不锈钢圆筒，其大小使得刚好留下三毫米的间隙来装水。"这是一个自力更生的故事，"弗里曼·戴森这样说道（他是在接下来几个月里一连串慕名来访的大人物之一），"你看这两位先生在基本上没有多少经费的情况下，在一个狭小的实验室里做出了一个绝对漂亮的实验。它标志着对于湍流的定量研究的开始。"[8]

这两人当时想做的是一个正经课题，而这样的工作原本会让他们得到一点儿学术认可，然后就会被人遗忘。斯温尼和戈勒布想要验证朗道的湍流发生理论。这两位实验科学家没有理由怀疑这个理论。他们知道，当时的流体力学家都相信朗道所描绘的图景。作为物理学家，他们也喜欢它，因为它契合相变的一般理论，并且朗道本人还曾经为研究相变给出了最可行的早期研究框架，后者是基于他自己的一个洞见，即这些现象可能遵循某种一般规律，在不同物质所展现的不同个性之上终究存在某些共性。之前在研究二氧化碳的气－液临界点时，哈里·斯温尼就秉承了朗道的这个信念，认为自己的发现可以转而应用于氙气的气－液临界点——它们也确实如此。那么为什么湍流不能被证明是一种运动流体中相互冲突的节律持续叠加的结果呢？

斯温尼和戈勒布准备将多年来在最精细的条件下研究相变所积累的精密实验技术运用到研究多变的运动流体上面。他们采用的实验方式和测量设备是流体力学家从来不曾设想过的。为了探测水流的流速，他们使用了激光。光线会为水中的悬浮颗粒所偏转或散射，而这可通过一种称为激光多普勒干涉测量术的技术加以测量。获得的大量数据然后会由计算机加以存储和处理——在 1975 年，这种设备在这样的桌面式实验中是不多见的。

朗道说过，随着流速增加，新的频率会逐个出现，构成一个序列。"看到他这样说，"斯温尼回忆道，"我们就说，好吧，让我们来看看这些频率加入进来时流态的转捩。我们看了，并且很确定这当中存在一个定义非常良好的转捩。我们来回考察了这个转捩，将圆筒的转速调来调去。它确实定义非常良好。"[9]

当他们开始准备报告他们的结论时，斯温尼和戈勒布遇上了一个学科分界的问题：这属于物理学，还是流体力学？[10] 这样的分界有着某些现实的影响。特别是，它决定了将由美国国家科学基金会里的哪个机构审查他们的资助申请。等到 20 世纪 80 年代，一个研究泰勒–库埃特流的实验将再次属于物理学，但在 1973 年，它还属于流体力学；而在那些熟谙流体力学的人看来，从纽约市立学院这个小小的实验室里得出的头一批数据干净得令人生疑。流体力学家根本不会相信它们。他们还不习惯于以相变物理学的精确方式进行的实验。此外，从流体力学的角度看来，也很难看出这样一个实验的理论意义。当斯温尼和戈勒布接下去试图获得美国国家科学基金会的资助时，他们被拒绝了。有些评委并不认可他们的工作，有些就说这里面没有什么新东西。

但他们的实验并没有停止。"这当中存在转捩，并且它们是定义非常良好的，所以这很棒，"斯温尼说道，"我们于是准备再接再厉，试图找到下一个。"[11]

然而，他们期望的朗道序列中断了。实验与理论不相符合。[12] 在下一个转捩中，流体流就直接跳到一个紊乱的状态，根本没有可辨识的周期。其中既没有新的频率，也没有复杂性的渐次积累。"我们发现，它变成混沌的。"几个月后，一位身材消瘦、异常迷人的比利时人出现在了他们实验室门前。

　　达维德·吕埃勒曾经说过，物理学家可分成两类，一类是折腾收音机长大的（那是一个固态电子元件出现之前的时代，你仍然可以一边看着线圈和闪烁着黄光的真空管，一边想象着电子的流动），另一类则是折腾化学实验套装长大的。[13] 吕埃勒属于后者，但他玩的不是后来在美国常见的那种套装，而是各种易燃易爆或有毒的化学试剂——从他在比利时北部家乡的当地药剂师处轻松购得，然后由他自己进行混合、调配、加热、结晶，以及有时搞个爆炸。他于 1935 年出生于比利时根特，是一位体操教练和一位大学语言学教授之子，尽管他后来投身于一个抽象的科学领域，他也始终对藏身于蘑菇，或者硝石、硫黄和木炭中的大自然的危险一面抱有兴趣。

　　不过，终究还是在数理物理学领域，吕埃勒做出了他对于混沌研究的持久性贡献。等到 1970 年的时候，他已经加入巴黎郊外的法国高等科学研究所（以下简称 IHES），一家效仿美国普林斯顿的高等研究院而建立的机构。他也已经养成一个将伴随他一生的习惯：他会定期离开研究所和家人，独自进行为期数周的远足，一个人背负行囊，行走在冰岛或墨西哥乡村的空旷原野中。他常常一个人也见不到。而当他遇到当地居民，并接受他们的款待时（或许只是几片不卷肉或蔬菜的玉米薄饼），他感到自己是在见证世界在两千年前的样子。返回研究所后，他会重拾自己的科研生活，只不过他已然是高眉骨、尖下巴的面庞此时更显消瘦，而脸上的皮肤也更显紧致。吕埃勒已经听过斯蒂芬·斯梅尔关于马蹄映射和动力系统的混沌可能性的讨论，他也已经思考过湍流和经典的朗道图景。他猜想这些思想是相互关联，且相互矛盾的。

吕埃勒之前没有处理流体流的经验，但就像他的许多最终败下阵来的前辈，他也没有因为这一点而却步。"非专业领域的研究者总能发现一些新东西，"他这样说道，"目前还没有一个关于湍流的深层的、合乎自然的理论。而你所能问的关于湍流的所有问题都多少涉及湍流的一般性质，因而非专业领域的研究者也可以加入。"[14] 我们很容易看出来为什么湍流难以处理。流体流的方程组是非线性偏微分方程组，除了在一些特殊情况下，一般是不可解的。尽管如此，吕埃勒还是找出了一个替代朗道图景的抽象方案，其中借用了斯梅尔的语言，并将空间想象成一种柔软的物质，可被压缩、拉伸和折叠成像马蹄那样的形状。他与正在访问IHES 的荷兰数学家弗洛里斯·塔肯斯合写了一篇论文，并在 1971 年发表。[15] 论文的风格再明显不过是数学化的，（物理学家们，可要小心！）也就是说，一些段落会开宗明义标明这一段是"定义""命题"或"证明"，然后紧跟着论述的要点："设……"

命题（5.2）　设 X_μ 是一个定义于希尔伯特空间 H 上的 C^k 向量场的单参数族，使得……

但论文的标题声言了自己与现实世界的联系：《论湍流本质》，一个对朗道的著名标题《论湍流问题》的有意呼应。因此，吕埃勒和塔肯斯的讨论不限于数学；他们明显旨在提出一个新理论，以取代湍流发生的传统观点。他们提出，只需要三个相互独立的运动就可以生成湍流的全部复杂性，而不需要逐个堆叠频率，直至用到无穷多个相互独立、相互叠加的运动。就数学而言，他们的有些逻辑后来被证明是难懂的、错误的、借鉴他人的，或者三者兼有——十五年后，人们对此仍然意见不一。[16]

但他们的洞见、评论、注释以及这篇论文所结合的物理学使得它成为一篇影响深远的杰作。而其中最吸引人的莫过于一个被两位合作者称为"奇怪**吸引子**"的概念。这个说法具有某种精神分析上的"暗示性"，吕埃勒后来这样感觉到。[17] 而它在混沌研究中的地位，使得他和塔肯斯在友好的表面下不免暗暗较劲，竞争该说法提出者的荣誉。真相是，两个人都记得不太真切，但塔肯斯，这位身材高大、肤色通红的典型北欧人，可能会说："你会问上帝是否是他创造了这个该死的世界吗？……我记不得了。……我常常创造却不记得它们。"[18] 而吕埃勒，这位论文合作者中的年长者，则会轻描淡写地说："当时碰巧塔肯斯在 IHES 访问。不同的人有不同的工作方式。有些人会尝试独自撰写论文，这样他自己就可以占有所有功劳。"[19]

奇怪吸引子存在于相空间，而后者是现代科学最威力强大的发明之一。相空间给出了一个手段来将数值作成图，从而从一个（不论是机械的，还是流体的）运动系统中抽象出每一点信息，并生成一幅揭示其所有可能走向的灵活的路线图。物理学家已经见过两种较简单的"吸引子"：定点和极限环，它们分别代表系统最后达到一个定态或最终不断重复自己。

在相空间中，关于一个动力系统在某一瞬间的状态的所有知识浓缩成了一个点。这个点**就是**那个动力系统——但只是在那一瞬间的。在下一瞬间，系统会发生改变（哪怕是微小的改变），点也因而会随之移动。该系统历时变化的整个历史就可以通过这个运动的点画出来，也就是它在相空间中随时间移动所形成的轨线。

那么关于一个复杂系统的所有信息如何能够存储在一个点中？如果这个系统只有两个变量，答案就很简单。它就是中学时所学的直角坐标系——一个变量在横轴，另一个在纵轴。比如，如果这个系统是一个摆动时不受摩擦力影响的单摆，那么一个变量是位置，另一个是速度，并且这个点连续变化，形成一条闭曲线，周而复始，不断重复自己。相同的系统在更高的能量下会摆动得更快、更远，但在相空间中仍然会形成类似的一条闭曲线，只是现在更大一些。

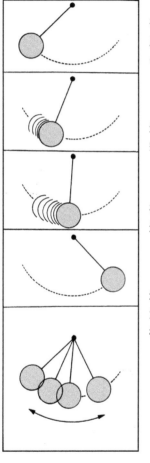

在单摆即将开始摆动时，速度为零，位置为一个负数（位于原点的左边）

这两个数唯一确定了二维相空间中的一个点

在位置经过原点时，单摆的速度达到其最大值

速度再次减小为零，然后变为负数（与之前的运动方向相反）

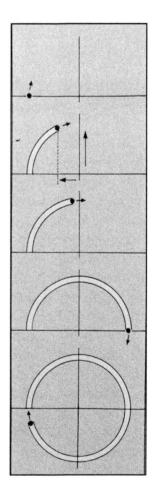

© Adolph E. Brotman

描述单摆的另一种方式

相空间中的一个点（右图）包含了确定一个动力系统在任意时刻的状态（左图）所需的所有信息。对于一个简单的单摆，我们只需要知道两个数（速度和位置）。

　　但只要加入一点儿现实色彩，比如摩擦力，整个图景就将发生改变。我们不需要运动方程组也能想象得出一个单摆在受到摩擦力影响时的最终归宿。每条轨线必定最后结束于同一个地方——原点，届时位置为 0，速度为 0。这个中央的定点"吸引着"这些轨线。因此，它们不再绕圈转个不停，而是螺旋向内收敛。摩擦力耗散了系统的能量，而在相空间中，这样的耗散体现为一种趋向中心的吸引力，从外围的高能量区指向内围的低能量区。这样的吸引子（所有吸引子中最简单的）就好像是嵌在橡胶垫中的一小块磁铁。

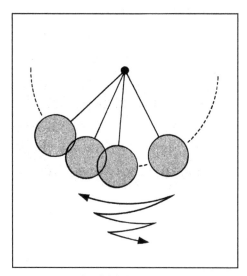

© Adolph E. Brotman

相空间中的这些点构成了一条轨线，而后者提供了一种方式将一个动力系统的长期行为可视化。一条周而复始的闭曲线代表这个系统以规则的周期不断重复自己。

如果周期性行为是稳定的，就像在摆钟中那样，那么这个系统在受到微小扰动后仍会回到这个极限环。在相空间中，极限环附近的轨线都趋向它；极限环是一个吸引子。

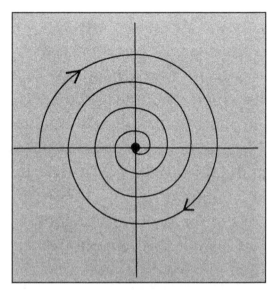

© Adolph E.Brotman

吸引子也可以是一个定点。对于一个因摩擦力而渐渐耗尽能量的单摆，所有轨线螺旋向内，趋向一个代表一个定态的点——在这里，定态就是静止不动。

　　将系统的状态转换成空间中的点，这样做的优点之一是，它让改变更清晰易见。随着系统的变量连续变动，代表这个系统的点也不断移动，就仿佛是在房间中飞来飞去的一只苍蝇。如果变量的有些组合从来不会出现，那么科学家可以将房间的那个部分简单想象成出界区域。苍蝇永远不会飞到那里。如果系统具有周期性，在几个状态之间周而复始，那么苍蝇就会在这几个状态之间不断绕圈飞行。物理系统的相空间画像可以揭示出原本不容易看出来的运动模式，就像红外线风景照片可以揭示出肉眼所无法看到的模式和细节一样。当科学家端详这样一张相空间画像时，他可以动用他的想象力，回想出这个系统本身的模样。这条闭曲线对应于那种周期性。这处曲折对应于那个改变。这片空白对应于那些物理上的不可能性。

即便在二维空间中，相空间画像也已经多有惊喜，仅靠台式计算机，科学家也能够很容易就演示它们中的一些，将方程组转化为彩色的运动轨线。有些物理学家还开始制作动画和视频给他们的同事看，加利福尼亚州的几位数学家则出版图书，其中配有绿色、蓝色和红色线条的卡通风格插图[20]——"混沌漫画"，他们的有些同事不无恶意地这样说道。但二维空间无法承载物理学家所需研究的所有系统。他们需要用到不止两个变量，而这意味着更多维数。动力系统中每一个可以独立变化的因素都是一个额外的变量，一个额外的自由度；而每一个自由度都要求相空间中的一个额外维度，以确保每一个点都包含足够的信息去唯一确定系统的状态。罗伯特·梅所研究的简单方程是一维的——这时单单一个（可能代表温度或种群数量的）数就够用了，这个数定义了一个点在一条一维直线上的位置。洛伦茨的简化对流模型是三维的——不是因为流体在三维空间中流动，而是因为它需要三个相互独立的数来唯一确定流体在任意时刻的状态。

四维、五维或更高维空间将超出哪怕最思维敏捷的拓扑学家的视觉想象能力。但复杂系统终究具有许多相互独立的变量。数学家不得不承认，那些拥有无穷多自由度的系统（毕竟不羁的大自然就体现在湍急的瀑布或莫测的人脑中）需要用到一个无穷多维的相空间。但谁能把握这样一个东西？它是一只九头蛇，凶猛而不受控制；它是湍流的朗道图景：它有无穷多个频率，无穷多自由度，无穷多维。

科学家有很好的理由不喜欢一个让自然几乎没有变得明晰多少的模型。利用非线性的流体运动方程组，即便世界上最快速的超级计算机也**无法**精确预测哪怕一立方厘米的湍流在几秒钟后的行为。这无疑要归咎于自然，而非朗道，但即便如此，朗道的图景还是有点儿违背人们的直觉。哪怕自己还毫无头绪，一位物理学家仍然可以猜测，可能这一切都是因为某个自然原理还未被发现。伟大的量子理论学家理查德·P. 费曼就这样表达过这种感觉："这一直让我困惑不已，根据我们今天所理解的定律，一部计算机器需要经过无穷多步的逻辑运算才能找出在无论多小的一片空间和无论多短的一段时间里所发生的事情。在那么小的空间里如何能够进行所有这些计算？又为什么需要无穷多数量的逻辑才能找出在一小块空间 – 时间里将会发生什么？"[21]

像其他很多开始研究混沌的人一样，达维德·吕埃勒也猜测，湍流中所见的那些模式（自相缠结的直线、螺旋转动的涡旋，以及在眼前出现又消失的漩涡）必定反映了深层的一些模式，而它们可由尚未被发现的定律加以解释。[22] 在他看来，湍流中的能量耗散必定仍然会导致一种相空间的体积收缩，一种趋向一个吸引子的运动。这种吸引子无疑不会是定点，因为湍流永远不会趋向静止。能量在不断耗散的同时，也在持续注入系统。那么它究竟是怎样一种吸引子？根据当时的正统理论，剩下只有另一种吸引子，一种周期性的吸引子，即所谓的极限环——一条闭曲线，附近的轨线都为它所吸引。如果一个单摆在因摩擦力失去能量的同时通过弹簧获得能量，也就是说，如果单摆在做有阻尼的受迫振动，它的稳定轨线可能是相空间中的一条闭曲线，而这对应于比如落地钟钟摆的规则摆动。不论单摆从什么位置开始摆动，它最终都将落在那条轨线上。但真是这样吗？对于有些初始条件（只具有极少能量的那些），单摆仍会最终停止摆动，所以这个系统实际上有两个吸引子，一个是闭曲线，另一个是定点。每个吸引子各有其"吸引域"，就像相邻的两条河流各有其集水区。

短期而言，相空间中的任意一点都可以代表动力系统的一个可能行为。但长期来看，唯一的可能行为是吸引子本身。所有其他运动都是暂时性的。根据定义，吸引子具有一个重要性质，即稳定性——在一个现实系统中，尽管其运动部件受到了现实世界噪声的扰动，其运动仍然倾向于最终回归到吸引子。一个扰动可能让轨线短暂出现偏离，但由此产生的暂时性运动会逐渐停息。即便是猫咪拍打落地钟，钟也不会变成一分钟有六十二秒。但湍流是完全另一个层次上的行为，其中永远不会只有单一一个频率。事实上，湍流的一个显著特征是，所有可能的频率同时存在。它就像白噪声，或所谓静态噪声。这样一种东西怎么能从一个简单的、决定论式的方程组中生成？

吕埃勒和塔肯斯想知道是否存在其他某种吸引子，它恰好具有某些性质。稳定性——它是一个动力系统在一个充斥着噪声的世界里最终会达到的状态。低维度——它是处于一个低维相空间（可能是一个矩形或一个盒子）中的轨线，只有少量几个自由度。非周期性——它永远不会重复自己，永远不会最终落入一个落地钟般、一板一眼的频率。从几何的角度看，这是这样一个难题：什么样的轨线可以在一个有限的空间里画出来，并使得它永远不会重复自己，也永远不会自相交？——因为一旦一个系统回到它之前经过的一个状态，它就必定要重复同样的路径。而为了生成所有可能的频率，这样的轨线应该是一条在一个有限面积里的无穷长曲线。换言之，它应该是分形的（尽管这个说法当时还没有被发明出来）。

通过数学推理，吕埃勒和塔肯斯提出，这样一种东西必定存在。他们尚未见到一个实例，也没有自己画出一个。但对他们来说，这样一个论断已经足够了。后来，事隔多年，在波兰华沙举办的国际数学家大会的一次全会发言上，吕埃勒得以更冷静地给出评估："当时科学界对于我们的理论提议的反应是相当冷淡的。特别是，认为有限维空间里的运动就可以生成频率的连续统的思想被当时的许多物理学家视为异端。"[23] 但当时也正是物理学家（当然，为数不多）意识到了他们 1971 年的这篇论文的重要性，并开始深入研究其意涵。

实际上，等到 1971 年，科学文献中已经有一小幅曲线图，其中表现的正是吕埃勒和塔肯斯试图证明其存在但又设想不出其模样的那种怪物。爱德华·洛伦茨当初将它放进了他 1963 年讨论决定论式混沌的论文中。[24] 这幅图的右部只有两条曲线，其中一条在另一条里面，左部则有五条曲线。为了画出这七条曲线，需要在计算机上进行 500 次连续计算。而沿着这个轨迹运动、沿着这些曲线绕圈的一个点，正表现了洛伦茨的三方程对流模型所描述的流体的混沌行为。由于这个系统有三个相互独立的变量，因此这个吸引子存在于一个三维相空间中。尽管洛伦茨只画出了它的一小部分，但他已经能够看出还没有画出来的内容：这是某种双螺旋，就像一对有着无限敏捷身手的蝴蝶翅膀。当这个系统中的升腾热量驱动流体朝一个方向流动时，点的轨迹停留在右边的翅膀上；当流动逐渐停止并出现反转时，轨迹就会一下子跳到另一边的翅膀上。

这个吸引子是稳定的、低维度的和非周期的。它永远不会自相交，因为不然的话，它就回到了一个已经访问过的点，而这意味着它接下来的运动会重复自己，周而复始。这样的事情永远不会发生——这也正是这个吸引子的美丽之处。这些曲线和螺旋有着无穷的深度，并且永远不会无限接近，永远不会相交。但它们又处于一个有限的空间中，局限于一个盒子之内。这如何能够做到？无穷多的路径如何能够存在于有限的空间中?

在那个曼德尔布罗特的分形图案充斥科学市场之前的时代,如何构建这样一个形状的细节是当时之人难以想象出来的,洛伦茨也承认在他的尝试性描述中存在一个"看似的矛盾"。"很难调和两个平面(它们各包含一个螺旋)的重叠与两个轨迹不能相交的事实。"他这样写道。[25]但他看出了一个精妙到无法透过自己计算机有限的计算能力呈现出来的答案。他意识到,在两个螺旋看上去要相交的地方,两个表面必定是要分开的,就像千层酥中借由奶油隔开的两片酥皮那样。"我们看到,每个表面实际上是两个表面,使得在它们看上去重叠的地方实际上有四个表面。继续这个过程,再绕一周,我们看到那里实际上有八个表面,如此等等,直到最终我们得出结论,那里实际上有无穷多个表面,每个都极其靠近这两个看似重叠的表面中的其中一个。"难怪当时 1963 年的气象学家会将这样的大胆猜想弃之一旁,也难怪当吕埃勒在此十年后最终了解到洛伦茨的工作时,他会感到又惊又喜。他后来拜访过一次洛伦茨,并带着一点儿失望而归,因为他们没有机会更多谈论他们在科学上的交集。[26]生性内敛的洛伦茨将这次会面当成了一次社交应酬,而且他们当时还是与自己的妻子一起去参观一家美术馆。

探索吕埃勒和塔肯斯所揭示的方向的努力采取了两条思路。一条是在理论上尝试将奇怪吸引子可视化。洛伦茨吸引子是否具有典型性?还有其他哪些形状也是可能的?另一条则是通过实验确认或否认这样一个不那么高度数学化的信仰之跃,即相信奇怪吸引子也见于现实中的混沌行为。

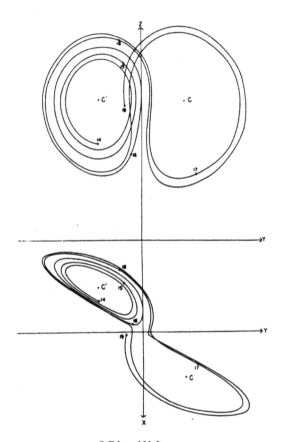

© Edward N. Lorenz

第一个奇怪吸引子

对于自己的简单对流模型，爱德华·洛伦茨在 1963 年只能计算出其奇怪吸引子的开始一小部分。但他已经能够看出，两个螺旋交错的地方必定在极小的尺度上有着不寻常的结构。

在日本，通过研究行为类似弹性系统（但要快得多）的非线性电路，上田睍亮发现了一类极其美丽的奇怪吸引子。（他也从自己的同事那里收到了吕埃勒曾经面对过的冷淡回应："你的结果不过是一种接近于周期性的振荡。你不要自以为是地认为那是定态。"[27]）在德国，奥托·勒斯勒尔，一位在研究混沌之前曾先后涉足化学和理论生物学领域的非临床医学博士，以他的独特才能，开始将奇怪吸引子当作哲学对象看待，让数学家只能跟在后面。勒斯勒尔的名字后来与一类特别简单的吸引子联系在一起；这类吸引子形似一条带子被折叠了一下，因其容易绘制而得到大量研究，但他也设想过它们在更高维度上的结构——"一根香肠在另一根香肠在另一根香肠在另一根香肠里，"他会这样说，"把它取将出来，折叠一下，压缩一下，然后放将回去。"[28] 确实，空间的折叠、压缩和拉伸是构建奇怪吸引子的一个关键，或许也是生成它们的现实系统的动力学的一个关键。勒斯勒尔感到，这些形状体现了我们世界的一个自组织原理。他设想了某种类似机场上的风向袋的东西——"一只末端有一个孔的开口袜子，然后风灌将进去，这样风就被困在里面，"他说道，"尽管有违其意志，能量还是做出了某种有益的事情，就像中世纪历史上的魔鬼。这里的原理是，自然做出了某种有违其意志的事情，并通过自相缠结，生成了大美。"

为奇怪吸引子作图并不是一件轻而易举的事情。通常情况下，运动轨迹会由于折叠、压缩和拉伸而在三维或更高维的空间中变得越来越复杂，从而在空间中形成一团黑乎乎的乱麻，其内部结构根本无法从外部看出来。为了将这些三维乱麻转换成二维图像，科学家首先使用了投影技术，试图将吸引子投射在一个平面上的影子画出来。但对于复杂的奇怪吸引子，投影不过是将细节统统破坏而留下一块无法解读的污渍。一个更有效的技术是进行一次返回映射，或所谓的**庞加莱映射**：简单来说，就是选择一个适当的位置将一个吸引子一刀切开，然后观察其运动轨迹与截面相交的截点的分布规律，就像病理学家在显微镜下观察组织切片一样。

庞加莱映射将一个吸引子降低了一个维度，将一条连续的线变成了一个离散的点的集合。在进行庞加莱映射时，科学家暗含地假设，这样的重构可以保留下原来运动的大部分实质。比如，他可以设想一个奇怪吸引子就存在于他的眼前，而其轨线忽上忽下、忽左忽右、来来回回地穿过他的计算机屏幕。每次轨线穿过屏幕，它就在相交的地方留下一个闪亮的光点，然后，这些点的集合要么形成一片随机的光斑，要么开始形成某种闪亮的形状。

这个过程也对应于对一个系统的状态进行间歇地，而非连续地采样。以什么时间间隔进行采样（在哪些位置将一个奇怪吸引子切开），这个问题给了研究者某种灵活性。能够提供最有用信息的时间间隔可能对应于动力系统的某个物理特征：比如，庞加莱映射可以在一个钟摆每次经过最低点时对其速度进行采样。或者，研究者也可以自行选择一定的时间间隔，借着一只想象的频闪灯的有规则闪光，观察和记录下动力系统的一系列状态。不论采用哪种方法，由此得到的图像最终开始揭示出爱德华·洛伦茨当初猜想的精细分形结构。

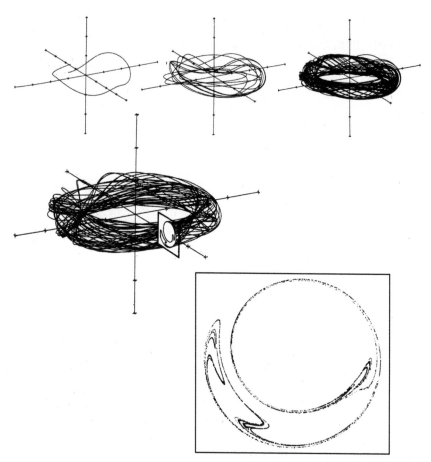

揭示吸引子的结构

上图的奇怪吸引子（先是一条轨迹，然后十条，然后一百条）表现了一个转子（摆动幅度为一整圈的一个单摆）在受到一个外力的有规则驱动下的混沌行为。等到画出 1000 条轨迹的时候（下图），整个吸引子已经变成了一团看不明白的乱麻。

为了揭示其中的结构，我们可以通过计算机对这个吸引子做出一个切片，一个所谓的庞加莱截面。这个技术将一个三维图像变成了二维的。运动轨迹每次穿过这个截面，它就在上面留下一个截点，然后慢慢地，一个拥有细部细节的图案开始浮现出来。右下图的图案由超过 8000 个点构成，而每个点都代表了吸引子中的一条轨迹。实际上，这也相当于以一定时间间隔对系统进行"采样"。在这个过程中，一种信息丢失了，同时另一种得到了突显。

　　最给人以启迪的奇怪吸引子（只因为它是其中最简单的），来自一个似乎与湍流和流体动力学领域风马牛不相及的人。[29] 他是一位天文学家——来自法国南海岸的尼斯天文台的米歇尔·埃农。当然，在某种意义上，当初正是天文学推动了人们对于动力系统的研究——行星的机械运动验证了牛顿的理论，也为拉普拉斯提供了灵感。但天体力学在一个关键层面上不同于大多数地球上的系统。由于摩擦力而损耗能量的系统被称为耗散系统，天体系统则不属于此：它们是保守系统，或者说哈密顿系统。实际上，在一个近乎无穷小的尺度上，哪怕天体系统也受到某种曳力拖曳，包括恒星不断辐射能量，潮汐摩擦使得自转的天体不断损耗某些动能；但就实际应用而言，天文学家的计算可以将这样的耗散忽略不计。而没有了耗散，相空间就不会出现生成无穷的分形结构所需的折叠和体积收缩，奇怪吸引子也就无从出现。那么混沌还有可能出现吗？

　　许多天文学家即使从来没有考虑过动力系统，也能取得卓有成效的成绩，但埃农跟他们不一样。他于 1931 年出生在法国巴黎，比洛伦茨小十多岁，但跟洛伦茨一样，他也对数学始终有着某种未了的情怀。埃农喜欢那些不大但有现实意义的数学问题——"不像人们今天所做的那类数学"，他会这样说。当计算机变得小型化，得以飞入寻常的爱好者家中时，埃农也入手了一台，那是一套由希思公司出品的、需要在家中自己组装的计算机散件。不过，在那之前很久，他就研究过一个尤其令人望而生畏的动力学问题。它涉及球状星团——大量恒星（有时甚至高达一百万颗）聚集在一起，因引力作用而向中心集中，从而形成球状；它们构成了夜空中最古老、也有可能最摄人心魄的景象。球状星团有着惊人之高的恒星密度，因而它们如何维持在一起，以及如何随时间演化的问题长久以来一直困扰着 20 世纪的天文学家。

从动力学上讲，一个球状星团是一个复杂的多体问题。二体问题很简单，已经被牛顿彻底解决了。每个天体（比如，地球和月亮）环绕系统的质心沿着椭圆形轨道运转。然而，只要再加入一个与其他两个天体都有引力作用的天体，一切就都改变了。三体问题很难，并且不是一般的难。正如庞加莱发现的，它常常是无解的。我们可以通过数值计算算出一小段时间内的轨道，利用强大的计算机还可以算出更长一点儿的轨道，直到不确定性最终开始占据上风。但方程组不存在解析解，这意味着一个三体系统的长期行为是无法求解的。太阳系是稳定的吗？[30] 它无疑在短期内看上去如此，但即便在今天，也没有人可以言之凿凿，某些行星的轨道不会变得越来越扁，直到有朝一日它们彻底脱离太阳系。

一个像球状星团那样的系统更加复杂，我们无法直接将之视为一个多体问题，但其动力学还是可以在做出特定限制的情况下加以研究的。比如，我们就可以合理地假设，个体恒星在一个平均引力场中绕着一个特定引力中心运转。然而，时不时地，两颗恒星会运动到足够接近的距离，使得它们之间的相互作用必须被单独拿出来考虑。天文学家进而意识到，球状星团一般而言必定是不稳定的。它们当中会出现双星系统，也就是两颗恒星绕着它们共同的质心运转，而当第三颗恒星遇上一个双星系统时，三颗恒星中的一颗可能会得到大幅助力。常常是，其中一颗恒星会从三星之间的相互作用中得到足够能量而达到逃逸速度，从而彻底脱离星团。当埃农在 1960 年以这个问题作为自己博士论文的课题时，他做出了一个相当武断的假设：星团在不同尺度上是自相似的。在经过模拟计算之后，他得出了一个惊人的结论：随着一颗恒星摆脱星团核心的引力束缚，脱离星团，并带走一点儿动能，星团的核心必须稍微缩小一点儿，剩下的恒星则必须速度加快一点儿，以抗衡增大的引力；而随着速度增加，更多的恒星可以脱离星团；这样的过程不断重复并加速，最终导致星团的核心快速坍缩，趋向一个密度无穷大的状态。这样的事情既难以想象，也得不到迄至当时的观测证据的支持。但慢慢地，埃农的理论（后来被称为"重热突变"或"重热坍缩"）还是站稳了脚跟。

埃农深受鼓舞，更勇于在老问题上尝试新数学，也更敢于从它们出人意料的结果中得出看似不可能的结论。他再接再厉，开始研究恒星动力学中一个简单得多的问题。

这次，他第一次使用了计算机。那是在 1962 年，当时他正在美国普林斯顿大学天文台访学，也正值在 MIT 的洛伦茨开始将计算机运用于气象学。他开始为绕星系中心运转的恒星轨道建模。在一个合理简化的模型中，这样的轨道可被视为类似于绕太阳运转的行星轨道，除了一个不同之处：其引力源不是一个点，而是一个有厚度的三维碟形。

他针对微分方程组做了一个妥协。"为了获得更多的实验的自由，"他写道，"让我们暂时忘掉这个问题的天文学起源而考虑其一般形式。"[31] 尽管他当时没有明说，"实验的自由"也部分指在一部原始计算机上处理这个问题的自由。毕竟他的机器的内存不及二十五年后一部个人计算机的一块芯片的千分之一，并且它还运算缓慢。但就像后来许多研究混沌现象的实验科学家，埃农发现这样的过度简单化有其回报。通过将其系统的本质抽象出来，他得出了一些也适用于其他系统（包括一些更重要的系统）的发现。多年以后，恒星轨道依然是一个理论难题，但这些系统的动力学现在也为那些对高能粒子加速器里的粒子运动感兴趣，以及那些对用磁场约束等离子体以实现可控核聚变感兴趣的人所深入研究。

在一个将近两亿年的时间尺度上，星系中的恒星轨道是三维的，而非椭圆形。但三维的轨道，即便当它们是真实的时，也跟当它们是在相空间中的想象的构造时一样，是难以可视化的。所以埃农使用了一种类似于庞加莱截面的技术。他设想在星系的正上方放置一个平面，使得每条轨道都会穿过它，就像赛道上的赛马都会通过终点线。然后他会标出每条轨道穿过这个平面的截点，并观察这些点的分布规律。

埃农当初需要通过手工将这些点作图，但最终，许多采用这种技术的科学家将可以在计算机屏幕上观察它们，看到它们如同远处的街灯在夜幕降临时一盏盏点亮起来。一条典型的轨道可能一开始是纸面左下角的一个点。然后在下一次环绕后，一个点会出现在往右几厘米处。然后，再下一次，一个点出现在稍微往右和往上的地方，如此等等。一开始，人们看不出什么模式，但在积攒到十个或二十个点后，一条卵形的曲线会大致浮现。这些点实际上绕着这条曲线相继出现，但由于它们不会停留在同一个地方，因此，最终在经过数百个或数千个点后，这条曲线就会变得实实在在。

这样的轨道并不是完全规则的，因为它们永远不会确切重复自己，但它们无疑是可预测的，也根本谈不上是混沌的。这些截点永远不会跑到这条曲线之内或之外。将其转译回三维图像，这样的轨道勾勒出了一个类似甜甜圈的环面，而庞加莱映射正是这个环面的一个横截面。到这一步，他不过是在验证他的所有前辈长久以来视为理所当然的：轨道是周期性的。20 世纪 10 年代到 30 年代，在丹麦哥本哈根大学天文台，整整一代天文学家呕心沥血地观测和计算出了数百条这样的轨道——但他们只对那些被证明是周期性的轨道感兴趣。[32]"就像那个时代的所有人，我也原本深信所有轨道都应该如此这般规则。"埃农这样说道。[33] 但他和他在普林斯顿的研究生卡尔·海尔斯继续计算不同的轨道，逐步提高其抽象系统中能量的水平。很快，他们就见到了某种全新的东西。

首先，卵形曲线扭曲形成某种更加复杂的东西，它自相交叉，形成一个个"8"字，并分裂形成几个小的闭曲线。尽管如此，这些轨道仍然落在这条曲线上。然后，在更高的能量水平上，另一个改变相当突兀地发生了。"惊喜出现了。"埃农和海尔斯这样写道。[34] 有些轨道变得如此不稳定，以至于截点会随机散落在纸面上。在有些地方，仍旧可以画出曲线；在其他地方，则没有曲线可以拟合那些点。整个图案变得相当具有戏剧性：表明完全无序的证据与有序的残存痕迹混合在一起，形成了在这两位天文学家看来好像大海中的"岛屿"和"岛链"的形状。他们分别尝试了两部不同的计算机和两种不同的数值解法，但结果都是一样的。他们不明白这是怎么回事，只能进行猜测。完全基于自己的数值实验，他们对这样的图案的深层结构做出了一个猜测。他们提出，在更大的放大倍数下，更多的岛屿会出现在越来越小的尺度上，或许直到无穷。对此需要严格的数学证明，而不是数值实验——"但对于这个问题的数学解答看上去并不很容易"。[35]

埃农后来转向了其他问题，但在十四年后，当他最终听说达维德·吕埃勒和爱德华·洛伦茨的奇怪吸引子时，他已经准备好认真聆听。那是在 1976 年，他已经来到可以俯瞰地中海美景的法国尼斯天文台，当时他听到的是一位访问物理学家 [36] 所做的关于洛伦茨吸引子的讲座。这位物理学家尝试过不同技术，试图展现吸引子的精细"微观结构"，但一直无功而返。尽管耗散系统不是他的研究领域（"天文学家有时畏惧耗散系统——毕竟它们是乱糟糟的"[37]），但埃农意识到自己对此有个想法。

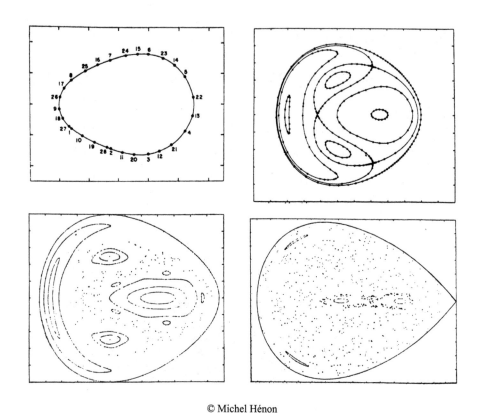

© Michel Hénon

环绕星系中心的轨道

为了理解恒星在一个星系中的运动轨迹,米歇尔·埃农计算了这些轨道与一个平面相交的截点。由此得到的截点分布模式取决于整个系统的能量水平。来自一条稳定轨道的截点会逐渐形成一条连续的曲线(左图)。然而,在其他能量水平下,则会出现稳定性与混沌(表现为截点随机散落的区域)混合在一起的复杂情况。

　　再一次地,他决定抛开一个系统的所有物理学考量,而专注于他所希望探索的几何学本质。不同于洛伦茨及其他人仍然局限于微分方程(牵扯到在时间和空间中发生连续变化的各种流),埃农转向了差分方程(牵扯到在时间中的离散变化)。他相信,个中关键是相空间的反复拉伸、压缩和折叠，就像面点师在做酥皮时那样，将面团擀平，将它折起，然后再擀平，再折起，不断重复。埃农在一张纸上画了一个椭圆。为了将它折叠，他选取了一个简单的数值函数，使得椭圆上的任意一个点横坐标不变而纵坐标改变，从而使椭圆发生弯曲，形成一个拱门。这是一个映射——一个点接一个点，整个椭圆被映射成了拱门。接着，他选取了第二个映射，这次是一个压缩：纵坐标不变而横坐标改变，从而使得拱门变窄小了。然后，第三个映射将窄小的拱门转动 90 度，将它放倒，使得它与原始的椭圆能够大致对齐。最后，将这三个映射结合成一个函数，以便进行计算。

在思路上，他是在效仿斯梅尔的马蹄映射。但在数值计算上，整个过程是如此简单，甚至在一部计算器上就可以轻松进行。任何一个点都有其横坐标 x 和纵坐标 y。为了找到一个新的 x，只需取旧的 y，让它加上 1，再减去旧的 x 的平方的 1.4 倍。而为了找到一个新的 y，只需让旧的 x 乘以 0.3。也就是说，$x_{新}=y+1-1.4x^2$，$y_{新}=0.3x$。埃农随机选取了一个初始点，然后拿起计算器，开始计算和画出新的点，一个接一个，直到他画出了数千个点。然后他使用了一部真正的计算机（一部 IBM 7040），快速画出了五百万个点。任何拥有一部个人计算机和一台图形显示器的人都可以轻松重现这个过程。

一开始，星星点点看上去在屏幕上随机地跳来跳去。这类似于在一个三维奇怪吸引子的庞加莱截面上，那些截点在截面上不规则地出现。但很快，一个形状开始浮现出来，那是一个像香蕉那样弯曲的轮廓。随着程序不断运行，更多的细节开始浮现。部分地方原本看上去是密密麻麻的一团，但放大来看，原来的一团消减成两条单独的线；再放大来看，两条线变四条线，一对紧靠在一起，而另一对分得很开。在更大的放大倍数下，四条线中的每一条又被证明由两条单独的线构成，如此等等，直至无穷。跟洛伦茨的吸引子一样，埃农的吸引子也展现出无穷倒退的特征，就像一套没有止境的俄罗斯套娃。

这种线中有线的、层层嵌套的细节，我们可以通过并置放大倍数越来越大的一系列图案而看得一清二楚。但奇怪吸引子的诡异特性也可以在另一个时刻感受到。当随着点越来越多，形状开始浮现时，我们感到它就仿佛是一个从迷雾中现身的魅影，不知从何而来。新的点在屏幕各处出现得如此随机，看上去简直难以想象那里面会存在任何结构，更别说一种如此精致且精细的结构。相继出现的两点可以相隔任意远，就像在湍流中，一开始相邻的两点后来会演变成的那样。给定已经出现任意数量的点，我们仍然不可能猜到下一个点会出现在哪里——当然，除了它必定出现在吸引子上的某处。

这些点出现得如此随机，整个模式又出现得如此缥缈，我们有时很难记起这个形状其实是一个**吸引子**。它不只是一个动力系统的随便什么轨道，它还是所有其他轨道收敛趋向的那些轨道。这也是为什么初始条件的选取并不重要。只要起始点位于吸引子附近某处，接下来的几个点就会快速收敛到吸引子。

几年前，当达维德·吕埃勒来到斯温尼和戈勒布在纽约市立学院的实验室时，三位物理学家感到在他们各自的理论与实验之间可能存在一个关联。一边是一个数学构造，在思想上很大胆却在技术上不确定；另一边是一个装着湍流流体的圆筒，没有什么好看的，却明显与旧的理论不相符。三人在午后花了很多时间讨论，此后斯温尼和戈勒布暂时离开学院，与他们的妻子一起前往戈勒布在阿第伦达克山脉的度假小屋休假。他们没有见到过一个奇怪吸引子，也没有测量过在湍流发生时所实际发生的。但他们知道朗道是错误的，而他们也猜测吕埃勒是正确的。

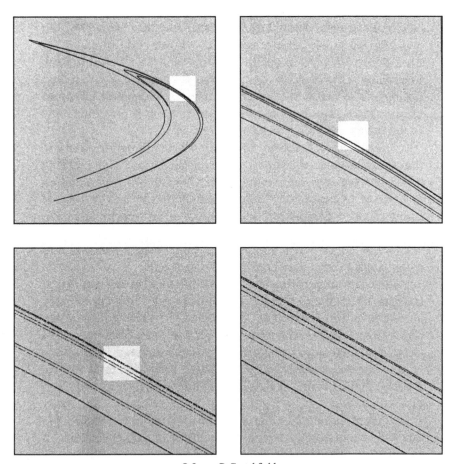

© James P. Crutchfield

埃农的吸引子

一个折叠和压缩的简单组合生成了一个容易计算却仍然不大为数学家所理解的吸引子。随着数万，乃至数百万的点相继出现，越来越多的细节会浮现出来。原本看上去只是一条线，在放大之下，它被证明其实是两条线，进而是四条线，如此等等。但任意相继出现的两点是靠得很近，还是离得很远，这则不可预测。

作为一个通过计算机发现的自然要素，奇怪吸引子一开始只是作为一种数学可能性，揭示出一个许多 20 世纪最伟大的心智也未曾涉足的地方。但很快，当科学家看到计算机所展示的形状时，它看上去像一副他们一直都在遇到的面孔，不论是在变幻的湍流中，还是满天的云彩中。大自然隐约在受到某种约束。无序似乎被纳入有着某种共同主题的模式当中。

再后来，奇怪吸引子的概念进一步为混沌革命加油助力，因为它为那些专注于数值探索的研究者提供了一个清晰的执行方案。他们到处找寻奇怪吸引子，不放过任何大自然看上去表现出随机性的地方。许多人主张，地球的天气系统可能基于一个奇怪吸引子。还有些人则搜集了数以百万计的股票市场数据，并开始搜寻其中的奇怪吸引子，试图透过计算机的变焦透镜一窥随机性的奥秘。[38]

但在 20 世纪 70 年代中期，这些发现还是未来之事。当时还没有人在实验中实际见到过一个奇怪吸引子，人们也根本不清楚如何能够找到一个奇怪吸引子。在理论上，奇怪吸引子可以为混沌的那些新特性提供数学解释。对初始条件的敏感依赖就是其中之一。另一个特性是湍流的"混合"功用，因为它将对一位关心如何高效混合燃料和空气的飞机发动机设计师来说是有意义的。但没有人知道该如何测量这些特性，如何给它们赋予数值。同时，奇怪吸引子看上去是分形的，这意味着它们的真实维数是分数维，但也没有人知道该如何测量这样的维数，或者如何将这样一个测量应用到解决工程问题上。

更重要的是，没有人知道奇怪吸引子是否会对理解非线性系统的最深层次问题有所帮助。不像线性系统容易计算和归类，非线性系统依旧看上去在本质上是无法归类的——它们每每各不相同。科学家可能已经开始猜想它们具有某些共同特性，但轮到进行测量和计算的时候，每个非线性系统都是各有一个天地。理解这一个系统看上去对理解下一个没有什么帮助。一个像洛伦茨吸引子这样的吸引子揭示了一个原本看上去行为杂乱无章的系统的稳定性和隐藏结构，但这个独特的双螺旋如何能够帮助研究者理解其他不相关的系统呢？当时没有人知道答案。

但在当时，兴奋之情不只源自它们的科学意涵。看到这些形状的科学家有时也不禁暂时抛下科学写作的规范。比如，吕埃勒就写道："我还没有提到奇怪吸引子的美学吸引力。这些由曲线构成的系统，这些由点构成的一团团有时让人联想到烟花或星系，有时则让人联想到奇异而令人不安的植物增殖。在它们当中存在一个新世界，那里有着各种型相有待探索，有着各种和谐有待发现。"[39]

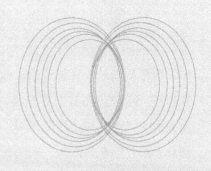

第 六 章

普适性

CHAOS:

MAKING A NEW
SCIENCE

给，拿着这本书：仔细读完它。

重复这几行话将点石成金；

在地上画出这个圆圈将召来

狂风暴雨、电闪雷鸣。

——克里斯托弗·马洛，《浮士德博士的悲剧》（第二幕第一场）

在一处瀑布上游的几十米处，原本平滑流动的溪流似乎预见到即将到来的坠落。水流开始加急。激流荡漾，犹如道道青筋暴起。米切尔·费根鲍姆站立在溪流边。他穿着运动西装和灯芯绒裤子，稍稍有点儿出汗，手里还夹着一支香烟。他与朋友们一起出来郊游，但他们已经走到前头，前往更上游的池潭。突然之间，就仿佛在高速模仿一位网球观众，他开始左右摇头，晃个不停。"你可以集中注意在某样东西上，比如一点儿水沫或其他东西，"他说道，"如果你摇头摇得足够快，你就可以突然看出其表象之下的整个结构，你可以直觉感受到它。"他又嘬了一口烟。"但对于任何有数学背景的人来说，如果你看着这些东西，或者望着层层堆叠的云彩，又或者站在风暴中的海堤上，你就会知道你其实什么都不知道。"[1]

暗藏在混乱中的秩序。这是科学最古老的滥套子。大自然有其隐藏的统一性，共通的深层框架的思想有着一种内在的吸引力，也有着一段催生出众多伪科学家的不光彩历史。当费根鲍姆在 1974 年来到美国洛斯阿拉莫斯国家实验室时，差一岁就将进入而立之年的他知道，如果物理学家现在想要利用这个思想做出点新东西，他们将需要一个应用框架，一种将想法变成具体计算的方法。[2] 而如何找出破解问题的第一个突破口并不是显而易见的。

将费根鲍姆招揽进来的是彼得·卡拉瑟斯，一位表面看着温文尔雅的物理学家，他在 1973 年离开美国康奈尔大学，到此执掌理论部。他新官上任的第一把火就是解聘了六位资深科学家（洛斯阿拉莫斯实验室并没有为自己的研究人员提供类似大学终身教职的保障），然后代之以自己挑选的几位聪明过人的年轻研究者。作为一位科研管理者，他有着强烈的进取心，但他也透过自身经验了解到，好的科学不总是能够规划出来的。

"如果你在实验室或在华盛顿召集了一个委员会，并说，'湍流现象实在是我们的拦路虎，我们必须要理解它，对它缺乏理解已经着实严重阻碍到我们在其他许多领域取得进展'。接下去，当然，你会招募一个团队。你会购入一部大型计算机。你会开始推进大项目。但最后你还是会无功而返。相反，我们现在请了这位聪明的小伙子，他默默钻研——确实，他也会跟其他人交流，但大多数时候还是他自己一个人在做。"[3] 他们曾经讨论过湍流，但随着时间逝去，甚至连卡拉瑟斯也不再确定费根鲍姆意欲何为。"我原本以为他放弃了，转向了一个不同的问题。当时我并不知道，这个不同的问题实际上是同一个问题。它看上去正是许多不同科学领域都受阻于此的那个问题——他们都受阻于系统的非线性行为的这个层面。当时没有人料想到，解决这个问题的必要知识背景是，你需要了解粒子物理学，需要了解量子场论，需要知道在量子场论中有所谓的重整化群。那时没有人知道，你还需要理解随机过程的一般理论，以及分形结构。

"但米切尔刚好拥有这样的知识背景。他在正确的时间做出了正确的事情，并且他做得非常棒。他不是部分解决，而是彻底解决了整个问题。"

费根鲍姆在来到洛斯阿拉莫斯时已经心怀这样一个信念，即他的科学一直以来未能理解那些困难的问题——那些非线性问题。尽管他之前作为物理学家几乎没有任何产出，但他已经积累了一个不寻常的知识背景。他对于最具挑战性的一些数学分析问题、对于让大多数科学家头疼的各种新类型的计算技术有着一种敏锐的操作知识。他也成功让自己没有完全抛弃一些来自18世纪浪漫主义运动的、看上去非科学的思想。他想要做一种新的科学。为此，他暂时抛开了任何试图理解现实中的复杂性的奢望，而从他能够找到的最简单的非线性方程着手。

米切尔·费根鲍姆第一次意识到世界的神秘是在他四岁的时候，那是在第二次世界大战后不久，在他父母在纽约布鲁克林区弗拉特布什的家里，他第一次聆听一部银音（Silvertone）收音机。[4]一方面，他困惑于音乐如何能够不假外物就传送过来。另一方面，他自觉能够理解留声机的运作。毕竟他的祖母已经给了他一个特别许可，准许他操作家里的78转留声机。

他的父亲是一名化学家，先后工作于纽约港务局和伊卡璐公司。他的母亲则在纽约的公立学校任教。米切尔起初立志成为一名电子工程师，这是一个在布鲁克林人看来意味着优渥生活的职业。后来他意识到，自己针对收音机想了解的一切更有可能在物理学中找到。他属于那样一批小时候成长于纽约郊区，后来经由就读于优秀的公立学校（对他来说是塞缪尔·T. 蒂尔登高中），继而纽约市立学院而踏上成功的职业之路的科学家。

一个天资聪慧的孩子在布鲁克林区长大，他的成长之路在某种程度上也是一段在心智世界与同侪世界之间摇摆的曲折道路。在很小的时候，他很是合群，因为他将之视为不受欺凌的一个关键。但当他意识到有那么多东西可学的时候，事情开始改变了。他变得越来越离群索居。普通对话不再能够吸引他的注意。在大学最后一年的某个时候，他突然意识到自己已经错过那段青春年少的岁月，所以他特意为自己安排了一个重新恢复与人接触的课题。他会默默地坐在咖啡馆里，聆听其他学生闲话剃须或食物，然后慢慢地，他重新掌握了与人交谈的科学的大部分要义。

他在1964年本科毕业，然后前往麻省理工学院继续深造，并在1970

年从那里取得了基本粒子物理学的博士学位。然后他在康奈尔大学和弗吉尼亚理工学院度过了一事无成的四年——"一事无成"，指就一些可解决的问题持续发表论文而言，毕竟这对一位年轻科学家来说是生死攸关的。博士后研究员通常被认为应当以发表论文为要务。时不时地，一位指导老师会询问费根鲍姆某个问题进展得怎样了，而他会回答："哦，我已经弄懂它了。"[5]

作为一位本身卓有成就的科学家，卡拉瑟斯素以自己的识才慧眼为傲。他看人不注重智力，而是注重某种似乎从不知哪里源源而来的创造性。他一直记得肯尼思·威尔逊的例子。这位说话和气的康奈尔大学物理学家长久以来似乎没有取得任何成果，但任何跟他深聊过的人都会意识到，他有着一种深刻的物理学洞察力。所以是否授予威尔逊终身教职的问题引发了激烈辩论。最终，愿意对他尚未得到证明的潜力赌上一把的物理学家占据了上风——之后就仿佛是大坝溃坝，一发而不可收。不是一篇，而是一系列论文从威尔逊的抽屉中喷涌而出，包括后来为他赢得了 1982 年诺贝尔奖的成果。

威尔逊对于物理学的伟大贡献（连同其他两位物理学家，利奥·卡达诺夫和迈克尔·费希尔的工作）构成了混沌理论的一个重要基础。这三个人虽然独立工作，但都在从不同角度思考相变过程中所发生的。他们都在研究物质在从一种状态转变成另一种（从液体变成气体，或从非磁体变成磁体）的临界点附近的行为。处在两个存在状态之间的边界上，相态转变的数学往往是高度非线性的。而物质在相变之前或之后的状态里所具有的那种平滑的、可预测的行为，往往对理解相变过程几乎没有什么帮助。火炉上的一壶水以一种有规则的方式逐渐升温，直到它抵达沸点。但之后温度不再改变，同时，在气液界面上，某种相当有趣的事情发生了。

正如卡达诺夫在 20 世纪 60 年代所认为的，相变问题构成了一个智力谜题。[6] 试想一块被磁化的金属。随着它进入一个有序的状态，它必须做出一个决定。磁铁有南北两极，而它可以选择这个或那个指向。但金属块中的每一个原子也必须做出同样的选择。这如何做得到？

在这个选择过程中，金属块中的原子必定以某种方式相互传递了信息。卡达诺夫的洞见正在于，这样的信息传递可以通过标度的概念非常简单地加以描述。实际上，他设想将一定数量的原子群聚成块，对其平均加以考虑。每一块都与其邻居相沟通。而描述这种沟通的方式正与描述任意一个原子与其邻居相沟通的方式相同，只是一些参数需要重新标定。标度思想的有用性就在于此：金属块因而可被视为一个类似分形的结构，由各种尺度的块构成。

为了证明这个标度假设，需要用到大量的数学分析以及对于现实中的系统的丰富经验。卡达诺夫感到自己选择了一副千斤重担，但他也意识到自己将创造出一个自包含的、极其美丽的世界。其美丽之处部分在于其普适性。从卡达诺夫的理论可以得出一个关于临界现象的最惊人事实，即不论是液体的沸腾，还是金属的被磁化，这些看上去不相关的相变其实都遵循相同的规律。

再接下来，威尔逊借助重整化群理论将整个理论整合起来，给出了一种计算现实中的系统的强有力方法。重整化早在 20 世纪 40 年代就已经进入物理学，被用于量子理论，以使得计算电子和质子的相互作用成为可能。就像卡达诺夫和威尔逊所操心的那些计算，这样一些计算的结果往往包含一些无穷大的量，它们没有物理意义，因而需要加以处理，但无疑也难以处理。利用理查德·费曼、朱利安·施温格、弗里曼·戴森等物理学家所提出的技术将系统重整化，就可以消除这种发散性。

只是到了很久之后，在 20 世纪 60 年代，威尔逊才深入检视了重整化取得成功的基础。像卡达诺夫一样，威尔逊想到了标度原理。某些量，比如一个亚原子粒子的质量，一直以来被视为固定的——就像任何日常经验中的物体的质量是固定的。但重整化之所以取得成功，正是因为它将像质量这样的量视为仿佛根本不是固定的。这些量似乎随着它们被观察的尺度不同而上下浮动。这听上去很荒唐，但它其实正好与贝努瓦·曼德尔布罗特对于几何形状和英国海岸线的洞见相契合。它们的长度无法独立于观察尺度而得到测量。其中存在一种相对性，即观察者的位置（是远还是近，是在地面上还是在卫星上）会影响到测量结果。也正如曼德尔布罗特已经发现的，测量结果在不同尺度上的变化不是随意的，它遵循一定之规。像质量或长度这样的标准测度会发生改变，这意味着其他某种量会保持不变。在分形中，这个量是分数维数——这个常量可计算得到，并可被用于进一步的计算。允许质量因尺度不同而不同，这意味着数学家可以在不同尺度之间找到一种相似性。

至于困难的计算工作，威尔逊的重整化群理论提供了一种处理无穷大问题的不同方法。在此之前，处理高度非线性问题的唯一办法是一种称为微扰理论的技术。为了方便计算，你假设非线性问题相当接近某个可解的线性问题——它们之间只差一个微小的扰动。你求解那个线性问题，然后对剩下的部分进行一种复杂的技术处理，将之展开，做出我们今天所谓的费曼图。你想要的精度越高，你需要做出的这些烦人的费曼图的数量就越多。如果运气好，你的计算会收敛到一个解。然而，每当你遇到一个尤其有趣的问题，最需要好运气的时候，它似乎总是不在你身边。像 20 世纪 60 年代其他所有年轻的粒子物理学家一样，费根鲍姆也曾经陷入无穷无尽的费曼图当中。他于是生成了这样一个信念，即微扰理论是令人生厌、缺乏启迪和愚不可及的。所以他也一眼就爱上了威尔逊新的重整化群理论。借助自相似性,这一理论提供了一种方式将复杂性降低,一次降低一层。

在实践中,并不是重整化群一出马,一切就手到擒来。它需要大量天才巧思才能找到正确的计算方式来把握到自相似性。不过,它足够好用,足够稳定,从而促使一些物理学家(包括费根鲍姆在内)尝试将它应用到湍流问题上。毕竟,自相似性看上去是湍流的一个标志性特征——大涡破碎成小涡,小涡破碎形成更小涡旋。但湍流的发生呢?对于那个系统从有序状态转变成混沌状态的神秘瞬间,没有证据表明重整化群可以在其中发挥什么作用。比如,就没有证据表明这样的转捩遵循标度律。

还是在MIT攻读研究生时,费根鲍姆遇到过一件事,让他在许多年里都久久难忘。当时他正与朋友们沿着波士顿的林肯水库散步。一边散步四五个小时,一边梳理脑海里漂过的种种印象和想法的习惯正是从这个时期开始养成的。那一天,他落在大队后面,一个人走着。他路过了一些野餐者,而随着他走远,他还不时回望他们,试图听清他们说话的声音,看清他们用手比画或拿取食物的动作。然后突然之间,他感到整个场景越过了某个界线而变得完全不可理解。身形变得太小而区分不出。动作看上去是不连贯的、任意的、随机的。传来的微弱声音也已经丧失了意义。

"生活中永不停歇的躁动以及不可理解的喧嚣,"费根鲍姆想到了古斯塔夫·马勒在描述他在《第二交响曲》第三乐章中所试图把握的感觉时所说的,"就像有人在一个明亮的舞厅里跳舞,而你从外面的黑夜里望向他们时所看到的身影,以及在这样远处已经听不清楚的音乐……"[7] 生活可能**在你**看来一片混乱。费根鲍姆当时正在听马勒,读歌德,沉浸在他们的浪漫主义氛围中。可以预见,歌德的《浮士德》成了他的最爱,他体味着书中所交织的关于世界的最感性思想与最知性思想。要是没有某种浪漫主义倾向作祟，他无疑原本会对诸如水库边的这种混乱感受不以为意。毕竟，某个现象在被从很远处观察时将丧失意义，这难道不是理所当然的吗？物理定律可以轻松解释事物的近大远小。但转念再想，变小与丧失意义之间的关系并非那么显而易见。为什么事物变小时，它也就应该变得不可理解？

他相当严肃地试过利用理论物理学的工具来分析这种经验，希望深入理解人脑的感知机制。你看到某些人类行为，然后对它们做出分析判断。对于你的感觉器官获得的大量信息，你的解码器官将如何梳理它们？显然（或者说，几乎显然），人脑内并没有世界上万事万物的任何副本。其中并没有一个理念和型相的图书馆，可以拿来与感官感知到的印象两相比较。① 相反，信息是以一种可塑的方式存储的，允许天马行空的拼接和出人意料的跳跃。那里存在着某种混乱，人脑似乎要比经典物理学家在其中所找到的秩序更具有可变性。

与此同时，费根鲍姆也在思考色彩。19 世纪初的一场科学论战就出现在牛顿在英国的追随者与歌德在德国的追随者之间，争论焦点则是色彩的本质。在牛顿物理学看来，歌德的思想完全是伪科学的胡说八道。歌德拒绝将色彩视为一个静态的物理量，可通过分光仪加以测量，并可像蝴蝶标本固定在纸板上那样加以固定。他主张，色彩是一种感知。"随着光的消长，大自然在它规定的限度内来回振荡，"他写道，"但由此也生成了我们在时间和空间中所看到的各式各样的现象。"[8]

---

① 尽管可能显得生硬，在此使用"理念"和"型相"来对译柏拉图理念论中的"idea"和"form"。"型相"也见于后面的第七章，强调"从具体事物、从众多的个别事物中寻求一般性和共性"，以便与日常意义上的"形式"相区分。对于柏拉图的理念（或理式、理型）论，可参见凌继尧的《柏拉图的理式论》一文。——译者注

牛顿色彩理论的试金石是他著名的三棱镜实验。三棱镜将一道白光分解为七彩色带，遍及整个可见光谱。牛顿意识到，这些纯色必定是构成元素，它们混合后就生成白色。更进一步地，他凭借其卓越的洞见提出，不同的色彩对应于不同的频率。他设想，光由微粒（corpuscles）构成，而随着微粒振动速率的不同，光就呈现出不同的颜色。鉴于当时几乎没有什么证据支持光的微粒说，牛顿的理论在当时既是天才的，也是不可验证的。什么是红色？对于物理学家来说，它是波长在 620 纳米（1 纳米等于十亿分之一米）至 800 纳米的光。牛顿光学后来一再得到证明，而歌德的《颜色论》则逐渐湮没无闻。当费根鲍姆后来试图寻觅一本来看时，他发现哈佛大学图书馆里仅存的一册副本还被注销了。

费根鲍姆最终还是找到了一本，然后他发现，歌德实际上在他的色彩研究中进行了一系列非同寻常的实验。歌德一开始像牛顿一样，使用了三棱镜。牛顿当初是将三棱镜放在一道白光之前，让散开的色带投射到一块白色表面上。歌德则是将三棱镜举到自己眼前，透过它向外观看。他没有看到任何色彩，既没有彩虹，也没有各种纯色。透过三棱镜观察白色表面或蔚蓝天空，效果都是一样的：全然一致而没有变化。

但如果一个斑点出现在白色表面上，或者一块白云出现在蓝天上，他就会看到某种色彩。歌德于是得出结论，是"光和影的交织"才生成了色彩。他进而探索了人们对于不同色彩的光源所投下的影子的感知。他在一系列实验中使用了蜡烛和铅笔、镜子和彩色玻璃、月光和阳光、水晶、液体、色轮等。比如，他在傍晚时点亮一张白纸上的一支蜡烛，然后将一支铅笔放在窗户和蜡烛之间。铅笔在蜡烛光下的影子又被薄暮的阳光稍微照亮，结果影子在白纸上显示为明亮的蓝色。这是为什么？毕竟不论是在薄暮的阳光下，还是在更暖的蜡烛光下，白纸本身看上去都是白色的。一个影子如何就能将一片白色分成一个蓝色区域和一个橙黄色背景？"色彩本身是不同程度的暗，"歌德认为，"因为它与影子密切相关，所以它很容易就跟它相结合。"用一种更现代的语言来说，色彩出自边界条件和奇点。

牛顿是一位还原论者，歌德则是一位整体论者。牛顿将光拆开、打碎，并找到了对于色彩的非常基础的物理解释。歌德则穿行花间，研究绘画，以期找到一个无所不包的宏大解释。牛顿让自己的理论契合一个涵盖所有物理学的数学框架。歌德则幸运地（或者说，不幸地）厌恶数学。

费根鲍姆说服了自己，相信歌德的色彩理论是正确的。歌德的思想与心理学家的一个常见做法有点儿相像，后者常常将坚实的物理现实与可变的、对于现实的主观感知区分开来。我们感知到的色彩因时而异，因人而异——这样的话，谁都会说。但按照费根鲍姆的理解，歌德的思想其实有着更多的科学性。它们是坚实的，是有经验支持的。歌德便再三强调了自己实验的可重复性。在歌德看来，对于色彩的感知是普适的、客观的。那么有什么科学证据可以证明，一个像红色这样的现实世界性质是独立于我们的感知而存在的呢？

费根鲍姆发现自己开始好奇于什么样的数学形式可能对应于人类的感知，尤其是那种梳理日常经验的纷繁复杂而找到其中隐藏的普适性质的感知。红色不一定如牛顿物理学所说的，是一种特定波长的光。它是一个混乱宇宙中的一块领地，而这块领地的边界并不容易描述——但我们的心智仍然能够稳定而可靠地找到红色。这些是一位年轻物理学家的所思所想，而它们看上去与湍流问题根本风马牛不相及。尽管如此，为了理解人类心智如何梳理纷繁复杂的感知，显然我们需要理解无序如何能够生成普适性。

　　当费根鲍姆在洛斯阿拉莫斯开始思考非线性时，他意识到自己的教育背景原来没有教给他什么对此有用的东西。除了教科书上那些专门构造的特殊例子，求解一个非线性系统的微分方程组是不可能的。微扰理论（逐级修正一个可求解的问题，从而不断逼近希望是处在它附近某处的实际想求解的问题）看上去是愚蠢的。他通读了各种有关非线性流和振荡的教科书，并发现它们没有提供什么帮助，哪怕对一位要求不高的物理学家来说。费根鲍姆决定利用手头仅有的计算设备——笔和纸，来深入探索罗伯特·梅曾经在种群生物学语境中研究过的那个简单方程。

　　那个方程恰巧也是高中生在进行抛物线作图时会遇到的二次函数。它可以被写成 $y = r(x - x^2)$。x 的每个取值会生成一个 y 的值，而由此得到的曲线表达了两个变量在取值范围内的关系。当 x（今年的种群数量）很小时，y（次年的种群数量）也很小，但终究比 x 大；此时曲线在迅猛上升。当 x 来到取值范围的中部时，y 变得很大。然后曲线开始变缓和并下降，使得当 x 很大时，y 会再次变得很小。这相当于在生态建模中的种群崩溃效应，它避免了不符合现实的种群数量无限制增长。

　　对于当初的梅以及后来的费根鲍姆来说，这里的要点是进行这个简单计算，但不是一次性的，而是不断重复这个过程，将上一次计算的输出作为下一次计算的输入，从而形成一个反馈环。为了直观地看到这样的迭代过程，这时抛物线就可以发挥巨大功用。在 x 轴上选取一个初值，并通过该点作出一条垂线，与抛物线相交。读取这个交点在 y 轴上相应的取值，并将这个值作为下一次迭代的初值，接下去不断重复这个过程。这样的序列一开始在抛物线上跳来跳去，然后它或许会达到一个定点，届时 x 值与 y 值相等，从而种群数量稳定不变。

　　在形式上，没有什么比这与标准物理学的复杂计算更大相径庭的。

它不是一个需要一次解决的难题，而是一个需要反复进行的简单计算。数值实验科学家可以观察它的演化历程，就像一位化学家可以盯着烧杯里逐渐停缓下来的化学反应。它的输出只是一连串数，并且它并不总是收敛到一个定点。它也可以最终在两个值之间来回振荡。又或者正如梅已经向种群生物学家解释过的，它还可以进入混沌状态，遍历所有可能取值。它会选择何种可能的行为模式，完全取决于常数参数 r 的取值。

费根鲍姆一边在进行这种有点儿实验性质的数值计算，一边也在尝试使用更传统的分析非线性方程的理论手段。尽管如此，他仍然无法看出这个方程的行为的整个图景。但他可以看出，已知的可能性已然如此复杂，它们必定难以分析至极。他也了解到，洛斯阿拉莫斯的三位数学家（尼古拉斯·梅特罗波利斯、保罗·斯坦、迈伦·斯坦）已经在1971年研究过这个"映射"，其中的保罗·斯坦现在更是现身说教，告诫他那里面的复杂性确实骇人。如果像这样最简单的方程已经被证明难以处理，那么科学家为现实世界中的系统所写出的更为复杂的方程组难道不是更没有希望了吗？费根鲍姆于是把这个问题搁置了起来。

在混沌的短暂历史中，这个看上去"人畜无害"的方程是最好的例子，展示了来自不同领域的科学家如何可以从许多不同角度看待同一个问题。[9] 对于生物学家来说，这个方程给人以这样一个启示：简单系统可以表现出复杂行为。而对于梅特罗波利斯和斯坦兄弟来说，他们当时要研究的问题是，如何不考虑每一个点的具体数值，而将逻辑斯谛映射的不同行为模式分门别类。[10] 他们从一个所谓"超稳定点"开始迭代过程，然后观察后续的一连串数值在抛物线上跳来跳去。根据这些点是在初始点的左侧（L）还是右侧（R），他们写下一个符号序列。模式1：R（除了超稳定点，另一个定点在其右侧）。模式2：RLR（周期4时的情况）。模式 193：RLLLLLRRLL。这些序列在数学家看来具有一些有趣的特征——它们看上去总是重复同样的特定次序。但在物理学家看来，它们显得晦涩、乏味。

尽管当时没有人意识到，但其实洛伦茨早在 1964 年就考察过这个方程，并将之类比于一个关于气候的深刻问题。这个问题是如此深刻，以至于以前几乎没有人想到过要发问：**所谓的气候存在吗？** [11] 也就是说，地球上的天气是否存在一个长期平均值？大多数气象学家，不论是过去的，还是现在的，都将之视为理所当然。任何可测量的行为，不论其如何波动，显然必定存在一个平均值。但细想之下，这其实并没有那么显而易见。正如洛伦茨所指出的，过去 12 000 年天气的平均值必定显著不同于再之前 12 000 年（当时北美大陆大部分为冰雪所覆盖）的平均值。那么上一个气候是因为某种物理原因而转变成下一个气候吗？或者，是否存在一个更长期的气候，而这两个时期不过是其中的波动而已？又或者，是否有可能一个像天气这样的系统永远不会收敛到一个平均值？

洛伦茨接着问了第二个问题。设想你可以实际上写出控制天气的整套方程组。换言之，设想你拥有了上帝的代码。那么你能够利用这些方程计算出温度或降雨量的统计平均值吗？要是这些方程是线性的，答案会是简单的"能"。然而，它们其实是非线性的。由于上帝没有透露他的天机，因此洛伦茨只好以这样的二次差分方程为例。

像梅一样，洛伦茨首先考察了在给定某个参数值的情况下，随着方程迭代，它将如何演化。在参数值较小的时候，他看到方程最终将达到一个稳定的定点。在那里，这个系统无疑将生成一个最平凡无奇的"气候"——其中的"天气"将永远不会改变。在参数值更大的情况下，他看到系统在两个点之间来回振荡，而在那里，系统也将收敛到一个简单的平均值。但在参数值超过一个特定点后，洛伦茨看到混沌出现了。由于他当时考虑的是气候，因此他不仅关注连续的迭代是否会生成不同的周期性行为，也好奇这时的平均输出是多少。他于是注意到，平均值也在不稳定地发生波动。参数值的改变始终如此微小，但平均值的变化却可能相当剧烈。因此，我们通过类比可知，地球上的气候可能永远不会可靠地落入一个具有长期平均值的均衡。

作为一篇数学论文，洛伦茨的这项气候研究可算是一个失败之作——在公理体系的意义上，他没有证明任何东西。作为一篇物理学论文，它也是具有严重缺陷的，因为他无法论证自己利用这样一个简单方程来类比地球上的气候的合理性。不过，洛伦茨知道自己在说什么。"笔者感到，这样的相似之处不是因为单纯的巧合，而是因为这个差分方程把握到了一种流态到另一种的转捩，以及事实上，整个不稳定现象的大部分数学实质，即便不是其物理学的话。"即便在此二十年后，也没有人能够理解当初是怎样一种直觉让他敢于说出这样一个大胆论断，更别说它最初发表在一份瑞典的气象学期刊《地球》上。（"《地球》！没有人会读《地球》。"一位物理学家不无愤恨地说道。）洛伦茨当时正在慢慢开始更深入地理解到混沌系统的种种怪异可能性——比他利用气象学语言所能表达的更深刻。

随着他继续探索各式各样的动力系统，洛伦茨意识到那些比逻辑斯谛映射稍微复杂一些的系统还可以生成其他类型的、出人意料的行为模式。一个系统中可以隐藏着超过一个稳定解。一个观察者可能在很长一段时间里只看到一种类型的行为，但这个系统其实还具有一种完全不同类型的行为。这样一个系统被称为非可递的（intransitive）。

它可以停留在一个或另一个均衡状态，但不可能同时处于这两个状态。只有在受到一个外部推动的情况下，它才会被迫改变状态。一座标准的摆钟是一个平凡的非可递系统。一股能量源自弹簧或电池，并经由擒纵机构而稳定地流入系统。另一股能量由于摩擦力的耗散而稳定地流出系统。这时一个显而易见的均衡状态是一种规则的左右摆动。如果有人撞上了摆钟，钟摆可能会出现暂时性的加速或减速，但它还是会很快回复到这个均衡状态。然而，摆钟还具有第二个均衡状态（其运动方程组的第二个有效解），那就是钟摆直挺挺地一动不动。一个不那么平凡的非可递系统（在其中，或许不同的区域有着完全不同的行为）则有可能是气候本身。

那些利用全球天气模型模拟地球上大气和海洋的长期行为的气象学家在多年前就已经知道，他们的模型存在至少另一个非常不一样的均衡。在地球过去的整个历史中，这个可供选择的气候从来没有出现过，但它终究是这些方程的一个非零可能性的有效解。它被有些气象学家称为"白色地球气候"：地球上的大陆全部为冰雪所覆盖，海洋全部冻结成冰。[12] 这个陷入冰冻的地球会反射七成的太阳光，所以会一直持续极寒气候。大气层最靠近地面的对流层的厚度会变得非常薄，因而在冰面上卷过的风暴也会比我们现在所知的规模小很多。总的来说，这样的气候将不适宜我们所知道的生命生存。计算机模型的模拟结果有着如此强烈的一种倾向——倾向于落入白色地球均衡，这让气象学家不免好奇为什么它始终没有发生。

这可能单纯是因为机缘巧合。毕竟将地球气候推向冰冻状态将需要借助一股巨大的外力。但洛伦茨又描述了另外一种可能的系统，称为"准非可递系统"（almost intransitive）。一个准非可递系统在无限长的时间间隔里是"可递的",也就是说,尽管它始终起伏不定,但它其实具有一个唯一的长期平均值,而不论其初始条件如何;但在有限长的时间间隔里,它是"非可递的",也就是说,其长期行为非常仰赖于初始条件。因此,由于初始条件的微小变化,它会看上去没有任何理由地从一种类型的行为转变为另一种,仍然起伏不定但其长期平均值已经不同。那些设计计算机模型的人知道洛伦茨的发现,但他们还是选择极力避免准非可递性。它太过不可预测。他们的天然倾向是,将模型做成具有一种强烈倾向,倾向于回复到我们每天实际上测量到的均衡。然后,为了解释大的气候变化,他们转而从外部环境寻找原因——比如,地球绕日公转轨道上的变化。然而,一位气象学家并不需要多少想象力就能看出来,准非可递性可以很好地解释为什么地球气候以神秘而不规则的间隔进入和退出多次冰河期。如果地球气候确实是准非可递的,那么冰河期的出现时机就不需要寻求外部解释。它们可能单纯是混沌的一个副产品。

就像一位在自动武器时代深情追忆柯尔特点 45 口径转轮手枪的枪支收藏者,许多现代科学家也对 HP-65 手持式可编程计算器始终心存一种怀恋之情。在它鼎盛的几年时间里,这部小小的机器彻底改变了许多科学家的工作习惯。对于费根鲍姆来说,它成了过往繁重的纸笔计算与一种当时人们还料想不到的计算机辅助工作方式之间的桥梁。

当时他还完全没有听说洛伦茨,但在 1975 年夏,在美国科罗拉多州阿斯彭的一次研讨会上,他听到斯蒂芬·斯梅尔讨论这样的二次差分方程的一些数学性质。[13] 斯梅尔似乎认为,在这个映射从周期性变成混沌的那些具体点中,应当存在一些有趣之处。一如既往地,斯梅尔对于值得探索的问题具有一种敏锐的直觉。费根鲍姆于是决定再试一下。借助计算器，他开始利用解析代数和数值探索来试图拼凑出一种对于逻辑斯谛映射的新理解，这次聚焦在有序与混沌的边界区域上。

在隐喻上（但也只是在隐喻上），他"知道"这个区域有点儿像从平流到湍流的神秘过渡区域。当初罗伯特·梅提醒其他种群生物学家注意的也正是这个区域，这些人之前一直没有意识到，不断变化的种群数量在规则的周期性之外还存在其他可能性。在这个区域里，通向混沌的道路表现为一个倍周期分岔的级联过程：从周期 2 变成周期 4，从周期 4 变成周期 8，如此等等。这些分岔构成了一个迷人的模式。在这些分岔点上，诸如繁殖潜力的一个微小变化就可能导致舞毒蛾种群从一个四年周期改变为一个八年周期。费根鲍姆决定从计算在分岔发生时常数参数的具体值着手。

最终，是计算器的运算缓慢让他在那年八月得出了一个发现。他需要花费漫长时间（事实上，是几分钟）才能计算出每个分岔点的具体参数值。他在级联过程中的位置越往后，所需的时间也就越漫长。要是他当初使用的是一部快速的计算机和一台打印机，费根鲍姆可能就不会注意到其中的模式。但他当时不得不手工记录下数值，然后在等待下一个计算结果的时候，他不得不盯着它们思考，因为为了节省时间，他不得不猜测下一个分岔点可能会在哪里。

但他很快就看出来自己其实不用猜测。在这个系统中隐藏着一个出人意料的规则性：这些参数值是几何级数收敛的，跟在一幅透视素描中，一排笔直排列、相同规格的电话线柱收敛到地平线上的方式一样。如果你知道前两根电话线柱要画多高，你也就知道剩下的该如何画了；第二根与第一根的高度之比也将是第三根与第二根的高度之比，如此等等。倍周期分岔不仅发生得越来越快，而且还以一个恒定的速率发生得越来越快。

为什么会这样？通常而言，几何级数收敛的存在表明，某个地方的某样东西在不同尺度上不断重复自己。但即便在这个方程中确实存在一个标度模式，那么也从来没有人见过它。费根鲍姆在他的机器上以可能的最高精度（三位小数）计算出收敛速率，并得到了一个数：4.669。这个比率有什么特殊意义吗？费根鲍姆接下去做了任何对数感兴趣的人都会做的事情。他在当天剩下的时间里试着将这个数与所有标准常数（π、e等）联系起来。但它不是任何已知常数的变体。

不无奇怪的是，罗伯特·梅后来意识到，他当初也见到过这个几何级数收敛。[14] 但他转眼就忘了。从梅的生态学视角看来，它是一个数值上的奇怪之处，但也仅此而已。在他所考虑的现实世界系统中——不论是动物种群的系统，或甚至是经济模型中，不可避免的噪声将淹没任何精确至此的细节。那种表面上的无序之前引领他走过那么远，却在这个关键时刻阻止他进一步升堂入室。梅激动于这个简单方程生成了如此复杂的行为，但他怎么也料想不到，这些数值细节将被证明是至关重要的。

费根鲍姆知道自己发现了什么，因为几何级数收敛意味着这个方程里的某样东西具有标度性质，并且他也知道标度很重要。整个重整化理论都仰赖于此。在一个看上去变化莫测的系统中，标度性质意味着在其他量都发生改变的情况下，某个量始终保持不变。在这个方程的素乱表面之下意外隐藏着某种规则性。但它藏身何处？费根鲍姆想不出接下来要怎么办才好。

夏去秋来，在那年十月临近结束的时候，费根鲍姆突然灵机一动。

他知道梅特罗波利斯和斯坦兄弟之前考察过其他方程，并发现一些特定模式在不同类型的函数中都可以看到。相同的 R 和 L 组合在不同类型的函数中出现，并且它们出现的次序也相同。[15] 其中一个函数涉及求解一个数的正弦值，这一变化使得费根鲍姆之前费劲做出来的抛物线方程计算方法变得没有用了。他将不得不重新再来。所以他再次取出他的 HP-65 计算器，并开始计算 $x_{t+1}=r\sin\pi\,x_t$ 的倍周期分岔点。这里需要计算一个三角函数，这让整个计算过程变得缓慢许多，而费根鲍姆也好奇自己能否像在之前更简单的方程中那样找到一条捷径。果不其然，通过检视这些参数值，他意识到它们也是几何级数收敛的。接下去就是计算这个新方程的收敛速率的问题了。再一次地，尽管精度有限，但他算得了一个有着三位小数的结果：4.669。

得到的数是一样的。简直不可思议，这个三角函数不只是表现出一种一致的几何规则性。它表现出的是一种与另一个更简单得多的函数在数值上都相同的规则性。没有任何数学或物理学理论可以解释，为什么在形式和含义上如此不同的两个方程应该得出相同的结果。

费根鲍姆打电话给保罗·斯坦告知此事。但斯坦没有立即相信这样基于如此不充分证据的巧合。毕竟，精度太低了。尽管如此，费根鲍姆还是打电话给在新泽西州的父母，告诉他们自己偶然发现了某种非常深刻的东西。他告诉母亲自己会因此一举成名。接下来他开始尝试其他函数，任何他能够想到的、会经由倍周期分岔通向混沌的函数。而每一个函数都给出了同一个数。

费根鲍姆跟数字打交道由来已久。在他还是十多岁的时候，他就知道如何计算对数和正弦值，对此大多数人大概会直接查数表。但他之前从未学过使用比他的手持式计算器更大的计算机——在这一点上，他有着典型的物理学家和数学家心态，即倾向于鄙弃计算机所代表的那种机械式思维。不过，现在是时候了。他请了一位同事教授自己Fortran语言，然后经过一天努力，对于一众函数，他将他的常数算到了小数点后五位——4.669 20。当天晚上，他在操作手册上读到了双精度浮点数，于是第二天，他进一步将它精确到了4.669 201 609 0——这个精度足以说服斯坦。但费根鲍姆还不是很确定是否已经说服了自己。他试图寻找其规则性（这是所谓理解其数学的题中之义），并且当他这样做时，他知道这些特定类型的方程，就像一些特定物理系统，会以其特有的方式行事。毕竟，这些方程是简单的。费根鲍姆理解二次函数，他也理解正弦函数——它们的数学是平凡的。然而，隐藏在这些大相径庭的方程中的某样东西，一而再，再而三地生成了同一个数。他偶然发现了某种东西：它或许只是一个数学上的奇怪之处，又或许是一条新的自然定律。

试想一位史前时代的动物学家认为，一些东西比另一些东西更重（它们都有着某种被他称为"重量"的抽象物理量），并且他想要科学地探究自己的这个概念。他从来没有实际称量过各种东西的重量，但他认为自己对这个概念有所理解。他观察大蛇和小蛇、大熊和小熊，并猜想这些动物的重量可能与它们的大小存在某种关系。他搭起一架天平，并开始称量大小不同的蛇。出乎他的意料，每条蛇都一样重。并且每只熊也一样重。而更让他惊讶的是，蛇和熊也一样重。它们都重4.669 201 609 0。显然**重量**并不是他当初设想的那样。整个概念需要加以反思。

湍流的溪水、晃动的单摆、振荡的电路——许多物理系统都在通向混沌的过程中经历过一个转变，而这些转变始终太过复杂而难以分析。这是一些运作机制看上去已经得到透彻理解的系统。物理学家已经知道描述它们的方程，但透过方程理解它们全局的、长期的行为似乎是一件不可能的任务。更不幸的是，描述流体，或甚至单摆的方程要远比简单的一维逻辑斯谛映射更具挑战性。但费根鲍姆的发现意味着，这些方程其实无关紧要。它们是不相关的。当秩序涌现出来的时候，它似乎就突然忘记了自己原本出自哪个方程。不论是二次函数，还是三角函数，结果都是一样的。"物理学的整个传统是，你将运作机制提取出来，然后剩下的就水到渠成了，"他说道，"这样的做法现在完全不行了。你知道正确的方程，但它们就是无法提供什么帮助。你把所有的微观碎片拼凑起来，然后你发现你无法将它们外推到长期的情况。它们已经不是问题的重点所在。这彻底改变了我们对于'知道什么'或'不知道什么'的认知。"[16]

尽管数值计算与物理学之间的关联还是模糊的，但费根鲍姆已经找到证据，表明他需要找出一种计算非线性复杂问题的新方法。到目前为止，所有的现有技术都取决于函数的细节。如果函数是一个正弦函数，费根鲍姆费劲做出来的计算就是正弦函数计算。但他发现的普适性意味着所有这些技术将不得不被抛弃。这里的规则性与正弦函数无关。它与抛物线方程无关。它与任何特定函数无关。但这究竟是为什么？想来不免让人沮丧。大自然短暂拉开了一道窗帘，让人得以一窥某种意想不到的秩序。在那道窗帘后面还隐藏着什么迷人的东西？

当灵感到来的时候，它以一个图案的形式出现——一幅心智图像，其中包括两个小的曲折形状以及一个大的形状。仅此而已——浮现在他脑海中的一幅明亮、清晰的图像，或许不过是他的潜意识心理过程的冰山一角。它与标度有关，并且它为费根鲍姆指明了他所需的前路。

他当时正在钻研吸引子。逻辑斯谛映射最终达到的定态是一个定点——不论初始"种群数量"是多少，所有轨线都将稳定地趋向这个吸引子。然后，随着第一次倍周期分岔发生，这个吸引子一分而二，就像细胞分裂。一开始，这两个点间不容发；慢慢地，随着参数值增大，它们开始分开。然后，另一次倍周期分岔发生：吸引子的每个点同时再次一分而二。费根鲍姆常数可以让他预测出下一次倍周期分岔在何时发生。此时，他发现自己还可以预测出这个越来越复杂（两个点、四个点、八个点……）的吸引子的每个分岔点的精确数值。也就是说，他可以预测出，在不断的年际振荡中，种群数量最终将达到的数值。这里存在另一个几何级数收敛。这些数也遵循一个标度律。

费根鲍姆正在探索的是一块数学与物理学之间的被遗忘的中间地带。他的工作难以归类。它不是数学，毕竟他没有在证明任何东西。确实，他在研究数，但数之于数学家就如同钱之于投资银行家；在名义上，它们是他的专业所研究的对象，但实际上，它们太过实在，不值得在上面浪费时间。思想才是数学家真正的"通货"。费根鲍姆正在进行的其实是一个物理学研究，并且可能听来奇怪，它几乎可以说是一种实验物理学。

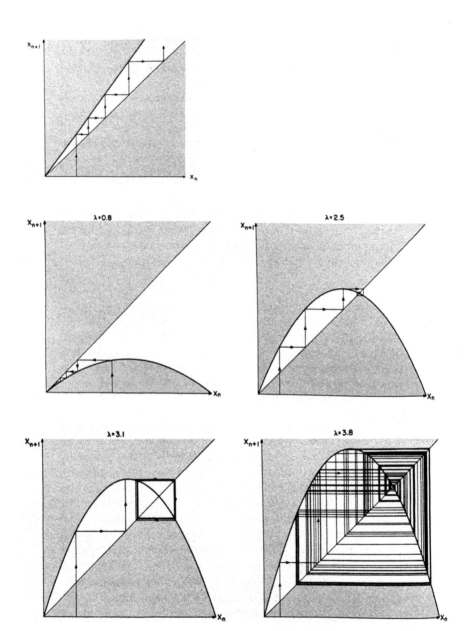

λ=0.8

λ=2.5

λ=3.1

λ=3.8

目标指向混沌

一个简单的方程，经过反复迭代：米切尔·费根鲍姆关注的是一些直截了当的函数，取一个数作为输入，然后生成另一个数作为输出。对于动物种群数量，这样一个函数可能表达的是今年的种群数量与次年的种群数量之间的关系。

将这样一些函数可视化的方式之一是作图，将输入放在横轴上而将输出放在纵轴上。对于每个可能的输入 x，对应只有一个输出 y，并且它们构成了一个由粗线表示的图形。

然后，为了表现系统的长期行为，费根鲍姆画出了一条轨迹，它从某个任意选取的 x 出发。由于每个 y 接着会作为新的输入代入同一个方程，因此他使用了某种辅助线：这条轨迹将在函数图形与分角线之间来回反射，因为在分角线上，x 等于 y。

对于生态学家来说，描述种群增长最显而易见的一类方程是线性的——马尔萨斯式增长，每年以一个固定速率不受限制地增长（左上图）。更贴近现实的函数则会形成一个拱形，让种群数量在达到最大值后掉头往下。这里所举的例子是所谓的"逻辑斯谛映射"，它是一条完美的抛物线，由函数 $y=rx(1-x)$ 所定义，其中常数参数 $r(0<r<4)$ 决定了抛物线的陡峭程度。但费根鲍姆发现，自己选取哪种拱形其实无关紧要。方程的细节不重要，重要的是函数应该有一个"驼峰"（单峰映射）。

不过，系统的行为还是敏感地依赖于函数的陡峭程度——其非线性程度，或者如罗伯特·梅所说的，其"盛衰"参数。一个太过平缓的函数会导致种群灭绝：任何初始种群数量都会最终趋向于零（左中图）。增加陡峭程度会生成传统生态学家预期见到的定态，而那个所有轨迹都趋向于此的点是一个一维"吸引子"（右中图）。

在超过一个特定值后，分岔发生，导致种群数量在大小年之间来回振荡（左下图）。然后，更多的倍周期分岔发生；最终（右下图），轨迹将拒绝安定下来而遍历所有可能的点。

这样一些图像是费根鲍姆在尝试构建一个普适理论时所借助的起始点。他开始从递归的角度思考：函数的函数，然后函数的函数的函数，如此等等；拥有两个"驼峰"的映射，然后拥有四个"驼峰"的映射，如此等等。

但费根鲍姆的研究对象不是介子和夸克，而是数和函数。它们具有轨迹和轨道。而他需要探究它们的行为。他需要（借用一个后来在这门新科学中被用滥了的说法）创造出直觉。他的粒子加速器和云室是计算机。在构建自己的理论的过程中，他也在构建一种方法论。通常情况下，一位计算机使用者会构造出一个问题，输入后等待机器计算出解——一个问题，一个解。但费根鲍姆及后来的混沌研究者想要更多。他们想要做洛伦茨当初所做的——创造出迷你宇宙，并观察其演化。然后他们可以改变这个或那个特征，并观察其改变后的演化路径。毕竟，他们服膺这样一个信念，即特定特征上的微小改变可以导致整体行为上的显著变化。

费根鲍姆很快就发现，洛斯阿拉莫斯的电子计算机设施是何等难以满足他想要发展的那种计算风格。尽管拥有大量资源，比大多数大学都要多得多，洛斯阿拉莫斯却没有多少能够显示图像和图形的终端，并且仅有的这些终端还都在武器部。费根鲍姆想要取一些数，并将它们绘制成图。这时他不得不求助于最原始的方式：长长的一卷打印纸，上面的一行行空格后面跟着一个星号或一个加号。在洛斯阿拉莫斯，官方所持的政策是，一部大型计算机远比许多小型计算机更有用——这个政策正好契合一个问题一个**解**的传统。小型计算机并不受待见。此外，任何部门想要新购置一部计算机，都需要符合严格的政府采购指南，并通过一个正式的评审。只是在后来，通过变换理论部的预算名目，费根鲍姆才得以成为一部价值两万美元的"桌面计算器"的使用者。到时，他就可以在进行过程中改变他的方程和图形，不断调校它们，就像摆布乐器那样操弄计算机。但在当时，唯一能够真正显示图像的那些终端都处在高度机密的区域——用当地的说法来说，处在围栏之后。费根鲍姆不得不使用一部终端，后者则通过电话线连接到一部计算机主机。在这样一种安排中工作，使人很难在电话线的另一端直观感受到计算机的纯粹力量。

即便最简单的任务也需要花上几分钟时间。编辑程序里的一行代码，意味着按下回车键，然后在终端片刻不停的嗡嗡作响中默默等待，等待主机在轮流处理完实验室里其他用户的任务之后再轮到自己。

在进行计算的过程中，他也在思考。什么样的新数学才能够生成他现在观察到的多重标度模式？他意识到，有关这些函数的某种东西必定是递归的、**自我指涉**的，一个函数的行为由隐藏其中的另一个函数的行为所指导。那个曾经带给他灵感的曲折图像也表明，一个函数可以通过尺度变换去匹配另一个函数。他使用了重整化群理论，利用尺度变换将无穷大的量变成可处理的量。在 1976 年春，他进入了一个前所未有的废寝忘食的状态。他会思考得出神，接着疯狂编代码，然后用铅笔写来写去，接着再编代码。他无法向 C 部打电话寻求帮助，因为只有登出主机才能使用电话，而重新连接是有风险的。他无法暂时停下来，哪怕思考个五分钟，因为超过这个时间没有动作，主机就会自动断开连接。时不时地，计算机还是会不由分说地死机，让他气得发抖。他没有停歇地工作了两个月，每天工作二十二小时。他会试着在一种兴奋状态下入睡，然后在两小时后醒来，这时他的思绪仍然停留在他之前中断的地方。他的饮食只有咖啡。（即便在他健康平和的时候，费根鲍姆也只靠最红的红肉、咖啡和红酒维生。他的朋友们不禁猜测，他必定是从香烟中摄取了维生素。[17]）

最终，一位医生终止了这一切。费根鲍姆被要求服用少量安定，并进行一次强制休假。但等到那时，他已经创造出了一个普适理论。①

普适性让一个理论变得不单好看，还好用。在超过某个点后，数学

---

① 具体来说，这个普适理论是对于各种单峰映射 $F(x)$ 的一个普适函数 $g(x)$，它与 $F(x)$ 的具体形式无关。对此方程还没有解，只有一些关于 $g(x)$ 的数值计算。——译者注

家已经几乎不在意自己是否给出的是一个可用于计算的方法。在超过某个点后，物理学家则终究需要求解数值。而普适性提供了这样一种希望，即通过求解一个简单问题，物理学家可以求解一个困难得多的问题。因为它们的答案将是一样的。此外，通过将他的理论置于重整化群的框架下，费根鲍姆也给它披上了一层外衣，让物理学家得以一眼认出它是一个可用于计算的工具，并且几乎是某种标准工具。

但让普适性变得有用的那一点，也让它变得在物理学家看来难以相信。普适性意味着不同的系统会表现出相同的行为。当然，费根鲍姆研究的只是简单的数值方程。但他相信自己的理论揭示了一条有关那些处在从有序变为紊乱的转捩点附近的系统的自然规律。大家都知道，湍流意味着一个由所有可能频率构成的连续统，大家也都一直好奇所有这些不同频率从何而来。突然之间，你可以**看见**不同的频率序贯出现。[18] 这里的物理学意涵是，现实世界中的系统也会表现出可看出来相同的行为，并且不仅如此，它也是**可算出来**相同的。费根鲍姆的普适性不只是定性的，它还是定量的；不只是结构上的，还是度量上的。它达到的程度不只限于模式，还具体到精确数值。而在物理学家看来，这简直难以置信。

多年以后，费根鲍姆仍然在一个手边的抽屉里保存着他的退稿信。等到那时，他已经得到他所需的所有认可。他在洛斯阿拉莫斯实验室的工作为他赢得了多个奖励和奖项，也给他带来了声望和金钱。[19] 但想起当初一些顶尖学术期刊在他开始投稿的两年时间里始终认为他的研究不适合发表，他依然感到有点儿愤愤不平。一项科学发现因其原创性和突破性而无法得到发表，这个概念看上去是一个有点儿不体面的迷思。有着海量信息需要处理，又有着公正的同行评议系统可资凭借，现代科学理应不牵涉个人口味。一位给费根鲍姆退过稿的编辑在多年以后承认，自己当初拒绝了一篇后来被证明是该领域转折点的一篇论文，但他仍然坚持认为，这篇论文真的不适合自己期刊的应用数学家读者群。与此同时，即便没有得到发表，费根鲍姆的突破性发现还是成了数学家和物理学家的特定圈子里的热门新闻。理论的核心内容得到扩散，以大多数科学现在所用的传播方式——通过讲座和预印本。费根鲍姆在学术会议上描述自己的研究，而索要论文复印件的请求如雪片般飞来，一开始以十计，然后就以百计。

现代经济学的重要基础之一是有效市场假说。在一个有效市场中，知识被认为可以自由流动。当人们在做出重要决策时，他们被认为可以接触到多多少少相同的信息。当然，无知和内部信息仍然不可避免，但整体而言，经济学家假设，一旦知识被公开，它就为所有地方的所有人所了解。科学史家也常常理所当然地接受了一个他们自己的有效市场假说。当一个发现被做出、一个思想被表达时，它就被认为成了科学界的公共财产。每个发现和每个新洞见都建立在前人的基础上。科学大厦正是通过一块块砖层层堆叠而成的。思想史可以是线性发展的。

当一个定义良好的学科在等待一个定义良好的问题的答案时，这种科学观在常规科学中表现最好。比如，就没有人会不理解DNA双螺旋结构的发现的意义。但思想史并不总是如此直截了当的。随着非线性科学从不同学科的一些奇怪角落冒出来，思想的发展不再遵循科学史家的标准逻辑。作为一个独立的学科，有关混沌的涌现的科学不仅关于新理论和新发现，也关于对旧思想的新理解。拼图谜题的许多图块很久以前就被发现了（被庞加莱，被麦克斯韦，甚至被爱因斯坦），然后被人遗忘。许多新的图块一开始只为少数内部人所理解。一个数学发现只为数学家所理解，一个物理学发现只为物理学家所理解，一个气象学发现则不为任何人所理解。思想如何传开来变得与它们如何冒出来同等重要。

　　每位科学家都有一个他自己的思想谱系。他们都有各自的思想图景，而每个图景都有各自的局限性。他们的知识是不完美的。科学家常常囿于自己学科的成见，或者自己教育背景的局限。科学的世界可以是出人意料有限的。也没有一个科学委员会来将科学推向一个新方向——实际做这些的是少量个人，并且他们有着各自的认知和目标。

　　此后，对于哪个创新、哪个贡献影响最为深远，一个共识开始形成。但这样的共识不可避免会涉及某种修正主义。在研究最热火朝天的时候，尤其是在 20 世纪 70 年代后期，没有哪两位物理学家，也没有哪两位数学家，会以完全相同的方式去理解混沌。一位习惯于忽略摩擦力或耗散的经典系统的科学家会将自己置于一个由包括 A. N. 柯尔莫哥洛夫和 V. I. 阿诺尔德在内的苏联人所开创的传统当中。一位习惯于经典动力系统的数学家则会构建出一个从庞加莱到伯克霍夫，到莱文森，再到斯梅尔的传承。再后来，一位数学家的思想谱系可能以斯梅尔、古肯海默和吕埃勒为中心。或者，这一思想谱系可能侧重于一帮来自洛斯阿拉莫斯的、喜欢进行数值计算的先驱者：乌拉姆、古肯海默和斯坦。一位理论物理学家可能首先想到的是吕埃勒、洛伦茨、勒斯勒尔和约克。而一位生物学家会想到斯梅尔、古肯海默、梅和约克。可能的组合是无穷无尽的。一位研究物质的科学家（比如，一位地质学家或一位地震学家）会承认自己受到曼德尔布罗特的直接影响，而一位理论物理学家可能连听都没有听过这个名字。

　　费根鲍姆在这当中的地位日后将成为一个特殊的争议焦点。多年以后，在他受到近乎学术明星般的对待的时候，许多物理学家特地选择引用在差不多同一时期（前后相差几年）研究同一问题的其他人的工作。有些人则指责，在范围广阔的混沌行为中，他只专注于太过狭窄的一块。一位物理学家可能会说，"费根鲍姆学"被过誉了——确实，这是一项漂亮的研究，但它终究不如，比方说，约克的工作那样影响广泛。[20]1984年，费根鲍姆受邀在瑞典举办的第59次诺贝尔研讨会上发表讲演，而这次会议也为这个争议所笼罩。贝努瓦·曼德尔布罗特在会上做了一个不怀好意的针对性发言，被在场听众后来形容为他的"反费根鲍姆讲演"。曼德尔布罗特不知怎么翻出了一篇二十年前的论文，一位名叫佩卡·米尔贝里的芬兰数学家在其中讨论了倍周期的概念。他于是一直将费根鲍姆序列称为"米尔贝里序列"。

但费根鲍姆发现了普适性，并创造了一个理论来解释它。而这是这门新科学的轴心之所在。由于当时无法发表这样一个出人意料且有违直觉的结果，因此他只得抓住机会，在1976年8月新罕布什尔的一次学术会议的系列讲座中，在9月洛斯阿拉莫斯的一次国际数学会议上，在11月布朗大学的系列报告中介绍自己的工作。这个发现和理论收到了不同的反应，有吃惊，有不信，也有兴奋。一位科学家之前对于非线性思考得越多，他就越能体会到费根鲍姆的普适性的威力。有人就这样说："这是一个非常令人高兴和令人震惊的发现，即不同的非线性系统中存在始终相同的结构，只要你能找到正确的方式看待它们。"[21]有些物理学家不只捡起了他的思想，也捡起了他的方法。摆弄那些图表（仅是摆弄）就让他们激动不已。利用他们自己的计算器，他们可以体验到当初让费根鲍姆在洛斯阿拉莫斯夜以继日的那种惊喜和满足，而且他们优化了理论。在听过费根鲍姆在普林斯顿高等研究院所做的报告后，普雷德拉格·茨维塔诺维奇，一位粒子物理学家，帮助费根鲍姆简化了理论，并扩展了其普适性。但在这个过程中，茨维塔诺维奇一直假装这只是一项消遣，他始终无法迫使自己向同事坦白自己在做什么。[22]

在数学家当中，同样普遍存在一种保留态度，主要因为费根鲍姆未曾提供一个严谨的证明。事实上，后来直到 1979 年，奥斯卡·兰福德才给出了一个可为数学家接受的证明。[23] 费根鲍姆常常回忆起，当初自己在 1976 年 9 月洛斯阿拉莫斯的那次会议上向一帮杰出数学家汇报自己理论时的情形。他才刚刚开始描述自己的工作，知名数学家马克·卡茨就起身问道：“先生，你是打算给出一个数值计算，还是一个证明？”[24]

“较前者有余而较后者不足。”费根鲍姆答道。

“那么它是否可被任何有理智的人视为一个证明？”

费根鲍姆表示，这需要听众自己做出判断。在报告结束后，他主动询问卡茨的意见，而对方不无嘲笑地答道：“是的，这确实是一个有理智的人的证明。其细节可以留给**严谨**的数学家去处理了。”

但一个运动已经兴起，而普适性的发现进一步为它快马加鞭。1977年夏，两位物理学家约瑟夫·福特和朱利奥·卡萨蒂组织了第一场旨在讨论一门称为混沌的科学的学术会议。[25] 它在意大利北部科莫的一所别致的别墅中举办。这座小城因坐落在科莫湖畔而得名，后者则由意大利阿尔卑斯山脉积雪的融水汇集而成，湖光山色，景色迷人。与会者达到一百人——大多数是物理学家，但也有来自其他领域的感到好奇的科学家。“米切尔发现了普适性，并揭示了它如何进行尺度变换，并找到一种办法生成那些吸引人的混沌，”福特说道，“这是第一次我们有了一个大家都可以理解的清晰模型。

“并且它也适逢其会。从天文学到动物学，来自不同领域的许多人一直在做着同样的事情，并在各自小众的学科刊物上发表文章，完全没有意识到周围还有其他同伴。他们以为自己在孤军奋战，而他们在各自领域都被视为有点儿古怪。他们已经穷尽了想得出来的简单问题，并开始操心那些稍微复杂一点儿的现象。而这些人此时欣喜地发现原来自己并不孤单。"[26]

后来，费根鲍姆搬进了一处不事装饰的房子，一个房间放一张床，另一间放一部计算机，第三间则放着三件黑色的电子设备，用来播放他数量可观的德国古典音乐唱片。他对于家居装饰的一个实验最终以失败而告终：他在意大利时购买的一张昂贵的大理石咖啡桌，在远渡重洋后变成了一包大理石碎块。墙上的书架堆满了纸张和图书。他说话很快，棕色的长发梳拢到头后，现在已经夹杂几丝灰发。"某种戏剧化的事情在20世纪20年代发生了。不知怎么地，物理学家偶然得到了一个对于周遭世界的、本质上正确的描述——因为量子力学理论在某种意义上是本质上正确的。它告诉你如何利用沙子做出计算机。这是我们用来操控宇宙的方式。这也是诸如塑料等化学品被制造出来的方式。我们知道如何利用这种方式进行计算。这是一个超级棒的理论——除了有一点，在某个层次上，它说不太通。

"整个图景仍然缺少点什么。如果你问这些方程究竟意味着什么，这个理论所给出的对于世界的描述又是什么，你就会发现这并不是一个需要用到你对于世界的直觉的描述。你不能将一个粒子想象成沿着一个轨迹运动。这个理论不允许你以这种方式将它可视化。如果你开始问一些越来越精微的问题，（比如，这个理论所描述的世界是什么样子的？）最终你会发现，它与你通常看待事物的方式大相径庭，多有抵牾。可能世界真是这个样子的。但你也不好说就不存在另一种组合所有这些信息的方式，而它不需要如此巨幅地偏离你对于事物的直觉。

"物理学中存在这样一个根本性的推定，即你理解世界的方式应该是，逐个分析其构成部分，直到你理解了某种你认为是真正根本性的东西。然后你推定其他你所不理解的东西都不过是细节。这里的假设是，存在少量基本原理，你可以通过观察处在最基本状态的事物而找出它们（这就是真正的分析思维），然后你想方设法将这些原理以更复杂的方式组合在一起，从而解决一些更贴近现实的问题——如果你做得到的话。

"但最终，为了理解这一切，你需要改换挡位。你需要重新梳理哪些是你认为重要的事情。你可以尝试对一个流体系统模型进行计算机模拟。这种事情最近才开始变得可能。但这将只是浪费时间，因为真正重要的东西与一种特定流体或一个特定方程根本没有关系。真正重要的是一种对于众多各不相同的系统在一再重复时会发生什么的一般性描述。而这要求一种不同的思考问题的方式。

"当你环视这个房间，看到一堆零碎东西在那边，一个人坐在这边，还有门在那边时，你被认为应该可以借助物质的基本原理，写出波函数来描述它们。好吧，这不是一个可行的想法。可能上帝可以做到，但对于理解这样一个问题，分析思维的解法并不存在。

"'一朵云彩接下来会发生什么'的问题已经不再是一个学术问题。但人们很想知道答案——因为这当中有利可图。刚才的问题基本上属于物理学领域，而这个问题大体上也是如此。你面对的是某种非常复杂的东西，而目前解决这一问题的方法是，检视尽可能多的点，多到足以描述这朵云彩在哪里、暖空气在哪里、它们的速度又如何等。然后你将它输入你负担得起的最强大的机器，并试图得到一个对它接下来的行为的估计。但这种做法并不是非常现实的。"[27]

他按灭一支香烟，接着又点了一支。"我们需要寻找不同的思考方式。我们需要寻找那些标度结构——也就是大尺度上的细节如何与小尺度上的细节联系在一起。你看流体扰动，看到在这些复杂结构中，复杂性通过一个持续不断的过程不断涌现。在某种层次上，它们并不怎么关心这个过程的大小——它可以是一颗绿豆大，或者一个篮球大。这个过程并不关心自己位于何处，也不在意自己已经进行了多久。在某种意义上，唯一有能够普适化的东西是那些标度化的东西。

"在某个意义上，艺术是一种关于人类看待世界的方式的理论。很明显，我们并不非常清楚自己周围世界的细节。而艺术家已经做到的是，他们意识到其中只有一小部分是真正重要的，然后专注于弄清它们。所以他们可以替我完成一些我的研究。当你观看一幅凡·高的晚期作品时，你会看到其中放进去了数量惊人的细节，他的绘画总是包含异常丰富的信息。显然他意识到了，你必须放进去少无可少的这种数量的细节。或者，你也可以研究 1600 年左右的荷兰钢笔素描作品中的风景，其中的树木和牛群显得非常真实。如果你仔细观察，你还会发现这些树木具有某种叶状的参差边缘，但仅有这个是不够的——边缘上还长着小小的、枝状的东西。这些更细腻的肌理与那些有着更确定线条的东西之间毫无疑问存在一种互动。不知怎么地，它们两相结合就给人以正确的感知。如果你观察勒伊斯达尔和透纳刻画变化多端的水面的方式，你会发现它明显是以一种不断迭代的方式实现的。先画一层东西，然后在上面再画一层，再然后对此进行修整。对于这些画家来说，湍急的水流里面总是包含一个尺度的概念。

"我诚心想要知道如何描述云彩。但说这片云彩有着如此这般的密度，然后旁边这片有着这般如此的密度——逐步积累这种程度细节的信息，我觉得是错误的。这无疑不是一个人观察这些事物的方式，也不是一位艺术家观察它们的方式。在有些地方，写出偏微分方程并不意味着就大功告成了。

"可以说，世界的奇妙之处正在于，其中有许多美丽的东西、许多奇妙而吸引人的东西，而由于你的职业的缘故，你想要理解它们。"他按灭香烟。余烟从烟灰缸里升起，一开始是一道细细的烟柱，然后（作为一种向普适性的致意）消散成大小不一的涡旋，袅袅飘向天花板。

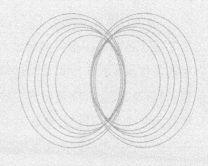

第 七 章

实验科学家

意识到自己心智中想到的某样东西确切对应于自然界中发生的某样东西，这是一种无与伦比的经验，是一位科学家能遇上的最好事情。而每次当它发生时，它总是令人吃惊。人们惊讶于自己心智的一个建构竟然可以在外面的现实世界中得以实现。这是一个极大的震惊，同时也是一个莫大的喜悦。

——利奥·卡达诺夫

"阿尔贝开始老糊涂了。"在巴黎高等师范学院，这座与巴黎综合理工学院齐名的法国顶尖学府里，有人这样议论道。[1] 他们纳闷才人到中年的阿尔贝·利布沙贝是否过早地进入了老年期。作为一名低温物理学家，利布沙贝之前靠着研究在绝对零度附近的低温下，液氦超流体的量子行为而成名，并已经在院系中奠定了一个稳固位置。而现在，在 1977年，他正在将他的时间和学校资源浪费在一个看上去平凡无奇的实验上。利布沙贝自己也担心，这样一个项目会妨碍到任何参与其中的研究生的学术前途，所以他转而让一位职业工程师来协助自己。

在德国人占据巴黎之前五年，利布沙贝出生在那里的一个波兰犹太人家庭，祖父是一位拉比。他从战争中幸存下来的方式与贝努瓦·曼德尔布罗特的相同：藏身乡下，并与父母分开，因为他们的口音太容易暴露身份。[2] 他的父母也得以幸存下来，但其他家庭成员则未能躲过纳粹的魔爪。在风云变幻中，利布沙贝有一次因得到当地维希政权一名秘密警察负责人的保护而躲过一劫，这个人尽管有着狂热的右翼政治倾向，但对于种族主义却深恶痛绝。在第二次世界大战后，这个十岁的小男孩回报了救命之恩。尽管半懂不懂，他还是在一个战争罪委员会前面作证，而他的证词救了那人的性命。

利布沙贝后来在法国学术界闯出了名堂，而他的聪明才智从未遭到过质疑。他的同事确实有时认为他有点儿疯狂——他是一群理性主义者当中的一个犹太神秘主义者，在一个大多数科学家都是共产主义者的环境中的一个戴高乐主义者。他们取笑利布沙贝的英雄史观、他对于歌德的热爱，以及他对于古书的痴迷。他收藏有数百本科学家著作的初版，有些甚至可追溯至 17 世纪。并且他不是把它们当作历史存照来读，而是把它们当作一个探究现实本质的新思想的来源，这个现实也正是他现在利用激光和高科技制冷线圈试图一探究竟的。在自己的工程师伙伴让·莫雷尔身上，他发现了一种颇为合拍的气质，毕竟这个法国人只有在自己有兴致的时候才愿意工作。利布沙贝认为莫雷尔会发现这个新项目有点儿意思——这是他对于"深刻""吸引人"或"令人激动"的委婉说法。两人在 1977 年开始设计一个实验，而这个实验将最终揭示湍流发生的过程。

作为一名实验科学家，利布沙贝以一种 19 世纪的研究风格而知名：心灵手巧，总是更偏好以巧力智取，而不是以蛮力强取。他不喜欢大型机械和大量计算。他对于一个好的实验的概念有点儿像数学家对于一个好的证明的概念。优雅跟结果一样重要。即便如此，他的有些同事还是认为他在这个湍流发生实验上做得太过精益求精了。这个实验装置非常小巧，足以被放到一个火柴盒里随身携带——而有时候，利布沙贝也确实把它带在身上，就仿佛它是一件观念艺术作品。他把这称为"一个小盒子里的液氦"。[3] 实验的核心区域则还要更小，一个只有柠檬籽大小的对流室，由不锈钢围成，内壁极其光滑。对流室内充满了被冷却至绝对零度以上大约四度的液氦，这个温度相较于利布沙贝之前的超流体实验来说是暖和不少的。

利布沙贝的实验室坐落在巴黎高等师范学院物理楼的二层，距离路易·巴斯德的实验室旧址不过几百米。[4] 像所有好的通用物理实验室一样，利布沙贝的实验室始终处于一种乱糟糟的状态，颜料罐和手工工具凌乱地堆在地板和桌子上，大小不一的金属和塑料零件被放得到处都是。在这样一片混乱中，那件安放着利布沙贝的微型对流室的实验设备显得异常显眼。在不锈钢对流室的上下各有一片高纯度的铜片。在顶部的铜片上有一片蓝宝石，里面装着辐射热计。这些材料是根据它们的导热性

能而相应选择的。底部的铜片下部有加热线圈，不锈钢壁内部则有特富
龙垫片，以改变对流室的内径。液氦从上面只有一厘米多高的贮液池流
入对流室中。整个系统置于一个维持着高度真空的容器中，而这个容器
反过来浸在液氦中，以帮助稳定温度。

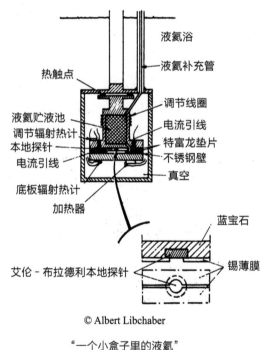

© Albert Libchaber

"一个小盒子里的液氦"

阿尔贝·利布沙贝的精密实验的核心是一个细致打造的对流室（原先为圆筒形，后来改为长
方形），里面充满液氦，并通过微小的蓝宝石辐射热计监控流体的温度变化。这个微型对流
室被安放在真空当中，以隔绝噪声和振动，并进行精确的加热控制。

　　振动的问题始终困扰着利布沙贝。跟现实中的非线性系统一样，相
关的实验也存在于一个始终充斥着噪声的环境中。噪声干扰测量，损坏
数据。在各种敏感的流中（利布沙贝的液氦流则将做到尽可能敏感），噪

声的微扰还可能严重影响到一种非线性的流，使其行为从一种类型完全变成另一种。但非线性除了可以让一个系统变得不稳定，也可以让它变得稳定。非线性反馈可以调节运动，使之更稳健。在一个线性系统中，一个微扰的影响会一直延续下去。而当存在非线性时，一个微扰可以通过反馈过程越变越小，使得系统自动回复到一个稳定状态。利布沙贝相信，各种生物系统就是利用自身的非线性作为对抗噪声的一个手段。透过蛋白质进行的能量转移、心脏电活动的波状起伏，以及神经系统——所有这些都在一个充满噪声的世界中得以维持着自身的多种功能。利布沙贝希望，流体流背后暗藏的结构最终将被证明是足够稳健的，足以为自己的实验所探测到。

　　他的计划是，加热底部的铜片，使得液氦上下出现温差，从而创造出对流。这正是爱德华·洛伦茨所描述的对流模型，也就是经典的瑞利－贝纳尔对流。利布沙贝当时还并不知道洛伦茨，他也没有听说过米切尔·费根鲍姆的理论。在 1977 年，费根鲍姆还在通过科学讲座介绍自己的工作，而他的发现在那些科学家知道如何诠释它的领域中产生了重要影响。但对于大多数物理学家来说，费根鲍姆所发现的模式和规则性与现实中的系统并不存在明显的关联。毕竟这些模式源自一部电子计算器，而物理系统要比这复杂不知多少倍。在没有更多证据的情况下，人们最多只能说，费根鲍姆发现了一个**看上去**像湍流发生的数学类比。

　　利布沙贝知道，美国和法国科学家所做的实验已经表明，从层流到湍流的转捩是突然发生的，而不像朗道的湍流发生理论所预测的那样是一个不同频率的连续叠加。像杰里·戈勒布和哈里·斯温尼所做的旋转圆筒实验已经表明，对此需要一个新的理论，但他们一直未能观察到转捩发生的具体细节。利布沙贝知道，人们一直未能在实验室里得到湍流发生的清晰图景，而他相信自己的微型对流室将给出一幅到目前为止最清晰的图景。

缩窄并专注于自己的视野可以帮助科学进步。根据这样的信念，流体力学家当初有理由怀疑斯温尼和戈勒布在研究泰勒－库埃特流时所声称达到的高精度。根据这样的信念，数学家当初也有理由对吕埃勒感到不满（而他们确实也这样做了）。他坏了规矩。他提出了一个雄心勃勃的物理理论，却让它装扮成一个严谨的数学命题的模样。如此这般，他让人难以区分什么是他假设的，什么又是他证明的。一位拒绝支持一个思想，除非它达到了形成定理并得到证明的标准的数学家，其实扮演了他的学科所赋予他的一个角色：有意识或无意识地，他是在警戒弄虚作假者和神秘主义者混入自己的学科。一位将包含新思想的论文退稿，只是因为它们以一种不熟悉的风格写成的期刊编辑，可能会让其受害者认为他是在维护那些学术"大佬"的地盘，但他其实也是在做他的分内之事，尤其是在一个有理由对那些未经检验的做法心存警惕的圈子里。"科学就是为了对抗一大堆胡说八道而建立起来的。"利布沙贝自己也这样说过。[5] 当他的同事将他称为一名神秘主义者时，这个标签并不总是意在讨人喜欢。

利布沙贝是一名实验科学家，严谨小心，以做实验精确知名。但他也天生对那种飘忽抽象的、定义不良的、被称为**流**的东西有感觉。流是变化当中的形状，是运动当中的型相。一位物理学家在思考微分方程组时，会将它们的数学运动称为一种流。流是一个柏拉图式概念，它假设不同系统中的变化其实是某个不局限于一时一地的现实的反映。利布沙贝热情拥抱了柏拉图的思想，相信这样一些隐藏的型相在我们的宇宙中所在皆是。"但你知道它们是确实存在的！你都看到过树叶。当你看着所有这些树叶时，难道你不会惊讶于树叶的基本形状是有限的吗？你可以很容易就画出主形状。去试着理解它，或者其他形状，这应该会有点儿意思。在一个实验中，你已经看到液体如何扩散到另一种液体中。"他的桌子上到处放着这样一些实验的图片，上面是一些不断生长的分形的液体"树枝"。"现在，在你的厨房里，如果你打开煤气灶，你就会看到火焰也是这个形状。它是非常宽泛的，它是普适的。我不关心它是一团燃烧的火焰，还是在另一种液体中扩散的一种液体，又或是一种不断生长的晶体——我感兴趣的是这个形状。

"自 18 世纪以来，人们就一直有某种梦想，某种科学一直未能帮助实现的梦想，那就是探究这样的形状在空间和时间上的演化。如果你想到了一种流，你可以想到各式各样的流，经济学中的流，或历史中的流。一开始，它可能是层流，然后它开始分岔，进入一个更为复杂的状态，或许还出现了振荡。再然后，它可能变得混沌。"[6]

这些形状的普适性、在不同尺度上的自相似性，以及流中有流的递归性质——所有这些性质都是对于变化方程的标准微分学方法力所不及的。但这一点并不容易看出来。科学问题只能透过当时可用的科学语言表达出来。而截至当时，20 世纪对于利布沙贝有关流的直觉的最好表达，还是只能借助诗歌的语言。比如，华莱士·史蒂文斯就重申了一种超出当时的物理学知识的对于世界的感觉。他对于流，对于它如何在不断变化的过程中不断重复自己隐隐有所察觉：

> 他对于斑驳的河流从来不会感到似曾相识，
> 它不停流淌，从来不会有哪里一模一样，
>
> 它流过多处地方，但又仿佛停滞在一处，
> 固定不动，就好像一池有野鸭振翅其上的湖水。[7]

史蒂文斯的诗歌常常会描绘一个大气和水波变动无常的意象。而且它也传递了一个信念，这个信念关于大自然中的秩序所采用的不可见的型相：

在没有一片云影的大气中，
关于事物的知识躺在眼前，却未被看到。[8]

当利布沙贝及其他一些实验科学家在 20 世纪 70 年代开始探究流体的运动时，他们怀着与这个颠覆性的、诗意的信念相近的意图。他们猜想，在运动与普适的型相之间存在一个关联。他们通过唯一可能的方式积累数据，将数值写下来，或记录在电子计算机中。但然后，他们努力想办法这样组织数据，使得它们将揭示出形状。他们希望通过运动来刻画形状。他们相信，像火焰这样的动态形状，以及像树叶这样的有机形状，这些形状的型相源自某种尚未得到理解的作用力的相互作用。这些实验科学家，最锲而不舍地探寻混沌的一批人，最终拒绝接受任何可被固定住不动的现实而取得了成功。尽管利布沙贝没有用到下面这样的说法来描述它，但他们的想法与史蒂文斯在见到北极光时的感受（"固态之物的一种非固态翻腾"）有点儿接近：

天边有一处有力的摩擦，来来去去，
就在西方昏星的正下方。

气势壮丽，熠熠生辉，
东西出现，移动，然后消散。

远远地，变化地，或全无踪迹地，
夏夜清晰可见的变换，

一个银色的抽象即将成形，

然后突然之间戛然而止。

这是固态之物的一种非固态翻腾。

这个夜晚的月光之湖既不是水的，也不是气的。[9]

对于利布沙贝来说，是歌德，而非史蒂文斯，给自己提供了神秘主义灵感。就在费根鲍姆还在哈佛大学图书馆苦苦寻觅歌德的《颜色论》时，利布沙贝已经成功将歌德另一部更为稀世的著作《植物变形记》的初版纳入了自己的收藏。该书是歌德对于物理学家的一次旁敲侧击；他认为这些人只关心静态现象，而忽视了植物每时每刻的生长变化背后的那股生命力和活力流。歌德的这部分遗产（在文学史家看来，这无疑是一个可忽略的部分）为发端于德国和瑞士的灵性科学运动所延续，并由鲁道夫·施泰纳和特奥多尔·施文克等哲学家发扬光大。对于这些人，利布沙贝也展现出了作为一名物理学家所能表示的最大推崇。

"敏感的混乱"（das sensible Chaos）是施文克用来描述力与形之间的关系的说法。他把这作为自己的一本奇怪小书的书名，该书在 1965 年首次出版，并在后来偶有再版。这首先是一本关于水的书。该书的英文版就配上了海洋探险先驱雅克-伊夫·库斯托的推荐序以及出自《水资源通报》和《水工程师学会会刊》的推荐语。施文克的论述没有试图在科学或数学上装模作样。但他的观察细致入微。他以艺术家的眼睛编排了一众自然界中的流动形状。他收集照片，委托他人制作了大量精确的线描图，就像是当初细胞生物学家在首次透过显微镜看到微观世界时所画的那些草图。他具有一种想必会让歌德感到骄傲的开放心胸和朴实无华。

流在他的书中所在皆是。像密西西比河这样的大河蜿蜒入海，弯弯曲曲，甚至形成牛轭湖。而在海洋中，墨西哥湾暖流也蜿蜒蛇行，东西摆动。这是一条由暖水在冷水当中流淌所形成的巨大河流，或者按照施文克的说法，这是一条"以冷水为河岸的"河流。[10] 当流本身已经流过或不可见时，这些流仍然留下了自身存在的证据。气流在沙漠上留下足迹，形成沙波纹。潮汐流则在沙滩上冲刷出复杂的纹理。施文克并不相信巧合。他相信这些现象背后存在普适原理，并且不只是普适性，他还相信存在一个更高层次的灵性世界（这使得他的行文有时带上了可能令人不适的拟人论色彩）。"我们在这里看到的是，一个流动的水的原型性原理想要实现自己，而不论周围的物质是什么。"[11]

他知道，水流中还存在次一级的水流。水在沿着弯曲的河道顺流而下的同时，也在绕着河道的轴线翻滚——冲向河岸，沉下河底，潜往对岸，然后浮上河面，就像一个粒子绕着一个甜甜圈环绕前进。任何水粒子的轨迹构成了一根环绕其他绳股的绳股。对于这样一些模式，施文克有着一名拓扑学家的想象力。"这幅绳股螺旋缠绕在一起的图景，只有在讨论实际运动时才是准确的。我们确实常说'一股股'水流；然而，它们实际上并非单独的一股股，而是相互交织在一起、相互穿流而过的整个表面。"[12] 他看到的是水波中相互竞争的圆周运动，是超过其他水波的水波，是水与空气交界的分界面或边缘层。他看到的是涡旋和涡旋列，并将它们理解为水的上层超过了速度更慢的下层，而在空出来的地方"卷"了起来。在这里，对于物理学家有关行进中的湍流的动力学的概念，他做到了一名哲学家所能做到的最接近的理解。他对此的艺术家般的信念预设了普适性。在施文克看来，涡旋的生成意味着不稳定性，不稳定性意味着一种流正在与自己内部的一种不均一性做斗争，而不均一性是普遍存在的。因此，水面的卷起、地表的隆起、蕨类叶子的展开、动物器官的发生，在他看来，都在遵循同一条路径。不均一性可以是快与慢、冷与热、稠与稀、酸与碱、咸水与淡水、黏性流体与理想流体。[13]在边界上，生命勃发。

不过，生命是达西·温特沃思·汤普森的专业领域。这位非凡的博物学家在 1917 年写道："有可能所有的能量定律、所有的物质属性以及所有的胶体化学都无法解释身体，因为它们无法理解灵魂。但在我看来，我不认为如此。"[14]达西·汤普森正好将施文克所致命欠缺的东西引入了对于生命的研究：数学。施文克通过类比进行了论证。他的论据，尽管追求灵性、花团锦簇、包罗万象，但归根结底是一种相似之处的罗列。达西·汤普森的杰作《生长和形态》，与施文克的基调多有共通之处，与他的方法也多有相似之处。一位现代读者可能会好奇，将表现液滴掉入另一种流体中形成涡环、接着涡环扩张溃散而形成连续拱形的精致插图，与模样惊人相似的水母放到一起，到底有多少说服力？这是否只是一个看似高深的巧合？如果两个形式看上去相似，我们是否就必须认定它们背后有着相似的原因？

达西·汤普森无疑是古往今来众多游走在主流科学之外的生物学家当中最影响深远的。他完全错过了在他生前上演的 20 世纪生物学革命。他无视化学，误解细胞，自然也无法预见到遗传学的爆发式发展。他的作品，即便在他生前，就被认为看上去太过古典和文学化（太过优美），而不具有令人信服的科学性。达西·汤普森不是现代生物学家的必读作品。但不知怎么地，一些最杰出的生物学家发现自己为他的那本书所吸引。彼得·梅达沃爵士就将它誉为"用英语写就的所有科学著作中最优美的文学作品"。[15]斯蒂芬·杰伊·古尔德也发现，对于自己这样一种日益强烈的感觉，即大自然限制了事物可能的形状，没有比它更好的思想先驱了。毕竟除了达西·汤普森，没有很多现代生物学家曾经探求过现有生物体背后那种无可否认的统一性。"很少有人曾经问过，是否所有的模式有可能被归结为同一个塑造万物的力的系统，"古尔德这样写道，"似乎也很少有人意识到，这样一个同一性的证明可能对于生物形态的科学有着怎样的意义。"[16]

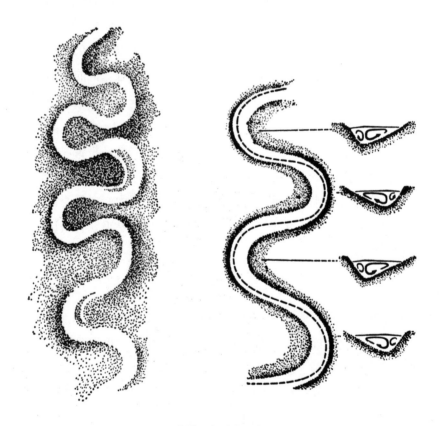

© Theodor Schwenk

蜿蜒曲折的流

特奥多尔·施文克将自然界中的流形容为具有复杂的次级运动的绳股。"然而，它们实际上并非单独的一股股，"他写道，"而是相互交织在一起、相互穿流而过的整个表面。"

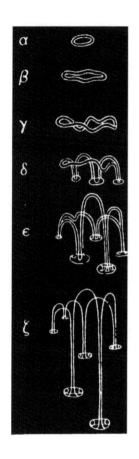 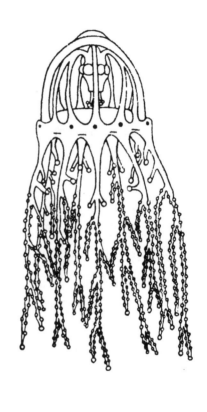

下沉的液滴

达西·温特沃思·汤普森比较了掉入水中的墨滴在下沉过程中的相继变化（左图）与水母（右图）。并且他还注意到："哈切克实验的一个极其有趣的结果是，这些涡环状液滴对物理条件极其敏感。即便始终使用相同的明胶，而只是改变流体的密度到小数点后第三位，我们仍然得到了一大批各不相同的形状，从普通的带柱液滴到有着棱状结构的带柱液滴……"

　　这位古典学家、通晓多种语言者、数学家兼动物学家试图将生命当作整体看待，尽管当时的生物学正在转向各种将生物体归结为其构成部分的方法，并取得了如此丰硕的成果。还原论在分子生物学中取得了最令人振奋的成功，但它在其他领域，从演化到医药，也节节胜利。要想理解细胞，除了努力逐个理解膜和核，以及归根结底，蛋白质、酶、染色体和碱基对，难道还有别的方法吗？当生物学最终开始触及鼻窦、视网膜、神经、脑组织的内部运作机制时，颅骨形状的问题变得越来越乏人问津。达西·汤普森是最后一位讨论这个问题的人。他也是最后一位多年来一直花费笔墨仔细探讨生物形态的原因，尤其是目的因与动力因之区分的著名生物学家。目的因是出于目的或设计的原因：一个车轮之所以是圆的，是因为这个形状使得车辆运动变得可能。动力因是机械上或力学上的原因：地球之所以是圆的，是因为重力使得一个旋转的流体最终形成球状。两者的区分并不总是如此显而易见。一个酒杯之所以是圆的，是因为这是适于手托或饮酒的最舒适的形状。一个酒杯之所以是圆的，是因为这是轮制瓷器或吹制玻璃器所自然形成的形状。

在科学中，整体而言，动力因占据主导。事实上，当初天文学和物理学在宗教的阴影下成长起来，其中很大一部分成长的痛苦就来自需要抛弃那种出于设计的论证，那种往前看的目的论——地球之所以是它现在的模样，正是为了使人类可以做他们现在所做的事情。然而，在生物学中，达尔文稳固地将目的论确立为对于原因的核心思考模式。生物世界可能不是出于上帝的设计，但它遵循一个由自然选择形塑的设计。自然选择不是作用于基因或胚胎，而是作用于成品。所以对于生物形态或器官功能的一个适应论解释总是关注其原因，并且不是其动力因，而是其目的因。目的因从而得以在达尔文式思维已经相沿成习的那些科学领域中幸存下来。一位现代人类学家在试图解释食人或人祭习俗时，也不知是福是祸，往往倾向于只从这类行为的目的着手。达西·汤普森预见到了这一切。他恳请生物学要记得还有动力因，要将机械论与目的论结合起来。他自己也致力于解释作用在生物体上的数学之力和物理学之力。但随着适应论日渐确立地位，这样的解释变得似乎无关宏旨。对于叶子形状的问题，从自然选择如何形塑这样一种高效太阳能板的角度进行解释也确实取得了累累硕果。只是到很后来，有些科学家才再次开始困惑于这当中尚未得到解释的一面。在所有可能的形状中，叶子最终只采用了少数几种，而且叶子的形状不是完全由其功能决定的。

达西·汤普森当时可用的数学无法让他证明他想要证明的。他最多所能做的是，比如，在一个正交坐标系和一个变形的坐标系上画出不同物种的颅骨，以表明一个简单的几何变换就可以将一种变成另一种。对于一些简单生物（它们的形状如此容易让人联想到液体射流、液滴飞溅，以及流的其他表现），他怀疑是重力和表面张力之类的动力因在起作用，但它们实际上并无法完成他要求它们做到的形塑工作。那么为什么阿尔贝·利布沙贝在开始他的流体实验时想到了《生长和形态》一书呢？

达西·汤普森对于形塑生物的力的直觉，比主流生物学中的任何东西都更接近动力系统的视角。他将生命视为**生命**，总是在变动，总是在回应韵律——"生长的深层次韵律"，他相信，正是这种韵律造成了生物形态上的相似之处。[17] 他认为自己的研究对象应该不仅包括事物的物质形态，也包括它们的动力学——"透过力的概念，诠释能量的运作方式"。[18] 他身为数学家足够够格，知道将形状分门别类证明不了任何东西。但他身为诗人也足够够格，深信不论是出于偶然，还是出于目的，都无法解释那些他在观察自然的漫长岁月里所搜罗的形态之间的惊人普适性。物理定律必定能够解释这一点，以尚不为我们所理解的方式控制着其中的力和生长。此时，柏拉图再次现身。在具体的、可见的物质形状背后必定存在作为不可见模板的、难以捉摸的型相。处在运动当中的型相。

利布沙贝选择在自己的实验中使用液氦。液氦的黏度极低，使得它受到极小的推动就会翻滚。使用一种中等黏度流体（比如，水或空气）的相同实验将需要用到一个大得多的盒子。借助液氦的低黏度，利布沙贝使得他的实验对加热更为敏感。为了在这个毫米级的液氦室中生成对流，他只需在上下部之间创造出千分之一度的温差。这也是为什么对流室需要如此之微小。在一个更大的盒子中，液氦会有更多空间可供翻滚，生成对流因而需要用到更少的加热，事实上，少太多。在一个各方向上都大十倍（因而体积大一千倍），大致为一粒葡萄大小的盒子中，只要存在百万分之一度的温差，对流就会开始。这样细微的温度变化是根本无法控制的。

在规划、设计和制作这个盒子的过程中，利布沙贝和他的工程师始终致力于消除任何可能引发纷乱的因素。事实上，他们竭尽所能去消除自己打算研究的那种运动。流体的运动，从层流到湍流，被认为是空间上的变化。其复杂性看上去是一种空间复杂性，其扰动和涡旋看上去是一种空间上的混沌。但利布沙贝试图找寻的是那些随着时间变化而显露出来的韵律。时间现在是球场，是标尺。他将空间挤压成近乎一个一维的点。这时，他是将他在流体实验上的前辈曾经使用过的一种方法推到了一个极端。大家都知道，一种闭合式的流（比如，盒子里的瑞利–贝纳尔对流，或圆筒之间的泰勒–库埃特流）比起一种开放式的流（比如，海浪或空气）要守规矩得多。在开放式的流中，边界层仍然不受限制，复杂性于是扶摇直上。

由于在一个长方形盒子里的对流会生成像热狗（或者在这里，像芝麻）一样的涡卷，因此利布沙贝精心选择对流室的大小，使得它刚好可以容纳两个涡卷。中间的液氦会受热膨胀上升，达到顶部，然后分向左右两边，沿着对流室的侧壁下沉。这是一个动弹不得的几何学。晃动会受到限制。光滑的壁面和精心选择的比例会消除任何额外的扰动。利布沙贝就这样将空间冻结住了，使得他可以开始操弄时间。

一旦实验开始，液氦便开始翻滚起来，利布沙贝需要通过某种方式看到在液氦浴里的真空容器里的对流室里发生了什么。他在对流室的顶部的蓝宝石中嵌入了两枚微型温度探针。它们的输出然后会被一部笔式绘图仪连续记录下来。这样他就可以监控两个涡卷顶部各一个点的温度。这不禁让另一位物理学家感叹，设计如此灵敏、如此巧妙，使得利布沙贝成功骗过了大自然。[19]

这个精密的微型杰作耗费了两年时间才全部完成，但按照利布沙贝的说法，它是绘制自己画作的合适画笔，没有太过宏大或复杂。他最终看到了一切。经过夜以继日、时复一时地运行自己的实验，利布沙贝找到了一个湍流发生的行为模式，比他所能设想的还要更为精致。完整的倍周期分岔级联过程出现了。利布沙贝限制了流体在受热后的运动，并从中提炼精华。这个过程的一开始是第一次分岔，即随着底部高纯度铜片受热到一定程度，流体足以克服自身保持静止的倾向，运动开始出现。在高于绝对零度几度的情况下，仅仅千分之一度的温差就足够了。底部的液体受热膨胀，变得比上面较冷的液体更轻。为了让较热的液体上升，较冷的液体必须下沉。很快，为了让这两种运动都能实现，液体内便出现了一对翻滚的圆柱体。涡卷达到一个恒定的速度，整个系统从而最终进入一个稳定状态——一个动态的稳定状态，其中热量稳步地被转化成运动，然后由于摩擦力而不断被耗散，被转化回热量，并经由较冷的顶部铜片流出系统。

到那时为止，利布沙贝只是在重现一个流体力学中再熟悉不过的实验，熟悉得几乎不值一提。"这是经典物理学，"他说道，"不幸的是，这意味着它很古老，而这就意味着它没有什么意思。"[20] 这也恰好正是洛伦茨当初用他的三方程系统加以建模的流。但就收集数据而言，相较于简单通过一部计算机生成数值，一个现实世界中的实验（真实的液体、由一位机械师切割而成的一个盒子、受到巴黎交通的振动干扰的一个实验室）不可避免要麻烦得多了。

像利布沙贝这样的实验科学家使用一部简单的笔式绘图仪记录下温度，后者则经由嵌入对流室顶部的探针测得。在第一次分岔之后的定态运动中，随着涡卷翻滚，探针测得的每一个点的温度都是大致稳定的，绘图笔于是记录下一条直线。但随着进一步加热，更多的失稳加入了进来。在每个涡卷上都出现了一个扭曲，并且这个扭曲稳步地来回移动。这样的摆动体现在探针上，就是一个不断变化的温度，在两个极值之间上下起伏。绘图笔现在画出的是一条连绵不断的波形曲线。

从一条连续不断变化并受到实验噪声干扰、破坏的简单温度曲线中，我们不可能读出新的分岔出现的确切时机，或推导出其性质。这条曲线起伏飘忽不定，看上去几乎就如同一幅股票走势图那般随机。利布沙贝分析这样一些数据的方法是，将它们转化成一幅频谱图。利用实验数据绘制一幅频谱图，就像为构成交响乐里的一个复杂和弦的每个声音频率作图。图的底部始终是一条参差的曲线——那是实验噪声。占据主导的音体现为竖向的凸起：声音越响，凸起越高。类似地，如果实验数据生成了一个占据主导的频率（比如，一个每隔一秒钟重复的节奏），那个频率就会体现为频谱图上的一个凸起。

事实上，在利布沙贝的实验中，第一个出现的波形的波长是大约两秒钟。下一次分岔则带来了一种微妙的改变。涡卷继续扭曲摆动，辐射热计记录下的温度继续围绕着一个占据主导的节奏起起伏伏。但在奇数周期里，温度的极大值较之前的值还要高一点儿，而在偶数周期里则要低一点儿。也就是说，温度的极大值一分为二，使得现在有两个不同的极大值和两个不同的极小值。绘图笔画出的曲线，尽管难以阅读，其实是在一条波形曲线之上叠加了另一条波形曲线——一个超级摆动。在频谱图上，这一点就看得更加清楚。旧的频率仍然赫然在目，毕竟温度仍然每隔两秒钟重复一次。但现在，一个新的频率出现在刚好是旧的频率一半的地方，因为这个系统已经发展出一个每隔四秒钟重复一次的构成元素。[21] 随着分岔继续，我们就有可能看出一个奇怪但一致的模式：新的频率以倍数相继出现，出现在旧的频率的四分之一、八分之一、十六分之一处，有点儿像高低护杆交错的栅栏。

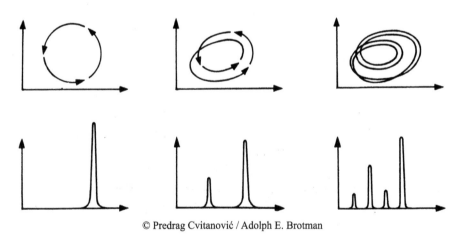

© Predrag Cvitanović / Adolph E. Brotman

看待分岔的两种方式

当一个像利布沙贝的对流室这样的实验生成一种稳定的振荡时，其相空间描述是一个环，表明它以规则的间隔重复自己（左上图）。而一名分析数据中的频率的实验科学家会在一幅频谱图上看到代表这个节奏的显著凸起。在经过一次倍周期分岔后，这个系统在环绕两次后才会重复自己（中上图），于是实验科学家现在看到了一个新的节奏，其频率是原频率的一半（周期则翻倍）。后续的倍周期分岔将在频谱图上添加更多的凸起。

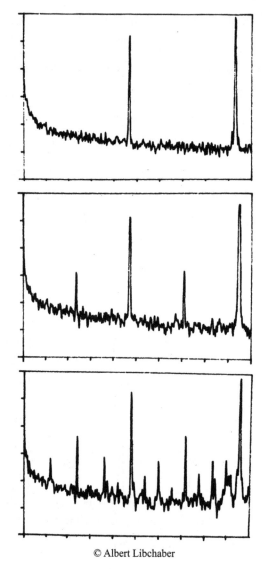

来自现实世界的数据印证了理论

利布沙贝的频谱图形象地呈现了理论所预测的倍周期模式。代表新的频率的凸起显著高出
实验噪声。费根鲍姆的标度理论不仅预测了新的频率会在何时以及何处出现，它还预测了
它们会有多强，也就是它们的幅度。

即便对于一个极力在一堆乱糟糟的数据中找寻隐藏模式的人来说，也需要经过上十次，进而上百次的实验，才有可能让这个微型对流室的行为习惯开始显露出来。随着利布沙贝和他的工程师慢慢地调高温差，使得整个系统从一个稳定状态跳到另一个稳定状态，奇怪的事情一直在发生。有时候，暂态的频率会出现，并缓慢地在频谱图上移动，然后消失不见。有时候，尽管对流室的几何学是确定的，但仍然出现了三个涡卷，而不是两个——这时他们如何能够知道，在那个微型对流室里究竟发生了什么？

要是利布沙贝当时知道费根鲍姆的普适性理论，他想必就会知道具体该在哪里找寻分岔，以及该怎样称呼它们。等到 1979 年，一批数学家以及具有数学家头脑的物理学家已经在关注费根鲍姆的新理论，并且他们的人数还在增加。但大量致力于研究现实世界中的物理系统的科学家仍然相信，他们有很好的理由静观其变。毕竟在一维系统中，在梅和费根鲍姆的映射中的复杂性是一回事。而在由工程师制造出来的机械设备中，在这些二维、三维或四维的系统中的复杂性无疑是另一回事。这些系统要求用到正经的微分方程组，而不是简单的差分方程。并且看上去还有另一道鸿沟将这些低维系统与流体流的系统分隔开来，毕竟后者被物理学家认为是可能具有无穷维度的。即便是一个像利布沙贝所小心打造的对流室，它也拥有实际上无穷多的流体粒子。每个粒子都至少拥有独立运动的可能性。在某些情况下，任何一个粒子都可能成为某个新的涡旋的核心。

"认为在这样一个系统中，那些具有实际重要性的基本运动可以被归结为映射——这样一个概念是不为当时的人所理解的，"来自新泽西州 AT&T 贝尔实验室的皮埃尔·奥昂贝格就这样说道，他是为数不多的同时在关注新理论和新实验进展的物理学家之一，"费根鲍姆当初可能设想过这一点，但他无疑没有这样说过。费根鲍姆的工作讨论的是映射。那么为什么物理学家应该对映射感兴趣？——它不过是一个数学游戏。事实上，只要他们还是在摆弄映射，它就与我们想要理解的东西似乎相隔甚远。

"但当它在实验中被看到时，事情就真正变得令人激动起来。这里的神奇之处在于，在一些令人感兴趣的系统中，你仍然可以利用一个只有很少自由度的模型来理解其行为的细节。"[22]

最终，正是这位奥昂贝格将理论科学家与实验科学家牵线到了一起。他于 1979 年夏在美国科罗拉多州阿斯彭组织了一个研讨会，利布沙贝也在其中。（四年前，正是在同一个夏季研讨会上，费根鲍姆听到了斯蒂芬·斯梅尔谈论到一个数——仅仅是一个数；当数学家在检视一个特定方程的行为时，它似乎会从过渡到混沌的过程中冒出来。）当利布沙贝报告自己的液氦实验时，奥昂贝格做了笔记。会后，奥昂贝格绕道新墨西哥州，拜访了费根鲍姆。不久后，费根鲍姆来到巴黎造访利布沙贝。他们站在利布沙贝实验室中一片凌乱的设备和部件之间。[23] 利布沙贝自豪地拿出了自己的微型对流室，费根鲍姆则解释了自己的最新理论。然后他们来到巴黎的街上，找寻最好喝的咖啡。利布沙贝后来回忆说，他当时惊讶于见到一位如此年轻，并且（按照他的说法）如此**充满活力**的理论科学家。

从映射到流体流的跃进看上去如此之大，甚至那些对此出力最多的人有时都感到这一切仿似一场梦。大自然如何能够将如此的复杂性与如此的简单性搭上线？这还远不为人所知。"你不得不将这视为某种奇迹，而不像通常的理论与实验之间的关联。"杰里·戈勒布就这样表示道。[24]

在几年里，这样的奇迹在一众各不相同的实验室系统里一再得到重现：内装水或水银的更大规格的对流室、电子振荡器、激光，乃至化学反应。[25]理论科学家借鉴了费根鲍姆的方法，并发现了其他通向混沌的道路——倍周期分岔的表亲，比如，间歇混沌和准周期振荡。它们也被证明在理论和实验上存在普适性。

实验科学家的这些发现帮助推动了计算机实验时代的到来。物理学家发现，计算机可以得到与现实中的实验所得到的相同的定量图景，并且能够快上百万倍，还更为可靠。在许多人看来，比利布沙贝的结果还更加令人信服的是一个由意大利摩德纳大学的瓦尔特·弗兰切斯基尼所给出的流体模型——一个包含五个微分方程的系统，可以生成吸引子和倍周期分岔。[26]弗兰切斯基尼当时并没有听说过费根鲍姆，但其复杂的、多维的模型生成了费根鲍姆在一维映射中所发现的相同常数。1980年，一个来自欧洲的团队给出了一个令人信服的数学解释：耗散使得一个由许多相互冲突的运动构成的复杂系统不断"失血"，最终使原本多维的行为变成了一维的行为。[27]

在计算机之外，在一个流体实验中找到一个奇怪吸引子仍然是一个严肃的挑战。像哈里·斯温尼这样的实验科学家在进入20世纪80年代多年后依然致力于此。而当实验科学家最终取得成功时，新一代的计算机专家常常对他们的结果嗤之以鼻，认为它们不出意料是对于在自己的图形终端上随手可得的那些精细异常的图像的拙劣的、可预测的追随。在一个计算机实验中，当你生成了成千上万或成百上千万的数据点时，模式就会多多少少自己浮现出来；而在一个实验室中，就像在现实世界中，你需要努力将有用的信息与噪声区分开来。在一个计算机实验中，数据就像从一个魔法酒杯中汩汩流出的美酒一样；而在一个实验室实验中，你需要为每一滴酒费尽全力。

　　尽管如此，单靠计算机实验的力量，费根鲍姆及其他人的新理论还做不到吸引来自如此广泛领域的众多科学家的注意。为了将使用非线性微分方程组表示的系统转化为计算机模型，这当中所需的修正、妥协和近似难免令人生疑。计算机模拟将现实大卸八块，努力切得尽可能多，但结果终究总是太少。一个计算机模型只不过是由程序员选取的一套武断的规则。而一种现实世界中的流体，即便是在一个经过简化的毫米级的对流室中的流体，都拥有毋庸置疑的潜力，可以展现出大自然中所有未受桎梏的无序运动。它拥有不断给人惊喜的潜力。

　　在如今这个计算机模拟大行其道的时代，当各式各样的流——不论是喷气发动机中的，还是心瓣中的——都在超级计算机上得到建模的时候，人们已经很难想象大自然如何轻而易举就让一位实验科学家感到茫无头绪。事实上，今天没有哪一部计算机可以完全模拟一个哪怕简单如利布沙贝的液氦对流室的系统。每当一位优秀的物理学家在检视一个计算机模拟时，他必定会好奇现实的哪些部分被剔除在外了，又有哪些潜在的惊喜被小心避开了。利布沙贝常常喜欢说，他不会想要乘坐一架模拟出来的飞机——因为他会好奇有哪些部分是缺失的。此外，他也会说，计算机模拟可以帮助建立直觉或优化计算，但它们无法催生真正的发现。不管怎样，这是实验科学家的信条。他的实验如此干净，他的实验目标如此抽象，以至于当时仍然有物理学家认为利布沙贝的工作更近于哲学或数学，而非物理学。而反过来，他相信这个领域的主流标准是还原论，是将原子的属性视为高于一切。"一位物理学家会问我，这个原子如何能够来到这里，然后停留在那里？它对于表面的灵敏性是多少？你能写出这个系统的哈密顿量吗？"

　　"而如果我告诉他，我根本不在意这些东西，我感兴趣的是这个**形状**、这个形状的数学和演化，以及从这个形状到那个形状再到这个形状的分岔，那么他又会告诉我：'这不是物理学，你是在做数学。'即便到今天，他大概还会这样说。那么我还能说什么呢？当然，是的，我是在做数学。但它与我们周围的一切相关。它也是大自然的一部分。"[28]

　　他所发现的模式确实是抽象的。它们是数学的。它们与液氦或纯铜的性质，或者原子在接近绝对零度时的行为无关。但它们是利布沙贝的神秘主义前辈所梦想一窥究竟的模式。它们开辟了一个新的实验领域，在其中，从化学家到电子工程师的许多科学家很快将成为探索者，探寻运动的新元素。当他第一次成功地提高温差，使得第一次、第二次、第三次分岔渐次出现时，他就看到了它们。根据新理论，这些分岔应该生成一种具备标度特征的几何学，而这正是利布沙贝所看到的，费根鲍姆普适常数也在那一刻从一个数学抽象变成了一个物理现实，可被测量，可被复现。多年以后，他仍然记得当初目睹一个分岔接着一个分岔出现，然后意识到自己看到的是一种有着精细结构的无穷级联时的感受。他说，这让人感到好玩儿。

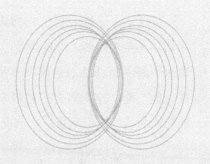

第 八 章

混沌的图像

CHAOS:
MAKING A NEW
SCIENCE

痛苦。整个场景充满痛苦，没有别的，只有痛苦。
在混沌向内收敛所有力量，以期形成一片树叶的时候，还能有别
的吗？

——康拉德·艾肯，《房间》

　　迈克尔·巴恩斯利在 1979 年法国科西嘉岛的一次学术会议上见到了米切尔·费根鲍姆。[1] 这也是巴恩斯利，这位出身于牛津大学的数学家，首次了解到普适性、倍周期分岔以及分岔的无穷级联。真是个不错的想法，他心想，这无疑会引得科学家竞相试图从中分一杯羹。那么他呢？巴恩斯利认为自己看到了之前没有人注意到过的一个切入点。

　　这些周期 2、4、8、16，即这些费根鲍姆序列，从何而来？它们是凭空出现，从某种数学虚无中神奇地蹦出来的吗？又或者它们其实只是某种更深层次的东西的影子？巴恩斯利的直觉是，它们必定是某种远在视野之外的、奇妙的分形现象的一部分。

　　对于自己的这个想法，他有一个语境，那就是一个称为复平面的数值世界。在复平面上，从负无穷到正无穷的所有数（也就是说，所有实数）落在一条东西向的直线上，中间则是零点。但这条直线只是这个世界的"赤道"，因为世界还在南北向上无限延伸。因此，每个数其实由两个部分构成，实部对应于东西向的经度，虚部对应于南北向的纬度。这些所谓的复数通常写成这样的形式：2+3i，其中符号 i 标记了虚部。这两个部分给出了每个数在这个二维平面上的唯一地址。原本的实数直线于是成了复数的一个特殊情况，也就是说，这些数的虚部为零。在复平面上，只看实数（只看赤道上的那些点）会让人将视野局限于一些形状与这条直线可能有的交点上，但这些形状，如果被放在二维平面上看，可能会透露出其他更多秘密。巴恩斯利进行了这样的大胆假设。

　　"实"和"虚"的名字源自过去那个普通的数确实看上去要比这种新的"复合"之数更真实的时代，但到现如今，这些名称已经被视为不过是相当武断的说法，这两种数其实跟其他数学对象一样真实，也一样虚构。从历史上看，虚数的发明是为了填充这样一个问题所留下的概念空白：负数的平方根是什么？根据约定，−1 的平方根是 i，−4 的平方根是 2i，如此等等。人们很快意识到，实数和虚数的复合体也可以进行各种多项式运算。复数可以进行加法、乘法、求平均值、因数分解、求积分。事实上，任何可以在实数上进行的运算也可以在复数上加以尝试。当巴恩斯利开始将复数值代入费根鲍姆的方程，将它移植到复平面上时，他看到一类奇妙的形状的轮廓浮现了出来，它们看上去跟实验科学家所着迷的动力学理论有关系，但也带有数学构造的鲜明痕迹。

他意识到，倍周期分岔中的这些周期根本不是凭空出现的。它们被铺开在复平面上，不同的周期大小错落。总有一个周期 2、一个周期 4、一个周期 8 等处在视野之外，直到它们与实数直线相交。巴恩斯利匆忙从科西嘉岛赶回自己位于美国佐治亚理工学院的办公室，然后写作了一篇论文。他将这篇论文投给《数学物理学通讯》发表。该期刊的编辑碰巧是达维德·吕埃勒，而吕埃勒告诉了他一个坏消息。巴恩斯利无意中重新发现了一位法国数学家在五十多年前所做的一项工作。"吕埃勒把论文退了回来，就仿佛它是一块烫手山芋，并说道：'迈克尔，你是在讨论朱利亚集合。'"巴恩斯利后来回忆道。[2]

吕埃勒还给了一个建议："去找一下曼德尔布罗特吧。"

三年前，约翰·哈伯德，这位喜欢穿着花哨 T 恤的美国数学家正在位于巴黎西南奥尔赛的巴黎大学教授大一新生初等微积分。[3] 其中他会讲到的一个常规话题是牛顿法，一种通过渐次做出更好的近似来求解方程的经典方法。然而，哈伯德对于常规话题已经有点儿厌倦了，所以他决定这次尝试以一种会迫使学生进行思考的方式教授牛顿法。

牛顿法由来已久，甚至在牛顿发明它之前就古已有之。古希腊人便使用过它的一个版本来寻找平方根。这种方法先从一个猜测开始。初始猜测引出一个更好的猜测，然后这个迭代过程不断重复，逐渐逼近一个答案，就像一个动力系统不断趋向其定态。这个过程收敛得很快，一般可以使得小数点后的精确位数每一步翻一倍。当然，现如今，求平方根可以用到更多数值分析方法，求二次方程（未知数的最高次数是二次的多项式方程）的所有根也是如此。但牛顿法也适用于更高次数的、无法直接求解的多项式方程。这种方法还被广泛用于各种计算机算法，毕竟迭代向来是计算机的强项。牛顿法的一个小小棘手之处在于，方程通常拥有不止一个解，尤其是需要考虑到复数解时，而这种方法会找到哪个解取决于初始猜测。在实践中，学生们发现这根本不成问题。你对于应该从何处开始一般有着很好的估计，而即便你的猜测看上去要收敛到一个错误的解，你也大可换个地方重新开始。

他们可能会好奇，牛顿法到底是以怎样一种方式逼近一个二次方程在复平面上的一个根的？从几何角度思考，一个可能的回答是，这种方法单纯只是找到两个根中更靠近初始猜测的那一个。这也是哈伯德一天在被问及这个问题时告诉他的学生的。

"至于比如三次方程，情况看上去要更为复杂，"哈伯德自信满满地说道，"我回去想一下，下周再告诉你们。"[4]

他仍然设想，这时的困难之处会是教授他的学生如何计算迭代，而做出初始猜测则会是容易的。[5]但他对此思考得越多，他发现自己了解得越少——对于什么才算一个聪明的猜测，或者更进一步地，对于牛顿法究竟是怎样运作的。那个显而易见的几何化猜想会将复平面平分成三个扇形，每个扇形包含一个根，但哈伯德发现情况并没有这样简单。奇怪的事情发生在靠近边界的地方。此外，哈伯德还发现自己并不是第一位邂逅这个出人意料困难的问题的数学家。阿瑟·凯莱曾在 1879 年尝试将容易处理的二次方程情况扩展到极难解决的三次方程情况。不过，在一个世纪后，哈伯德手头拥有了凯莱当时所没有的一件工具。

哈伯德属于这样一类数学家，他们鄙弃猜测、近似、基于直觉而非证明的半吊子真理。他也属于这样一批数学家，他们会在爱德华·洛伦茨的吸引子见诸科学文献的二十多年后仍然坚持认为，没有人知道这些方程是否真的会生成这样一个吸引子。它还是一个未经证明的猜想。他会说，大家熟悉的双螺旋并不是证明，而不过是证据，只是计算机画出来的某种东西。

尽管如此，他现在还是开始试着利用计算机做些原来的正统数学方法所没有做过的事情。计算机证明不了任何东西，但至少它可能揭示出真理，使得数学家可以知道自己应该试图证明什么。所以哈伯德开始进行数值实验。他不是将牛顿法视为一种解决问题的方法，而是将它本身视为一个问题。哈伯德考虑的是一个三次方程的最简单的例子——方程 $x^3 - 1 = 0$，也就是说，求 1 的立方根。当然，在实数域，它只有一个平凡解：1。但这个多项式方程还有两个复数解：$-\dfrac{1}{2} + \dfrac{\sqrt{3}}{2}i$ 和 $-\dfrac{1}{2} - \dfrac{\sqrt{3}}{2}i$。画在复平面上，这三个根构成了一个等边三角形，其中一个点位于三点钟方向，一个点位于七点钟方向，另一个点位于十一点钟方向。现在的问题是，给定任意一个复数作为起始点，看看牛顿法最终会得出这三个解中的哪一个。这就好像牛顿法是一个动力系统，而三个解是三个吸引子；又或者说，这就好像复平面是平滑过渡到三个深谷的一个表面。一颗玻璃球，不论被放在表面上的哪一点，都应该滚进这三个谷地中的一个——但具体是哪一个呢？

　　哈伯德开始从构成复平面的无穷多个点中采样。他让计算机一一处理这些点，计算出在每种情况下使用牛顿法的结果，并用不同颜色对不同结果编码。最终会得出第一个解的所有起始点用蓝色标出，最终趋向第二个解的点标为红色，生成第三个解的点则标为绿色。他发现，在最粗略的近似下，牛顿法的动力学确实将整个复平面平分成了三个扇形。在一般情况下，那些更靠近某个解的点很快会得出那解。但系统的计算机探索这时也揭示出了一些更为复杂的行为，而它们是先前那些只能这里计算一个点、那里计算一个点的数学家从未见过的。尽管有些初始猜测很快收敛到一个根，但有些点在最终收敛到一个解之前要先看似随机地跳来跳去一番。有时候，似乎一个点可以落入一个永远不断重复自己的循环（一个周期性循环）当中，而不会趋向三个解中的任何一个。

　　随着哈伯德驱使他的计算机去探索越来越精细的细节，从中开始浮现出来的图案让他和他的学生深感困惑。比如，在蓝色与红色谷地之间，他看到的不是一条泾渭分明的分水岭，而是一些绿色的斑块，犹如一串宝石点缀其间。这就好像一颗玻璃球，在相邻两个谷地争夺不下的时候，却最终落入了最遥远的第三个谷地。在两种颜色之间终究无法充分形成一条边界。[6] 在进一步放大检视下，一个绿色斑块与蓝色谷地之间的曲线被证明也具有红色的斑块，如此等等。这里的边界最终向哈伯德揭示出了一个奇特性质，让即便看惯了曼德尔布罗特的怪异的分形图案的人也不免感到疑惑：没有一个点是仅两种颜色之间的一个边界。只要两种颜色试图走到一起，第三种颜色就会介入，将一系列新的、自相似的成分插入其间。不可思议的是，每个边界点都邻接所有三种颜色的各一个区域。

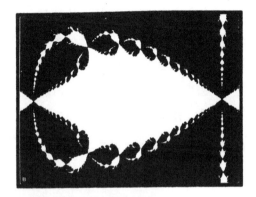

© Heinz-Otto Peitgen, Peter H. Richter

具有无穷复杂性的边界

当一个派被切成三块扇形小块时，它们只在一个点三块相交，而任意两块之间的边界也简单明了。但抽象数学以及现实世界物理学中的许多过程最终被证明可以生成几乎不可想象的复杂性。

在上面的图中，被用于求 –1 的立方根的牛顿法将复平面分成了三个相等的区域，其中一个用白色标出。所有的白色点都被"吸引"到位于最大的白色区域内的根，所有的黑色点都被吸引到另外两个根之一。这里的边界具有一个奇特性质，即每个边界点都邻接所有三个区域。并且正如局部放大图所显示的，放大后的部分具有一种分形结构，在越来越小的尺度上不断重复原来的基本模式。

哈伯德就这些复杂形状及其数学意涵展开了研究。他及其同事的工作很快开辟出了动力系统研究的一条新战线。他意识到，牛顿法的作图只是一大类尚未得到探索的、反映了现实世界中的行为模式的图案之一。迈克尔·巴恩斯利也正在研究这个家族的其他成员。而正如这两人很快会了解到的，贝努瓦·曼德尔布罗特则正在研究所有这些形状的"老祖宗"。

曼德尔布罗特集合[7]是数学中最复杂的对象，其推崇者常常喜欢这样说。[8]即便永恒的时间也不足以将它穷尽，看遍其圆盘上参差的凸起（"原子"）、凸起上卷起的螺旋、螺旋上挂着的球状分子——它们就像上帝的私人葡萄藤上结的葡萄，排布变化万千。在计算机屏幕上不断放大其局部，曼德尔布罗特集合看上去要比分形更分形，在每个尺度上都有着如此丰富的复杂性。要想为其中的不同图案进行编目，或者对集合的轮廓给出一个数值描述，无疑需要用到无穷多的信息。但一个悖论出现了：要想传递该集合的一个完整描述，却只需要传输一段数十个字符的代码。一段简短的计算机程序就包含足够的信息来重现整个集合。这种集复杂性和简单性于一身的做法让最早一批意识到这一点的研究者都不禁深感意外——甚至曼德尔布罗特也不例外。曼德尔布罗特集合后来成为混沌的某种公共符号，出现在会议手册和工程季刊的封面上，充当着一个在 1985 年和 1986 年到世界各地展出的计算机艺术展的重头戏。其美丽很容易就从这些图案上感受到，其含义则要更难把握到，数学家也是慢慢才开始理解。

许多分形形状都可以通过在复平面上进行的迭代过程加以生成，但曼德尔布罗特集合只有一个。它最早开始隐约显露身形，是在曼德尔布罗特试图找到一种方式将一类称为朱利亚集合的形状加以一般化的时候。

朱利亚集合由法国数学家加斯东·朱利亚和皮埃尔·法图在第一次世界
大战期间最早提出并加以研究（当时，他们可没有这些计算机生成的图案
可供参考）。曼德尔布罗特在二十岁的时候曾经见过他们平实的绘图，也
读过他们的作品（当时已然少有人问津）。朱利亚集合也正是吸引了巴恩
斯利的那些数学对象。它有着多种多样的面目，有些仿佛是将圆形在多
处挤压变形，使之具有一个分形结构；有些则破碎形成多个区域，还有
些更是支离破碎成星星点点。但不论是欧氏几何的语言，还是其概念，
都不足以描述它们。法国数学家阿德里安·杜阿迪就这样描述道："通过
变换参数，你可以得到惊人之多的朱利亚集合：有些是一块臃肿的云彩，
有些是一根干枯的灌木枝，有些则看上去像烟火散落的火花。其中一种
集合形似一只兔子，其他很多集合则有着海马般的尾巴。"[9]

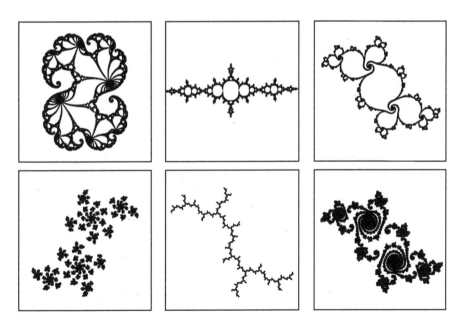

© Heinz-Otto Peitgen, Peter H. Richter

几种典型的朱利亚集合

1979 年，曼德尔布罗特发现，他可以在复平面上创造出这样一个图像，它作为朱利亚集合的一个目录，竟然将它们每一个都网罗其中。[10]当时他正在探索一些复杂过程（涉及平方根、正弦和余弦的方程）的迭代。尽管曼德尔布罗特自己的学术生涯是围绕着"简单性催生出复杂性"这样一个命题展开的，但他一开始并没有立刻理解这个透过 IBM 和哈佛大学的计算机屏幕只能窥见一斑的对象的非凡之处。他极力催促程序员，想要看到更多细节，程序员们也竭尽全力调配已然捉襟见肘的内存，努力在一部配备简陋的黑白显像管的 IBM 大型机上计算出新的插值点。让事情雪上加霜的是，程序员还得时刻提防计算机探索的一个常见陷阱，避免生成一些"赝像"，也就是那些单纯源自机器的某种机缘巧合、因而在程序稍作调整后就会消失不见的特征。

然后，曼德尔布罗特将注意力转向了一个尤其容易编程的简单映射。在一个粗略的网格上，程序只消重复其反馈环不多的次数，由几个圆盘构成的初步轮廓就出现了。用铅笔进行的少量验算表明，这些圆盘在数学上是真实存在的，并不是某种计算上的巧合的偶然产物。在主圆盘的左边和右边，还出现了暗示存在更多形状的蛛丝马迹。他后来回忆说，在他的心智中，他看到了更多：一个形状层层嵌套的结构，原子内有更小的原子，直至无穷。并且，在这个集合与实数直线相交的地方，这些越来越小的圆盘的层层嵌套，呈现出一种几何上的规则性，也就是动力学研究者现在所谓的倍周期分岔的费根鲍姆序列。

这一点尤其鼓励他将计算进一步进行下去，将这些粗略的初步图像更加精细化，而他也很快发现，在圆盘的边缘及其附近区域散落着斑斑点点。随着他试图计算出越来越精细的细节，他突然发觉自己的好运走到了尽头。[11]这些图案不是变得越来越清晰，而是变得越来越模糊。他回到 IBM 在纽约州韦斯特切斯特县的研究中心，试图利用那里令哈佛大学望尘莫及的算力。出乎他的意料的是，这种越来越模糊其实是某些真实存在的东西的征象。众多萌芽和卷须从主岛上慵懒地生发出来。曼德尔布罗特看到，一条原本看上去平滑的边界这时自己消解成一条由海马尾巴般的螺旋构成的长串。非理性催生出理性。

曼德尔布罗特集合是一个点的集合。复平面上的每一个点（也就是每一个复数）要么在这个集合里，要么在集合外。描述这个集合的方式之一是，进行一个涉及某种迭代的简单算术运算的检验。为了检验一个点，取这个复数，取其平方，再加上原来那个复数，然后取这个结果的平方，再加上原来那个复数，如此反复。如果这个和数越变越大，直至无穷大，那么这个点就不在曼德尔布罗特集合里；如果和数始终保持有限（它可以陷入某种循环，或者它可以混沌地游走），那么这个点便在曼德尔布罗特集合里。

这种无限重复一个过程，然后问结果是否有限的做法，与日常生活中的反馈过程很相像。设想你要在一座礼堂里布设话筒、功放和喇叭，但你担心出现声音反馈导致的啸叫。如果话筒拾取到一个足够响的噪声，那么从喇叭里传出的、经过放大的声音就会再次被话筒拾取到，从而陷入一个无穷无尽、越来越响的循环。反过来，如果噪声足够小，它就会逐渐消散于无形。为了用数为这个反馈过程建模，你可以选取一个初始值，让这个数自己乘以自己，然后让这个结果自己乘以自己，如此等等。你会发现，大的数很快会趋于无穷大：$10, 100, 10\ 000, \cdots$。但小的数会趋于 0：$\frac{1}{2}, \frac{1}{4}, \frac{1}{16}, \cdots$。为了给出一个几何图像，你可以定义这样一个点的集合，即其中的所有点在被代入这个过程时最终不会趋于无穷大。试考虑在正数轴上的那些点，如果一个点生成了一个啸叫，将它标记为白色，否则将它标记为黑色。很快，你就会看到一个由一条从 0 到 1 的黑色线段构成的形状。

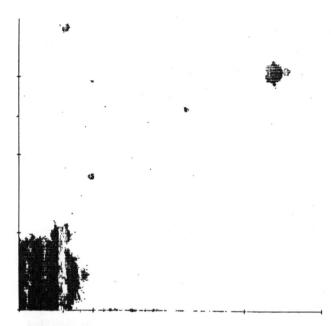

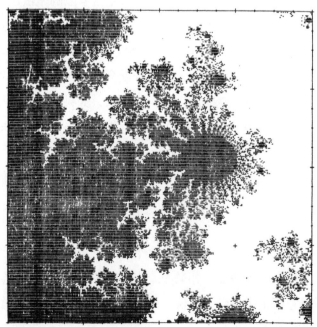

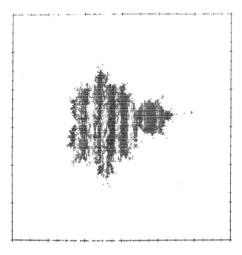

曼德尔布罗特集合的逐渐浮现

在贝努瓦·曼德尔布罗特最初的计算机输出图像中，一个粗略的结构浮现了出来，并随着计算质量的改善而呈现出更多细节（上图、对页下图及下图）。但这些像虫渍一样、斑斑点点的"分子"是孤立的小岛屿吗？又或者它们其实是由细到看不出来的游丝连到主岛上的？这在当时并无法判断。

对于一个一维过程，我们实际上并不需要付诸实验检验。我们很容易就可以确定，比某个数大的所有数都会在经过迭代后趋于无穷大，反之则不然。但在二维的复平面上，要想推断出由某个迭代过程定义的形状的样子，仅仅知道这个方程一般来说是不够的。不像圆、椭圆、抛物线之类的传统几何形状，曼德尔布罗特集合不允许抄捷径。要想看出具体某个方程的图像是什么样子的，唯一的办法是一一试错，而这种试错的工作方式让探索这片数学新天地的探险家更接近于麦哲伦，而非欧几里得。

以这种方式将形的世界与数的世界连通起来，代表了一种破旧立新。毕竟新的几何学总是起源于有人改变了某条基本规则。一个几何学家突发奇想：设想空间可以不是平直的，而是弯曲的，由此得出的是对于欧氏几何的一个奇怪变体，后者恰好是广义相对论所需的适当框架。设想空间可以是四维的，甚至五维、六维的。设想表示维数的数可以是一个分数。设想形状可以被弯曲、拉伸或打结。又或者在这里，设想形状可以不是由一次性求解某个方程定义的，而是由将它反复迭代定义的。

朱利亚、法图、哈伯德、巴恩斯利、曼德尔布罗特——这些数学家由此改变了如何绘制几何形状的规则。对于在欧氏空间和直角坐标系中将方程变成曲线的方法，任何学过高中几何学，或知道在地图上利用两个坐标找到一个点的人都不陌生。标准几何学会取一个方程，然后找出**满足**它的数的集合。然后，这些解构成了一个形状，比如方程 $x^2+y^2=1$ 的所有解就构成了一个圆。其他简单方程则会生成其他图形，比如椭圆、抛物线、双曲线之类的圆锥曲线，甚至微分方程在相空间中生成的更复杂的形状。但当一个几何学家反复迭代一个方程，而不是求解它时，这个方程就变成了一个过程，而不是一个描述，变成动态的，而不是静态的。一个数被代入这个方程，得到一个新的数，接着这个新的数又被代入其中，不断反复，得到一系列四处蹦来蹦去的点。但一个点会在图上被标记出来，不是因为它满足了这个方程，而是因为它生成了某种特定行为。这样一种行为可能是趋于一个定态，可能是收敛到一个不同状态的周期性重复，也可能是失去控制，趋于无穷大。

在计算机出现之前，即便朱利亚和法图理解这种新的函数作图法的可能性，他们也缺乏必要的手段，使之变成一门科学。而有了计算机的帮助，这种试错的几何学最终变得可能。哈伯德通过计算一个个点的行为来探索牛顿法的动力学，曼德尔布罗特也以同样的方式第一次将他的集合可视化，利用计算机遍历复平面上的点，一个接一个。当然，不是所有的点。鉴于时间和算力有限，这样的计算使用的是一个网格。更精细的网格可以给出一个更清晰的图案，但代价是计算时间更长。对于曼德尔布罗特集合来说，这样的计算还算简单，因为迭代过程本身非常简单：在复平面上迭代计算映射 $z \rightarrow z^2 + c$。也就是说，取一个数，让它自己乘以自己，然后加上原来那个数。

随着哈伯德逐渐熟悉这种利用计算机探索形状的新方式，他也开始应用一种创新的数学研究方式，将复分析的各种方法第一次应用到动力系统上。并且，他感到一切都看上去顺理成章。不同的数学分支交汇到了一个路口。他知道，仅仅看到曼德尔布罗特集合是不够的，他还想要理解它，并且事实上，他最终声称自己也确实做到了。

如果这里的边界只是朱利亚集合意义上的分形，那么下一个图案会看上去多少跟上一个差不多。不同尺度上的自相似性会使得我们有可能预测出电子显微镜在下一个放大倍数上会看到些什么。但相反，对于曼德尔布罗特集合的每次更深的涉足都带回来了新的惊喜。曼德尔布罗特不免开始担心自己先前给出的分形定义太过狭窄，毕竟他无疑想要让这个词也适用于这个新的对象。[12] 如果这个集合被放大到一定程度，我们确实可以看到包含它自己的粗略副本，看到游离在主岛之外的、像虫渍一样的斑斑点点；但再进一步放大后，我们可以看到，这些岛屿分子没有两个是完全一样的。总是会出现新的海马品种、新的形态蜷曲的温室植物品种。事实上，没有一个部分是与集合在其他任何放大倍数上的其他任何部分完全一样的。

不过，这些游离的岛屿分子的发现也引出了一个相关的问题。曼德尔布罗特集合是连通的，就像一块大陆有着无数狭长的半岛？又或者它是一个点集，就像一个主岛周围散落着无数小岛？这一点并不容易看出来。我们无法从朱利亚集合那里得到任何借鉴，因为朱利亚集合两者兼具，有些是完整形状，有些则是星星点点。一个分形点集具有一个古怪特性：没有哪两个部分是"靠在一起的"，因为每个部分都与其他任何部分间以一段空白；但又没有哪个部分是"孤零零的"，因为只要你找到了一个点集，你就总是能够找到任意靠近的一群点集。[13] 随着曼德尔布罗特仔细检视自己的图案，他意识到计算机实验无法解决这个基本问题。他进一步放大主岛周围的斑斑点点。有些斑点消失了，但其他斑点则被证明是近乎这个集合的副本。它们看上去是相互独立的，但也有可能其实通过细线连在一起，只是这些线细到无法为这些计算出来的点所构成的网格捕捉到。

杜阿迪和哈伯德利用一系列巧妙的新数学证明了，每个游离的岛屿分子确实挂在一件串缀它们全体的金缕衣上，挂在一张从主岛的那些细小顶端放射出来的细网上，或者按照曼德尔布罗特的说法，挂在一种"恶魔的聚合物"上。这两位数学家证明了，其中任何一个部分（不论它位于何处，也不论它有多小），当它被计算机的显微镜放大时，都会揭示出一些新的岛屿分子，而其中每一个都与这个集合相似，但又不完全一样。

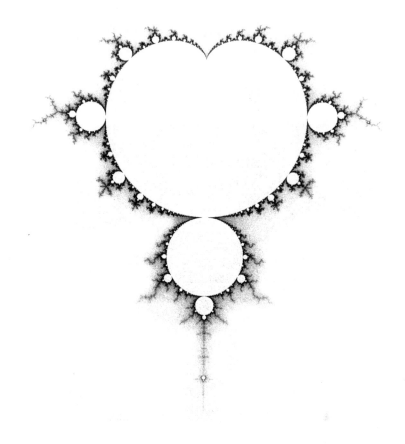

每个新的岛屿分子会被自己的螺旋和喷火般的放射物所包围，而这些螺旋和放射物不可避免又会揭示出更小的岛屿分子，总是相似但不完全一样，似乎在响应某个要求无穷变化的命令，它们又可以说是一个微缩化的奇迹，因为其中的每一个新细节都保证是一个具体而微的独立宇宙。

"曾经，一切都是横平竖直的几何直线风格。"海因茨－奥托·派特根如是说。[14] 他说的是现代艺术。"比如，约瑟夫·阿尔贝斯的作品尝试探索色彩之间的关系，而它们本质上不过是不同颜色的色块上下叠加在一起。这些东西一度非常流行。但看一下现在，它们似乎已经过气了，人们不再喜欢这类作品。在德国，有许多包豪斯风格的大型住宅小区，但现在住户纷纷离开，他们不喜欢住在这种住宅里面。当下社会厌恶我们对于自然的概念的某些层面，在我看来，这当中其实有着深层次的原因。"派特根一边说着，一边帮助一位客人挑选一些五彩缤纷的图案，它们是曼德尔布罗特集合、朱利亚集合及其他复杂迭代过程的局部放大图。在他在加州大学圣克鲁兹分校的小办公室里，他有各式幻灯片、大的透明投影片，甚至一本曼德尔布罗特集合日历可供挑选。"这种深层次的热情源自这样一种看待自然的不同视角。什么是自然对象的真实属性？比方说，树木，下面哪一点更重要？它们是直线，还是分形对象？"与此同时，在美国康奈尔大学，约翰·哈伯德疲于应付商业需求。[15] 数以百计的信件如雪片般涌进数学系，要求得到曼德尔布罗特集合的图片，约翰·哈伯德意识到自己需要准备一些样片和价目表。数十种图像已经被计算出来，并存储在他的计算机里，在他的一些还记得技术细节的研究生的帮助下，随时可进行展示。但当时最精彩的图案（有着最精细的分辨率以及最生动的着色）还是出自两个德国人——派特根和彼得·H. 里希特，及其在德国不来梅大学的科学家团队之手，他们的此项工作还得到了当地一家银行的热情资助。

派特根和里希特，一位数学家和一位物理学家，纷纷将自己的学术兴趣转向了曼德尔布罗特集合。在他们看来，这是一个思想宝藏：一种现代的艺术哲学、一种表明实验在数学中所扮演的新角色的证明、一种向广大公众介绍复杂系统的科普手段。他们出版漂亮的图录和图书，带着自己的计算机图片展在世界各地旅行，随时找机会展出。里希特当初从物理学转向复杂系统，中间途经了化学和生物化学，并经由了研究生物途径中的振荡现象。[16] 在一系列讨论免疫系统以及糖酵解途径中的此类现象的论文中，他发现，振荡常常决定了一些过去习惯被视为静态的过程（毕竟活体不容易被打开进行实时研究）的动力学。里希特一直在自己办公室的窗台上夹着一部保养良好的双摆，这是他的"宠物动力系统"，由其大学的机工车间专门为他定制。时不时地，他会随手催动双摆做出混沌的、无节律的摆动，而他也可以在一部计算机上模拟出来这样的运动。双摆对初始条件的依赖是如此敏感，以至于一英里①外一滴雨的微弱引力会在不到五十或六十个周期，或大约两分钟内就足以影响到其运动。他所模拟的双摆相空间的彩色图案揭示出了相互交错的周期性区域和混沌区域，他也使用相同的图像化技术来展示，比如说，在某种理论下物质的磁相变的各自吸引区域，以及来探索曼德尔布罗特集合。

对于他的同事派特根来说，复杂性研究提供了一个在科学中开创一些新传统的机会，而不仅仅是解决一些问题的方式。"在一个像这样的全新领域中，你可以从今天着手解决问题，而如果你是一名优秀的科学家，你可能花上几天、一周或一个月就可以找到一些有趣的解答。"派特根如是说。[17] 该学科是非结构化的。

"在一个结构化的学科中，大家都清楚什么是已知的、什么是未知的、什么是有人试过但徒劳无功的。这时，你需要研究一个已知是一个

---

① 1英里≈1.609 344千米。——译者注

问题的问题，否则你会白忙一场。但一个已知是一个问题的问题必定会很难，否则它早就被人解决了。"

　　派特根并不像其他数学家那样对使用计算机进行实验的做法多少感到心有疑虑。毫无疑问，每个结论必定最终要通过标准的证明方法变得严谨，不然的话，这就不是数学了。而在显示屏上看到了一个图像并不能保证，即使换成定理和证明的语言，它也确实存在。但现在我们有机会看到这个图像，这一点已经足以改变做数学的方式。派特根相信，计算机探索赋予了数学家自由去采取一种更自然的研究方式。一位数学家可以暂时放下严格证明的要求。就像一位物理学家那样，他可以追随实验的引导，而不论实验可能将他带向何方。数值计算的威力以及有助于直觉的视觉线索会提示一些可能前途光明的大道，而让他避免陷入一些死胡同。然后，在新的道路得到开辟，新的对象得到确认后，或有一位数学家可以重拾起严格证明的重担。"严谨性是数学的力量之所在，"派特根说道，"我们可以做出一个绝对有保证的论证——这是数学家永远不想放弃的志业。但你还是可以去考察那些现在可以得到部分理解，至于严格证明，则或许可以留待后人的状况。是的，严谨性很重要，但也不至于只是因为我现在做不到，我就要对有些东西全然放弃。"[18]

　　到了 20 世纪 80 年代，家用计算机已经拥有足够的计算精度，能够生成有关曼德尔布罗特集合的缤纷图案，而计算机爱好者们也很快发现，在越来越大的放大倍数上探索这些图案会给人一种生动的尺度变换之感。如果把整个曼德尔布罗特集合想象成一个星球大小的对象，那么一部家用计算机既能够展示其全貌，也能够让人一窥其局部特征，而不论它们是城市大小的、建筑大小的、房间大小的、书本大小的、字母大小的、细菌大小的，乃至原子大小的。看着这样一些图案，人们发现，所有尺

度上的景观有着相似的结构，但每个尺度上的景观又不完全一样，而且
所有这些微观景观都是通过相同的少量计算机代码生成的。①

---

① 一个曼德尔布罗特集合生成程序只需几个关键部分。其主发动机是一个循环指令，取其
初始复数，并对其应用一定的算术规则。对于曼德尔布罗特集合来说，其规则是这样的：
$z \rightarrow z^2+c$，其中 z 始终从 0 开始，c 则是要检验的那个点所对应的复数。因此，先取 0，让
它自己乘以自己，再加上初始复数；取上次计算的结果（即那个初始复数），让它自己乘以
自己，再加上初始复数；取新的结果，让它自己乘以自己，再加上初始复数；如此反复。
复数的算术其实简单明了。一个复数由两个部分构成：比如，$2+3i$（对应于复平面上位于
东 2 北 3 的那个点）。要将两个复数相加，你只需将它们的实部相加，得到一个新的实部，
同时将它们的虚部相加，得到一个新的虚部。比如，

$$\begin{array}{r} 2 + 4i \\ + \ 9 - 2i \\ \hline 11 + 2i \end{array}$$

要将两个复数相乘，你则需要将其中一个复数的各个部分分别乘以另一个复数的各个部分，
然后将四个结果加起来。根据复数的原始定义，$i^2 = -1$，所以结果中的平方项可以合并进
另一项。比如，

$$\begin{array}{r} 2 + 3i \\ \times \ 2 + 3i \\ \hline 6i + 9i^2 \\ 4 + 6i \\ \hline 4 + 12i + 9i^2 \\ = \ 4 + 12i - 9 \\ = -5 + 12i \end{array}$$

为了适时跳出这个循环，程序需要时刻留意这个运行过程中的结果。如果结果趋于无穷，
离复平面的原点越来越远，那么要检验的那个点就不属于曼德尔布罗特集合；比如，如果
它的实部或虚部变得大于 2 或小于 −2，那么它无疑在趋于无穷，这时程序就可以跳出循
环。但如果程序重复循环了许多次，结果都不大于 2，那么那个点就是曼德尔布罗特集合
的一部分。至于要迭代多少次，这取决于放大倍数。就个人计算机能够达到的放大倍数而
言，100 次或 200 次已经不算少，1000 次则是非常安全的了。
程序必须对一个网格中成千上万个点中的每一个都重复这样的迭代过程，而这个网格的尺
度还可根据放大倍数加以调整。然后程序展示其结果。属于曼德尔布罗特集合的点可以标
记成黑色，否则标记为白色。或者为了得到一个更悦目的图案，这些白点可以用不同颜色
进一步加以区分。比如，如果迭代过程在重复 10 次后跳出，这个点可以标记为红色；重复
了 20 次的点，标记为橙色；重复了 40 次的点，标记为黄色；如此等等。颜色和区间点的
选择可视程序员的喜好而定。这些颜色揭示了曼德尔布罗特集合外的附近区域的等高线。

边界是一个曼德尔布罗特集合生成程序花费其绝大部分时间，做出其所有妥协退让的地方。在那里，即便在 100 次、1000 次或 10 000 次的迭代过后还未跳出，程序仍无法绝对确定某个点接下来也会一如以往。谁知道在第一百万次迭代时会发生什么呢？所以那些生成了最惊人、最细致入微的曼德尔布罗特集合图案的程序，都跑在大型机或专业用于并行处理的计算机上，借助其中数以千计的个体电"脑"同步进行相同的算术运算。边界也是点最难摆脱曼德尔布罗特集合的吸引的地方。就仿佛它们在相互竞争的两个吸引子之间犹豫不决，一个近在咫尺，另一个则相当于远在天边发出召唤。

当科学家将关注点从曼德尔布罗特集合本身转向一些代表现实中的物理现象的新问题时，曼德尔布罗特集合边界的种种特性开始走上前台。一个动力系统中的两个或更多个吸引子之间的边界成了某种阈值，它看上去控制了如此多的常见过程，从材料的分解到决策的做出。在这样一个系统中，每个吸引子都有其吸引域，就像河流有其集水的流域。每个吸引域都有其分水的边界。在 20 世纪 80 年代初的一个著名研究团队看来，一个非常有前途的数学和物理学的新研究领域就是分形吸引域边界研究。[19]

动力学研究的这个分支关心的不是描述一个系统最终的、稳定的行为，而是一个系统在相互竞争的不同选项之间做出选择的方式。一个像如今已成经典的洛伦茨模型那样的系统只有一个吸引子（当一切尘埃落定时，一种行为占据了主导），并且它是一个混沌吸引子。其他系统则可能最终表现出非混沌的、定态的行为——但有着不止一个可能的定态。分形吸引域边界研究，就是研究那些最终会进入多个非混沌终态之一的系统，并试图预测会是**哪一个**系统。詹姆斯·约克（他在赋予混沌名字的十年后，又开创了分形吸引域边界研究）就设想了一部假想的弹珠机。[20]
像大多数弹珠机一样，它有着一根带弹簧的击珠杆。你拉动击珠杆，借
力将弹珠击出，送进游戏区。游戏区设有由橡胶内壁和电子反弹器构成
的倾斜场景，反弹器的功能是赋予弹珠额外的助力。这种额外的助力很
重要：这意味着动能不只是平滑地衰减。为简明起见，这部机器在底部
没有挡板，只有两个出口坡道。弹珠必定会经过其中一个坡道落下。

　　这是一部决定论式弹珠机——严禁晃动机器。只有一个参数控制了
弹珠的最终归宿，那就是击珠杆的初始位置。设想机器被如此设置，使
得小幅拉动击珠杆总是意味着弹珠最终会落入右侧坡道，而大幅拉动击
珠杆总是意味着弹珠最终会落入左侧坡道。在两者之间，其行为则变得
复杂起来，弹珠像往常那样噼里啪啦地在反弹器之间跳来跳去，在持续
了各不相同的一段时间后最终落入其中一个坡道。

　　现在设想根据击珠杆的每个可能的初始位置及其结果进行绘图。这
样得到的只是一条线段。如果某个初始位置导致弹珠从右侧坡道落下，
我们就画一个红点，反之则画一个绿点。那么对于这两个作为初始位置
的函数的吸引子，我们可以预期发现些什么？

　　它们之间的边界被证明是一个分形集合，不一定是自相似的，但有
着无穷深度的细节。线段的有些区域会是内部一致的完全红色或绿色，
而其他区域，在放大之后，则会是红中有绿，或绿中有红。也就是说，
对于击珠杆的某些初始位置，一个微小的改变不会有任何影响。但对于
其他位置，哪怕一个任意小的改变也会导致是红还是绿的天差地别。

　　加入第二个维度，也就意味着加入第二个参数，第二个自由度。比
如，在一部弹珠机中，有人可能会将游戏区的倾斜度也纳入考量。而他

会发现自己面对的是某种变幻莫测的复杂性——某种会让负责控制现实世界中多参数系统的稳定性的工程师头疼不已的复杂性，尤其是那些敏感而重要的系统，比如，电网和核电站，这两者因而也成为 20 世纪 80 年代混沌控制相关研究的对象。对于参数 A 的一个值，参数 B 可能会产生某种令人安心的、有序的行为，也就是说，它们处于那些内部一致的稳定区域内。这时工程师就可以做出他们受到的训练所习惯预设的线性研究和图表。不过，有可能不远处的参数 A 的另一个值就会彻底扭转参数 B 的重要性。

　　约克会在学术会议上展示了分形吸引域边界的一些图案。有些图案代表了一些会最终落入两个终态之一的受迫单摆的行为——而他的听众都很清楚，受迫单摆是一种以多种面貌常见于我们日常生活的最基本振子。"这样就没有人可以说，我是通过选择单摆而得以投机取巧，"约克会笑着说，"事实上，这是一类你在自然中到处可见的事物。但这里的行为不同于你在文献中见过的任何东西。它是一种超乎想象的分形行为。"[21] 这些图案由黑、白两个涡旋构成，就像是有人在试着将香草布丁和巧克力布丁在一个厨房搅拌碗中不完全搅拌均匀的过程中停顿过几次。为了生成这样的图案，他的计算机遍历了一个 1000×1000 的网格，其中每个点都代表了单摆的一个不同的初始位置，然后他将结果绘制成图：根据单摆最终落入的定态，将每个点标记为黑色或白色。这两个涡旋是吸引域，它们由于相同的牛顿运动方程而混合、搅拌在一起，而所得的结果是边界占据了大头。通常情况下，超过四分之三的点都属于边界。[22]

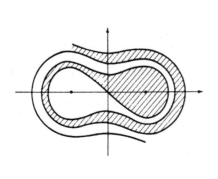
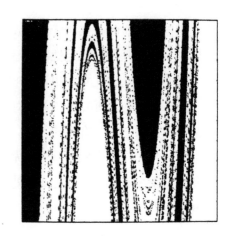

© James A. Yorke

分形吸引域边界

即便一个动力系统的长期行为不是混沌的，混沌也可以出现在其中一类稳定行为与另一类稳定行为之间的边界上。常常是，一个动力系统拥有不止一个均衡状态，比如一个摆锤最终可为置于底座上的两块磁铁之一所吸引的单摆。每个均衡状态都是一个吸引子，而两个吸引子之间的边界可以是复杂但平滑的（左图）。或者，边界也可以是复杂且不平滑的。前述单摆的相空间图便呈现出高度分形的黑白错落分布（右图）。这个系统最终必定会落入两个可能定态之一。对于有些初始条件，其结果是很好预测的——黑是黑，白是白。但在靠近边界的地方，预测则变得不可能。

　　对于研究者和工程师而言，从这些图案中可以得到一个提醒——这是一个提醒，也是一个警告。太过经常的情况是，人们不得不根据少量数据猜测复杂系统在更大范围内的可能行为。当一个系统停留在一个窄小的参数范围内，且正常运作时，工程师做出观测，并期望自己能够通过或多或少的线性外推，将这一套应用在较不常见的行为上。但这些研究分形吸引域边界的科学家已经表明，正常与灾难之间的界线可以远比人们料想的复杂。[23]"美国东海岸的整个电网是一个振荡系统，在大多数时候是稳定的，而你想要知道当你稍微扰动它一下时会发生什么，"约克这样说道，"这时你需要知道边界在哪里。但事实是，人们对于边界到底是什么样子的根本毫无概念。"

分形吸引域边界也触及了理论物理学中的一些深层次问题。相变最重要的是阈值，而派特根和里希特考察了一种得到最深入研究的相变——物质的非磁体－磁体相变。他们所给出的这两个吸引子之间的边界的图案展现出了尤其美丽的复杂性，看上去如此自然，"花菜"形状上长着越来越缠结在一起的花球和纹路。随着他们变化参数值，并放大细节，其中一幅图看上去变得越来越随机，然后突然之间，出乎人们的意料，在一个错乱无章的区域的中心出现了一个熟悉的扁圆形状，上面还长着一个个凸起：那正是曼德尔布罗特集合，周身上下，分毫不差。这是普适性的另一个标志。"或许我们真的应该相信魔法。"他们不禁这样写道。[24]

迈克尔·巴恩斯利则选取了一条不同的道路。他思考的是大自然自己的图像，尤其是生物体所生成的图样。他进行实验，尝试朱利亚集合及其他过程，试图找出生成越来越多变化的方法。最终，他选择将随机性作为一种为自然界的形状建模的新方法的基础。在写论文时，他将这种方法称为"借助迭代函数系统的分形建构通用方法"。[25] 不过，在日常谈论它时，他则称之为"混沌游戏"。

要想快速地玩这个混沌游戏，你需要一部带图形显示器的计算机以及一个随机数生成器，但在原则上，一张纸和一枚硬币便堪使用。你在纸上某处选取一个初始点，随便哪里都可以。你设定两条规则，一条正面规则和一条反面规则。这样的规则将告诉你如何在一个点旁边做出另一个点：比如，"往东北方移动两英寸"，否则"缩短距中心25%的距离"。现在你开始掷硬币，并在硬币正面朝上时应用正面规则，在反面朝上时应用反面规则，如此这般做出新的点。如果你舍弃头五十个点，就像玩二十一点的庄家在新的一局开始时盖掉头几张牌一样，你就会发现混沌游戏生成的不是一片随机的点，而是一个形状，并且随着游戏深入进行，它会变得越来越清晰。

巴恩斯利的核心洞见是这样的：朱利亚集合及其他分形形状被视为一个决定论式过程的结果自然没错，但它们其实有着另一个同样成立的身份，即作为一个随机过程的**极限**。他提出，作为类比，我们不妨想象一幅用铅笔画在房间地板上的英国地图。一位测量员会发现，利用平常的工具，他将难以测量这些怪异形状的面积，毕竟它们有着分形的海岸线。但设想你朝空中一粒接一粒地扔米粒，让它们随机落在地板上，然后统计落在地图之内的米粒数量。随着时间推进，其结果开始逼近这些形状的面积，也就是作为一个随机过程的极限。换用动力学的语言，巴恩斯利的这些形状被证明其实是吸引子。

混沌游戏利用了某些图案的这样一种分形性质，即它们是由主图案的缩小副本在不同尺度上层层拼凑而成的。设定一套随机迭代的规则，这个行为便把握到了关于一个形状的某种全局信息，而反复地、随机地应用它们，则是将这一信息一再复述出来，而不顾及尺度。在这个意义上，一个形状越分形，相应的规则就越简单。巴恩斯利很快发现，自己可以生成曼德尔布罗特书中所有如今已成经典的分形。曼德尔布罗特当初所用的方法属于一种无穷渐进的构造和精细化。比如，对于科赫雪花或谢尔平斯基地毯，你需要移除部分线段而代之以特定形状。相反，巴恩斯利借助混沌游戏生成的图案，一开始只是隐隐约约的影子，后来才变得越来越清晰。这里不再需要精细化过程，所需的只是一套以某种方式编码了最终形状的规则。

巴恩斯利及其同事此时开始了一个看上去没有尽头的项目，用这种方法复制各种图案，乃至现实中的卷心菜、霉斑和泥点。这里的关键问题是如何进行逆向破解：给定一个具体形状，如何选择相应的一套规则？而答案，即他所谓的"拼贴画定理"，描述起来是如此简单，以至于有时候人们在听到后还认为这必定是在开玩笑。事实上，你首先需要将自己想要复制的形状描画出来。巴恩斯利当初就选择了一片夹在书中很久、颜色已经发黑的铁角蕨叶片作为自己第一批实验的对象。然后利用计算机终端和鼠标作为控制设备，你将这个形状的缩小副本叠加到原始形状上面，如有必要，旋转其角度，使之刚好与其局部相吻合。一个高度分形的形状的缩小副本可以很容易就与原始形状相吻合，分形程度越低，则越不容易做到这一点，但如果允许某种程度的近似，那么所有形状都可以做到这一点。而这个变换过程正是你需要的一套规则。

"一方面，如果图像很复杂，那么规则也会很复杂，"巴恩斯利说道，"但另一方面，如果对象有着一种隐藏的分形秩序（而贝努瓦的核心洞见之一是，自然界的大多数东西并没有这样一种隐藏秩序），那么我们就有可能利用少量规则来编码它。这样的模型因而比一个利用欧氏几何构造的模型更为有趣，因为我们都知道，当你观察一片树叶的边缘时，你是不会看到直线的。"[26] 他利用一部小型台式计算机生成的第一片蕨叶，与他小时候读过的那本蕨类图书中的图像几乎一般不二。"那是一个令人惊愕的图像，方方面面都没有问题。随便哪位生物学家都可以很容易就辨认出它是什么。"

巴恩斯利进而主张，在某种意义上，大自然必定也在进行着她自己的混沌游戏。"编码了一种蕨类植物的孢子只带有这么多信息，"他说道，"因而这种蕨类植物所能长到的精细程度也有一个限度。我们能够找到用来描述它的简明扼要的对应信息，这事并不奇怪。不这样才奇怪呢。"

© Michael Barnsley

混沌游戏

每一个新的点都是随机做出的，但慢慢地，一片蕨叶的图像浮现了出来。所有的必要信息都蕴含在一套简单规则中。

但随机性是必要的吗？哈伯德也思考过曼德尔布罗特集合与生物信

息的编码之间的相似之处，但他断然拒绝任何认为这样的过程可能需要
仰赖概率的说法。"曼德尔布罗特集合中不存在任何随机性，"哈伯德说
道，"在我做的所有工作中也不存在任何随机性。我也不认为，存在随机
性的这种可能性会与生物学有任何直接干系。在生物学中，随机性意味
着死亡，混沌意味着死亡。这里的一切都是高度结构化的。当你克隆植
物时，枝叶的生长顺序是完全一样的。曼德尔布罗特集合遵循一个极其
精准的安排，其中没有留给随机性任何空间。我强烈怀疑，有朝一日，
当有人真的搞明白脑是怎样运作的时，他们也会惊讶地发现，脑的生长
有其编码方案，而它也是极其精准的。生物学中的随机性？这个想法是
未过脑子的。"[27]

　　不过，在巴恩斯利的方法中，随机性只用作一个工具。其结果是决
定论式的，是可预测的。随着一个个点在计算机显示屏上闪现，没有人
能猜到下一个点会出现在哪里，毕竟这取决于机器自己"掷硬币"的结
果。但不知怎么地，这道光流始终没有超出用磷光刻画一个形状所需框
定的范围。就此而言，随机性的角色只是一个幻觉。"随机性是一个假
象，"巴恩斯利说道，"它对于生成那些具有某种不变测度的图像而言至
关重要，而这样的不变测度是分形对象所具有的。但这样的对象本身并
不仰赖随机性。即便以概率 1，你也总是会画出相同的图案。

　　"它所做的是给出深层信息，利用一个随机算法扫描分形对象。就像
是当我们走进一个陌生房间时，我们的眼睛会以某种我们可能也认为是
随机的顺序四下打量，然后我们就对房间有了一个大致概念。房间仍在
那里。对象始终存在，而不论我恰好做了什么。"[28]

　　同样地，曼德尔布罗特集合也始终存在。它的存在早于派特根和里
希特开始将它变成一种艺术形式，早于杜阿迪和哈伯德把握到它的数学

实质，甚至早于曼德尔布罗特首次发现它。它出现在科学创造出一个必要的语境（包括一个复数的框架和一种迭代函数的概念）的那一刻，然后它静静等待着被人发现。又或者，或许它出现得更早——早在大自然开始以无限的耐心在每一个角落通过重复简单的物理定律来组织自己的那一刻。

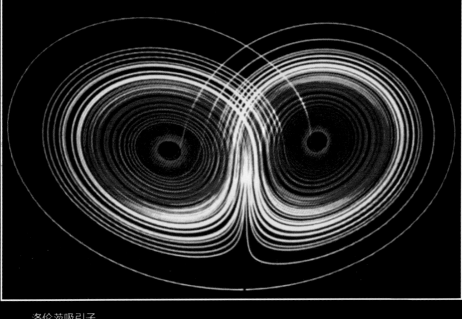

洛伦茨吸引子

科赫曲线

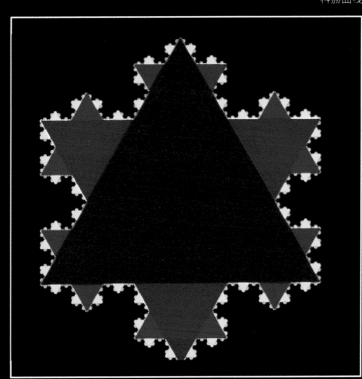

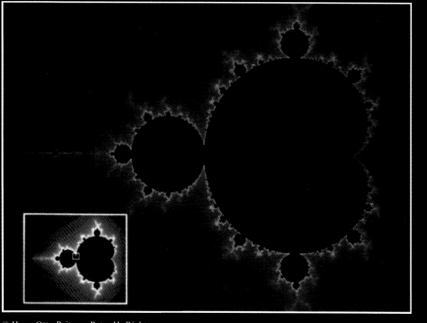

曼德尔布罗特集合

在越来越精细的尺度上所做的一段探索，展示了这个集合逐渐增加的复杂性，包括那些海马尾巴般的螺旋以及孤悬海外的、与整个集合很相像的岛屿状"分子"。等到最后一帧，放大倍数已经达到一百万倍的水平

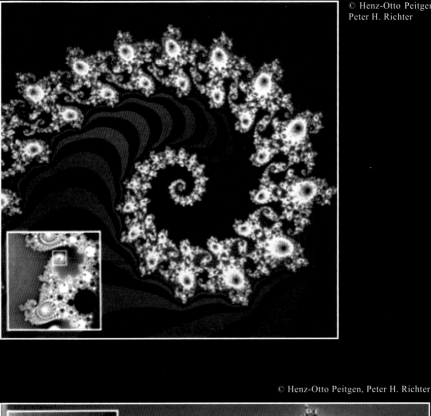

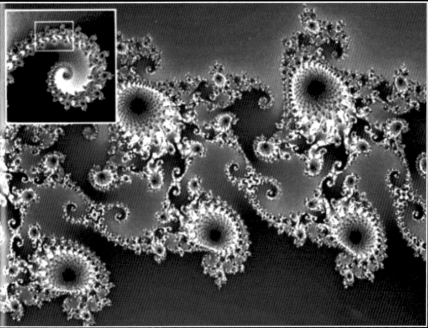

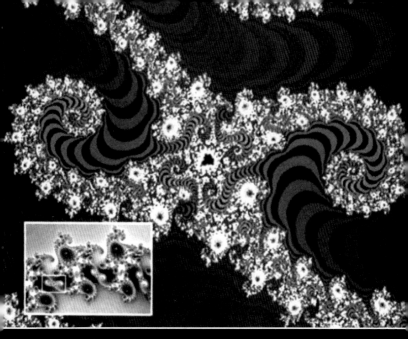

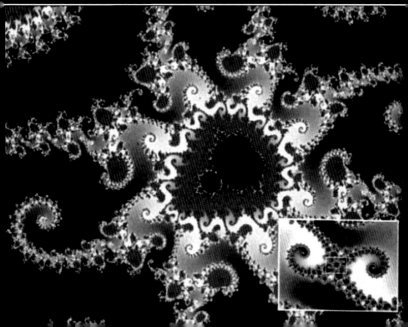

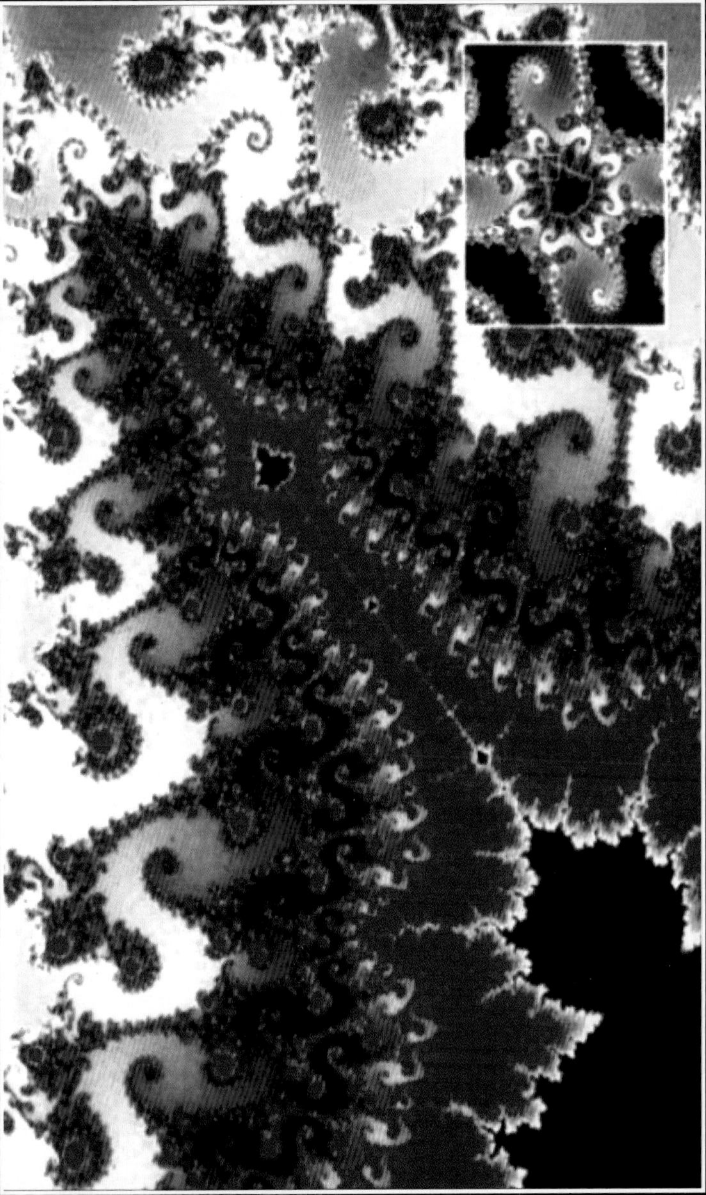

牛顿法的复杂边界

四个点（处在四个"黑洞"中）的吸引力创造出了各自的"吸引域"，每个都用不同颜色表示，并有着一条复杂的分形边界。上图表现了在利用牛顿法求解方程时（在这里，其方程是$x^4-1=0$），不同的初始猜测引出四个可能解之一的方式。

"旅行者号"探测器揭示了，木星表面是一种具有东西向带状结构的活跃的、紊乱的流体（上部左图）。中图和右图则分别是从木星赤道和南极的上空观察到的大红斑。

菲利普·马库斯的计算机模拟所给出的图像采用了南极视角。其中的颜色表明了特定某片流体的旋转方向：逆时针方向为红色，顺时针方向为蓝色。不论初始设置如何，蓝色的团块倾向于不断破碎，而红色的则倾向于合并成一个大红斑，在周围的混乱中保持稳定和整合。

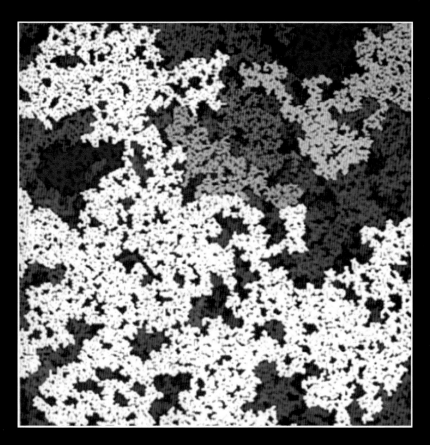

© Henz-Otto Peitgen, Peter H. Richter

分形集团

一种由计算机生成的无规凝聚形成了一个"逾渗网络"，后者是分形几何学所催生的众多视觉模型之一。应用物理学家发现，这样的模型可以用来模拟现实世界中的许多过程，比如高分子聚合物的生成以及石油在岩石孔隙中的渗透。逾渗网络中的每种颜色代表了一个相互连通的集团。

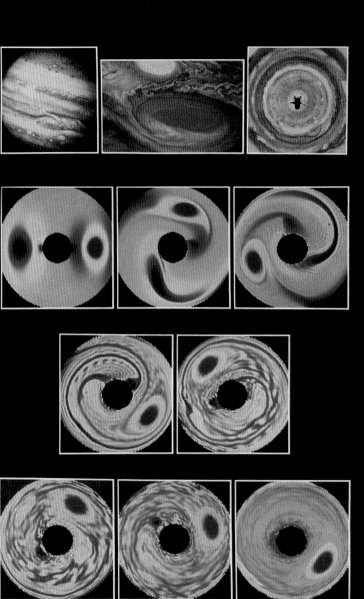

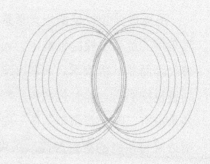

第 九 章

动力系统集体

CHAOS:
MAKING A NEW
SCIENCE

不可避免，新旧范式之间的沟通不完全在同一个频道上。

——托马斯·S.库恩，《科学革命的结构》

　　圣克鲁兹分校是加州大学系统的一个校区，坐落在旧金山以南一小时车程的童话书般的景致中，人们有时会说，它看上去更像一座国家森林公园而非一所大学。[1] 学校建筑掩映在高大的红杉之间，而当初的规划者也按照当时的时代精神，努力保留下了每一棵大树。步行小径通往各个地方。整个校园坐落在一座山丘上，所以你时常会在不经意间瞥见南边蒙特雷湾的粼粼波涛。圣克鲁兹分校成立于 1966 年，并在几年时间内，一度短暂成为加州大学中最难进的分校。学生们向往那里的许多思想前卫的学术偶像：在那里可以聆听诺曼·O. 布朗、格雷戈里·贝特森和赫伯特·马尔库塞的讲学，偶尔还可以碰到汤姆·莱勒在课堂上唱起歌来。学校的研究生院从无到有组建起来，刚开始都百废待兴，物理系也不例外。教员们（包含大约十五位物理学家）大多是年轻人，活力十足，与那些被吸引到圣克鲁兹分校的才智聪慧且不墨守成规的学生们很合得来。他们受到当时追求自由思想的思潮影响，但作为物理学家，他们也看向自己南边的加利福尼亚理工学院，并意识到他们需要制定各种规章制度，以表明自己的办学态度是严肃认真的。

　　其中一位研究生是罗伯特·斯特森·肖，没有人会怀疑他的认真态度。这位留着胡子的波士顿人是一位医生和一位护士的六个子女中的长子，本科毕业于哈佛大学，1977 年，他即将年满三十一岁。这让他比其他大多数研究生同学都要稍微年长一些，毕竟他在哈佛的学业多有打断，包括在陆军服役、在公社生活，以及处在这两个极端之间的其他兴之所至的事情。他自己都不清楚为什么自己来到了圣克鲁兹。[2] 他之前从没有来过这里，尽管他曾经见过一份宣传册，里面有红杉的照片，还有些诸如尝试新的教育哲学之类的介绍。肖生性安静，有点儿害羞，但做事坚定。他是个好学生，并且已经到了再过几个月就可以完成其超导研究博士论文的地步。所以没有人特别在意他正在浪费时间，在物理楼的楼下玩一部模拟计算机。

一位物理学家的教育有赖于一种导师制。功成名就的教授招收研究助手帮助自己做实验室的工作或繁复的计算。而作为回报，研究生和博士后得以从自己教授的学术资助中分一杯羹，并得以在论文上挂名。一位好的导师会帮助他的学生挑选出那些有价值且可解决的问题。如果这段关系成效颇彰，教授的影响力还可以帮助他的弟子找到工作。常常是，他俩的名字以后就会永远联系在一起。然而，当一门科学还不存在的时候，就几乎没有人可以教授它。在 1977 年，混沌科学就没有导师可选。当时没有教授混沌的课程，没有研究非线性和复杂系统的专门机构，没有讲授混沌的教科书，甚至没有一份发表混沌研究的专门期刊。

威廉·伯克，一位来自圣克鲁兹分校的年轻宇宙学家和相对论研究者，在某天凌晨一点在波士顿一家酒店的走廊上意外碰上了他的朋友，天体物理学家爱德华·A. 施皮格尔，当时他们都来此参加一个广义相对论的学术会议。[3] "嗨，我刚才正在聆听洛伦茨吸引子。"施皮格尔这样说道。原来施皮格尔将某个临时拼凑的电路接到一套高保真音响上，把这个混沌的标志转化成了一段反复循环的如滑笛般"悦耳"的旋律。他邀请伯克到吧台喝一杯，并给他做了解释。

施皮格尔个人认识洛伦茨，并在 20 世纪 60 年代就已经知道混沌。他长久以来致力于寻找各种线索，以期解释恒星运动模型中可能的不规则行为，并一直跟法国数学家保持着联系。最终，这位哥伦比亚大学教授选择将太空中的湍流（"宇宙心律失常"[4]）作为自己天文学研究的焦点。他拥有一种可以用新思想吸引住同事的才能，而随着夜越来越深，他也成功激起了伯克的好奇心。伯克对于这类事情向来持开放态度。伯克之前靠着研究爱因斯坦带给物理学的那些更具悖论性质的礼物之一，也就是引力波（一种在时空结构中传开的涟漪）的概念而崭露头角。这是一个高度非线性的问题，有着与流体动力学中那些令人头疼的非线性相关联的棘手之处。它也极其抽象和理论化，但伯克同样喜欢研究贴近现实的物理学，甚至就啤酒杯的光学发表过一篇文章：你最多可以把玻璃杯做到多厚，仍能让人看起来啤酒是分量足够的？他喜欢说自己有点儿"返祖"，会认为物理学是实在的，而非建构的。此外，他曾经读过罗伯特·梅在《自然》杂志上发表的那篇文章，明白其呼吁更多人来了解简单非线性系统的苦心，也曾经在计算器上花了几个小时把玩梅的方程。所以洛伦茨吸引子听上去有点儿意思。但他不打算真的听它，他想要看到它。当他回到圣克鲁兹时，他交给罗伯特·肖一张纸，上面有他潦草地写下的一个包含三个微分方程的方程组。肖能够利用模拟计算机为这个方程组作图吗？

在计算机的演化史上，模拟计算机代表了一个死胡同。它们在各地的物理系中都没有立足之地，而圣克鲁兹分校存在这样一种东西纯粹是机缘巧合：圣克鲁兹分校原本规划了一个工程学院，而等到工程学院被取消的时候，一个太过心急的采购人员已经购入了部分设备。[5] 数字计算机（由在开或关、1 或 0、是或否的二元选择之间切换的基本电路构成）可以就程序员所问的问题给出精确回答，并且它们也被证明远更适应计算机革命所带来的技术微型化和加速化。不管是任何事情，只要它在一部数字计算机上已经做过一次，它就能够在这部机器上再做一次，得到完全相同的结果，并且在原则上，也可以在任何其他数字计算机上做到。而模拟计算机出于设计的原因，天生是模糊的。它们的基本构成单元不是 1 或 0 的开关，而是诸如电阻器和电容器之类的电路——对于像肖那样，在那个晶体管出现之前的时代玩过收音机的人来说，它们并不陌生。圣克鲁兹的模拟计算机是一部 SD 10/20，一个积满灰尘的笨重家伙，正面有一块供塞绳插拔的面板，就像老式的人工电话交换机所用的那样。而为模拟计算机编程，就是选取所需的电子部件，然后在面板上用塞绳将它们接通。

通过搭建不同的电路组合，程序员可以仿真微分方程系统，而在模拟计算机上做这件事情的方式碰巧非常适合于处理工程问题。[6]比方说，你想要为一个涉及弹簧、避震器、车身重量等变量的汽车悬架系统建模，以便找出能够给人最平缓舒适的驾驶体验的设置。电路中的振荡便可被拿来类比物理系统中的振荡。电容器取代了弹簧，变压器代表了车身重量，如此等等。计算并不精确，所以你会规避做数值计算。相反，你得到的是一个由金属和电子构成的模型，响应相当快速且（最棒的是）很容易进行调整。简单转动旋钮，你就可以调整变量，让弹簧强度更大或摩擦力更小。并且你可以看到结果的实时变化，看到图样在示波器屏幕上的变动。

在楼上的超导实验室里，肖正在东一下、西一下地做着博士论文研究的收尾工作。但他开始花费越来越多的时间在折腾那部模拟计算机上。他已经做到能够看到某些简单系统的相空间画像——它体现为周期性轨线或所谓的极限环。而即便他在这个过程中已经遇到过混沌（体现为奇怪吸引子），他当时也无疑没有认出来。这些被写在一张纸上交给他的洛伦茨方程组，并不比他之前处理过的系统更复杂。所以他只花了几个小时组合塞绳和调整旋钮。几分钟后，肖明白自己的超导研究博士论文是永远完成不了了。[7]

他花了多个夜晚在那个地下室里，看着绿点在示波器的屏幕上飘忽不定，一次又一次勾画出洛伦茨吸引子那个标志性的猫头鹰面具。那个形状的流久久停留在他的视网膜上，它不停地闪烁和跳动，一点儿也不像肖在其研究里遇到过的任何对象。它仿佛拥有自己的生命。它循着永不重复的模式运行着，就像火焰一样吸引着肖的注视。而模拟计算机的不精确和无法完全重复恰好帮到了他。他很快注意到其中对初始条件的敏感依赖，当初正是这一点让爱德华·洛伦茨意识到长期天气预报是徒劳。肖会设定初始条件，按下开始按钮，然后绿点很快趋向吸引子。接下来他会再次设定相同的初始条件（尽可能接近上一次的条件），然后轨线就会轻快地偏离上一次的路径，但最终却落入相同的吸引子。

小时候，肖曾经对科学会是什么样子的有过浪漫的幻想——不断奔向未知。而这时，这类探索正好符合了他的幻想。低温物理学从动手的角度看确实很好玩儿，人们可以尽情折腾管材和大磁铁、液氦和表盘。但对肖来说，它做不到这一点。很快，他将那部模拟计算机搬到了楼上，而那个房间以后也再没有被用于超导研究。

"你需要做的只是把手放到这些旋钮上，然后突然之间，你就是在探索这个异世界，而在这里，你属于第一批旅行者，所以你不想停下脚步。"很快闻讯前来观看会动的洛伦茨吸引子的数学教授拉尔夫·亚伯拉罕如是说。[8]他早年曾与斯蒂芬·斯梅尔在伯克利分校组织推动动力系统的早期研究的时候共事，所以他是圣克鲁兹分校的教员中难得几个拥有相关背景、能够认识到肖的游戏之举的重要性的人之一。他的第一个反应是惊喜于这么快就能显示出图像，而肖指出，他还是用了额外的电容器才让它没有显示得更快。吸引子也是稳健的。模拟电路的不精确性正好证明了这一点——微调旋钮并不会使吸引子消失，也不会使它变成某种随机的东西，而只是使它左右或上下转动（对此，人们也慢慢开始理解其原因）。"罗伯特当时经历了一个自主性学习的过程，一点点探索就牵扯出了所有秘密，"亚伯拉罕说道，"所有的重要概念，比如李雅普诺夫指数、分形维数，会自然而然地出现在你面前。你会看到它，然后你会开始进一步探索。"

那么它是科学吗？它无疑不是数学，这样的计算机探索算不上形式化方法或证明，而即便是来自像亚伯拉罕这样的人的同情式鼓励也无法改变这一点。物理系的教员们也看不到认为它是物理学的理由。但不论它是什么，它吸引了一群人。肖常常让房间门开着，而它碰巧与物理系的入口就隔着一条过道。来来往往的人相当不少。没过多久，他发现自己周围多了一帮志同道合的同伴。

这个自称为动力系统集体（外人则有时称之为混沌四人组）的团体以肖为其安静的中心。他苦于有点儿缺乏自信，难以做到将自己的思想在学术市场上大声讲出来；但对他来说幸运的是，他的新同伴们并没有这样的问题。另一方面，他们也常常有赖于肖在如何展开一项没有前例可循的研究，来探索一门尚未得到认可的科学上的一向可靠的远见。

多因·法默，这位身材瘦高、长着一头浅棕色头发的得克萨斯人，成了该团体最响亮的发言人。[9] 在 1977 年的时候，他二十四岁，浑身洋溢着活力和热情，满脑子都是新点子。那些遇到他的人有时都不禁在一开始会怀疑他只会夸夸其谈。诺尔曼·帕卡德比法默小三岁，是法默在新墨西哥州银城长大时的童年玩伴。那年秋天，他刚到圣克鲁兹分校，正赶上法默开始休学一年，全身投入他打算利用运动定律破解轮盘赌的计划。这个计划可能听上去像天方夜谭，但法默却无比认真。在十多年里，法默及其一帮来了又走的同伴，其中包括物理学家同行、职业赌徒和好事者，一直在追寻这个梦想。甚至在他加入洛斯阿拉莫斯国家实验室的理论部后，法默也没有放弃。他们计算轮盘的倾斜度和珠子的运动轨迹，编写和调整特制软件，将计算机嵌入皮鞋底部，并穿着它们忐忑不安地进入赌场。但事情并不尽如预期。时不时地，该集体中除了肖之外的所有成员都会出力献策，并且也必须说，这个项目以不同寻常的方式训练了他们快速分析动力系统的能力，但这终究还是无法说服圣克鲁兹分校物理系的教员们，法默并不是在拿科学闹着玩。

该团体的第四位成员是詹姆斯·克拉奇菲尔德，他最年轻，也是唯一的加利福尼亚本地人。他身材短小壮硕，喜欢玩帆板，而对该集体来说最重要的是，他对于计算有着本能般的掌握。克拉奇菲尔德作为本科生进入圣克鲁兹分校，曾在肖之前的超导实验中担任实验室助理，毕业后又在 IBM 的圣何塞研究中心工作了一年，每天通勤到"山那边"（按照圣克鲁兹当地人的说法）上班，直到 1980 年才作为研究生实际加入物理系。等到那时，他已经在肖的实验室里混了两年，并如饥似渴地阅读了帮助自己理解动力系统所需的数学。就像团体内的其他成员，他也不打算走物理系学生的寻常路。

直到 1978 年春，系里才真的相信肖确实无意继续他的超导研究博士论文了。他已经如此接近终点。教员们原本以为，不论他多不感兴趣，他应该还是可以把流程走完，拿到博士学位，然后进入社会。至于混沌研究，这里还存在学术资质的问题。当时在圣克鲁兹分校，没有人有资格指导一项关于这个连名字都还没有的领域的研究，也从来没有人取得过这个领域的博士学位。圣克鲁兹分校中的物理学研究，跟当时美国所有大学中的一样，主要是由美国国家科学基金会及其他联邦政府机构，以向教员提供学术资助的形式提供资金的。[10] 美国海军、空军、能源部、中央情报局——它们都投入大量资金在理论研究上，而不一定要求立刻见到其在水动力学、空气动力学、能源或情报领域中的实际应用。一位教员会得到足够的资助来购买实验设备，聘请研究助手，也就是研究生，他们也会从其资助中分一杯羹。他会支付研究生们复印材料、出差开会的费用，甚至会花钱雇他们在暑假继续工作。不然的话，一个学生平时是非常拮据的。肖、法默、帕卡德和克拉奇菲尔德此时正是选择了自绝于这样的系统。

当特定种类的电子设备开始在晚上神秘失踪时，首先去肖原来的低温实验室里找找总错不了。偶尔有时候，该集体的一个成员会得以从研究生会那里要到一百美元，或者物理系会找到办法拨给他大致这样金额的款项。过道尽头的一个粒子物理团队正好有一部打算废弃的小型数字计算机，它也就自然而然地"跑"到了肖的实验室。法默则成了一个争取计算机使用时间的行家里手。有一个暑假，他受邀前往位于科罗拉多州博尔德的美国国家大气研究中心，那里拥有用于处理诸如全球天气建模之类的研究的大型计算机，而他争取这些计算机昂贵的使用时间的能力惊呆了那里的气象学家。

这些圣克鲁兹人的动手能力也帮到了他们。肖是从小折腾"各种小玩意儿"长大的。[11]帕卡德以前在银城的时候修理过电视机。克拉奇菲尔德则属于计算机处理器的逻辑语言对他来说已经成为一种自然语言的第一代数学家。坐落在红杉的树荫间的物理楼，像其他地方的物理楼一样，有着千篇一律的水泥地面和墙壁，总是有地方需要重新粉刷，但该混沌研究团体所占据的房间发展出了它自己的氛围，墙上挂着论文、塔西提岛岛民的图片，以及到最后，还有奇怪吸引子的打印件。在几乎任何时候（尽管在晚上比在早上更有可能见到），来访者都可以看到该团体的一些成员在重排电路，插拔塞绳，争论意识或生物演化的话题，调整示波器屏幕，或者只是盯着闪亮的绿点勾画出一条明亮的曲线，其轨道闪烁跳动，就仿佛活的一般。

"当时吸引我们所有人的是同一件事情:你可以做到决定论,但其实又不是真正做到,"法默说道,"我们之前学过的所有这些经典的决定论式系统其实可以生成随机性,这一点着实吸引人。我们都迫切想要理解是什么造就了这一点。

"你体会不到这是怎样一种启示,除非你已经被一种常规的物理学教育洗脑了六七年。你一直都被教导,存在所谓的经典模型,它们当中的一切都由初始条件决定;然后又有所谓量子力学模型,其中的事情同样由初始条件决定,只是你不得不接受,对于你所能获得的初始信息存在一个限度。'非线性'是你只有在教科书的最后才会遇到的一个词。一个物理系学生选了一门数学课,最后一章会讲到非线性方程。你通常会跳过这一章,而即便你没有这么做,其中所讲的也只是将这些非线性方程化约成线性方程,使得你可以求得一些近似解。这纯粹让人失望。

"我们当时根本想象不到非线性对一个模型可能造成的天差地别。一个方程可以以一种看上去随机的方式不断变化——这一点相当令人兴奋。你会问:'这种随机运动从何而来?我在方程中可没有见到。'它看上去就像是免费赠送的,或是无中生有的。"

克拉奇菲尔德也说道:"我们当时意识到,这里有整整一大类物理现象无法被纳入当前的物理框架。为什么这个部分没有被教给我们?我们得到了一个机会在身边的世界(一个如此普通,又如此精彩的世界)中展开探索,并明白了点什么。"

他们醉心于跳开讨论诸如决定论、智能的本质、生物演化的方向之类的哲学性问题,让他们的教授都不免招架不住。

"当时将我们凝聚在一起的是一个长期愿景,"帕卡德说道,"我们惊讶地意识到，如果你取那些在经典物理学中已经被分析到尽头的常见物理系统，然后只是在参数空间中稍微错开一小步，你就会最终得到所有这些海量分析都处理不了的某种东西。

"混沌原本可以在很早、很早以前就被发现。但事实并非如此，部分因为，有关这些常见运动的动力学的这些海量研究并没有看向那个方向。但其实只要你看一下，你就会发现它就在那里。这清楚地说明了一点，即我们应该让自己听从物理学，听从观察的引导，然后再看看我们可以就此发展出怎样的理论图景。我们当时把对于这种复杂动力学的研究视为一个切入点，而长期来看，它有可能引导我们最终理解那些真正复杂的动力学。"

法默也说道："在某个哲学层次上，我觉得它可以作为自由意志的一个操作性定义，这样的话，自由意志与决定论就是相容的。系统是决定论式的，但你终究无法说出它下一步会做什么。同时我也始终觉得，世界上的那些重大问题，必定与那种组织性是如何在生命中或智能中出现的有关。但你如何能够研究这样的东西呢？生物学家当时所做的看上去太过应用、太过具体，化学家无疑没有在做它，数学家根本没有在做这样的事情，它也是物理学家不会去做的事情。我向来觉得，自组织的自发性涌现应该成为物理学的一部分。

"这是一枚硬币的一体两面。一面是秩序，连同其涌现出来的随机性；而另一面是随机性，连同其背后隐藏的秩序。"

肖及其同伴需要将他们的自发热情落实到一个科研项目上。他们需要提出一些能够得到回答且值得回答的问题。他们想要设法连接起理论与实验——他们一直觉得，这里存在一个需要补上的缺口。但在他们可以开始之前，他们首先需要知道哪些是已知的，哪些还是未知的，而这件事本身已经是一个艰巨的挑战。

他们受限于当时科学中学术传播零星破碎的倾向，尤其是在一个横跨众多现有领域的新学科中。常常是，他们根本不知道自己究竟是身处新领域，还是旧领域。而对于他们的茫然失措，约瑟夫·福特，一位来自美国佐治亚理工学院的混沌研究倡导者，提供了尤为宝贵的指引。福特很早就认定非线性动力学是物理学的未来（并且是其整个未来），并长久以来致力于充当相关论文信息的交换中心的角色。[12] 他自己的研究兴趣是非耗散系统的混沌，也就是天体系统或粒子物理所涉及的混沌。他对于苏联学者正在进行的研究有着非同寻常的密切了解，并积极跟任何与这个新事业在哲学精神上哪怕有一丝共通之处的人建立联系。他到处都有朋友。其他科学家只要将自己有关非线性科学的论文寄给福特，就是让自己的工作在经过他的总结之后加入其日益增长的摘要库中。圣克鲁兹的这些学生听说了福特的摘要库，并制作了一种索要论文预印本复件的固定格式明信片。很快，预印本如潮水般涌来。

他们意识到，对于奇怪吸引子，可以提出许多类型的问题。[13] 它们的特征性形状是什么？它们的拓扑结构是什么？对于相关动力系统的物理学，这样的几何学又能揭示出些什么？这样一种直接探索的思路也是肖在一开始时所采取的。当时的大多数数学文献都在直接讨论结构，但数学家的研究方式在肖看来太过枝节——仍然太多只见树木而不见森林。随着他广泛阅读文献，他觉得数学家由于失于他们自己此时借助新计算工具的传统，已经陷入轨线结构的那些具体复杂性当中，诸如这里的无穷多轨线，那里的不连续点。数学家一直以来并不特别关心模拟计算机的那种模糊性——而在物理学家看来，无疑正是这种模糊性控制着现实世界中的真实系统。肖在他的示波器上看到的不是一条条单个的轨线，而是一条规定着这些轨线的包络线。正是这条包络线随着他缓缓转动旋钮而发生改变。他无法用数学拓扑的语言就这里的折叠和弯曲给出一个严格的解释。但他开始感到自己有点儿理解它们了。

物理学家想做的是测量。那么他们要在这些变幻不定的动态图像中测量些什么呢？肖及其他人试着看向那些使得奇怪吸引子如此吸引人的特殊性质，比如，对初始条件的敏感依赖——那种使原本相邻的轨道相互分离的倾向。当初正是这个性质让洛伦茨意识到，决定论式的长期天气预报是件不可能之事。但上哪儿去找能测量这样一种性质的卡尺？不可预测性本身是可测量的吗？

这个问题的答案在于一个出自俄国人的概念——李雅普诺夫指数。这个数给出了一种测量与诸如不可预测性之类的概念刚好对应的拓扑性质的方法。一个系统的李雅普诺夫指数给出了一种测量在一个吸引子的相空间中，那些相互冲突的拉伸、收缩和折叠效应的方法。它们就所有那些导致一个系统趋向稳定或不稳定的属性给出了一个综合图景。一个大于零的指数意味着拉伸——原本相邻的点会分开。一个小于零的指数意味着收缩。对于一个定点吸引子，所有不同方向上的李雅普诺夫指数都是负数，因为任意方向上的点都要最终收敛到这个定态。一个体现为周期性轨道（极限环）的吸引子则有刚好一个方向上的指数为零，其他方向上的指数为负数。而事实证明，一个奇怪吸引子需要至少一个正的李雅普诺夫指数。

原来他们自己并没有发明这个概念，这不免让圣克鲁兹分校的这些学生感到有点儿失落，但在学习如何测量李雅普诺夫指数，并将它与其他重要属性联系起来的过程中，他们以一些最贴近实践的方式发展了它。

他们利用计算机动画来制作影片，形象表明秩序和混沌在动力系统中并行不悖。他们的分析生动展示了有些系统如何能在一个方向上制造出无序，同时在另一个方向上保持有条不紊。其中一段影片就展示了，随着系统随时间演进，一个奇怪吸引子上的一小撮紧密相邻的点（代表有着微小不同的初始条件）会如何变化。这一小撮点开始失去焦点，分散开来。它们起先挤在一起，仿佛就是一个点，然后散布成不大的一团。对于某些吸引子，这一团很快会四散开来。这样的吸引子在流体混合上就很有效。而对于其他吸引子，分散只会在特定方向上发生。这一团就会拉伸成带状——在一个轴上表现出混沌，在另一个轴上则表现出秩序。就仿佛在这个系统中，一种有序的冲动和一种无序的冲动原本纠缠在一起，而现在它们解开了。一种冲动带来了随机的不可预测性，而另一种冲动则像精准的钟表一般在计时。这两种冲动都可以得到定义和测量。

这些圣克鲁兹人在混沌研究中留下的最具标志性的印记还牵扯到一个数学兼哲学理论，它被称为信息论，由美国贝尔电话实验室的一位研究员克劳德·香农在 20 世纪 40 年代晚期首先提出。[14] 香农将他的论文称为"通信的一个数学理论"，但它其实关心的是一个非常特殊的量，称为信息，由此"信息论"的名字固定了下来。这个理论是电子时代的产物。电话线路和无线电波长久以来一直在传递着某种东西，将来的计算机也会将这种东西存储在穿孔卡片或磁带上，并且这种东西既不是知识，也不是意义。其基本单位不是思想或概念，或甚至用以表达它们的字词或数字。这种东西可以是有意义或无意义的，但工程师和数学家可以测量它、传递它，并测试传递的精度。"信息"一词的选择后来被证明无所谓好坏，但当时的人们还是需要提醒自己，他们所使用的是一个专门用语，不含价值判断，不带平常诸如事实、学识、智慧、理解、启蒙之类的意涵。

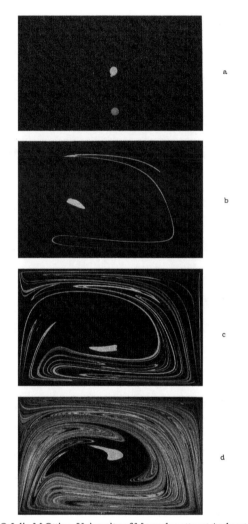

混沌混合

随着方形混合室的上下室壁开始相对运动，注入流体的一团示踪剂开始快速混合，而更靠近中心一点儿的另一团则根本没怎么混合。在胡利奥·M.奥蒂诺等人利用真实流体所做的一系列实验中，流体混合（这样的过程广泛见于自然界和产业界，但一直没有得到很好的理解）被证明与混沌的数学密切相关。混合所形成的图样揭示了一种拉伸和折叠，而这可以追溯至斯梅尔的马蹄映射。

当时的硬件决定了这个理论的模样。由于信息存储在近来被用作二进制数字（binary digit）的电子开关中，比特（bit）于是成为信息的基本度量单位。从一个技术角度看，信息论变成了一个帮助人们理解噪声（体现为随机错误）如何干扰比特流的工具。它给出了一种方式来预测通信线路、CD 光盘或任何编码了语言、声音或图像的技术，以便可靠地传递信息所需的必要传递容量。它提供了一种理论手段来检视不同的纠错方法（比如，利用某些比特作为纠错码）的有效性。它赋予了"冗余"这个关键概念用武之地。用香农信息论的话来说，日常语言拥有超过 50% 的冗余度，也就是说，一半以上的语音或字母严格来说不是传递一条讯息所必需的。我们对这个现象并不陌生，毕竟在一个满是口齿不清者和拼写错误的世界中，日常沟通有赖于冗余。那个著名的速记培训广告（if u cn rd ths msg...）就很好地说明了这一点，而现在信息论让冗余可以得到测量。冗余是一种可预测的偏离随机。日常语言中的冗余一部分在于其语义，而这一部分是难以量化的，取决于人们对于他们的语言和世界的共同知识。正是这一部分使得人们破解填字游戏，把比如以"a"开头的单词补充完整。但其他类型的冗余就要更容易量化了。从统计上看，字母"e"在一个英语单词中出现的可能性要远大于二十六分之一。此外，字母也不是一定要一个个分开来看。知道一个英语单词中的一个字母是"t"，可以让人猜想下一个字母可能是"h"或"o"，而知道两个字母就可以让人猜想第三个字母，如此等等。不同的双字母组和三字母组在一种语言中出现的这种统计倾向性，有助于人们把握这种语言的某种标志性特征。只是借助不同的三字母组的相对出现可能性，计算机就可以生成一段能让人认出来这是一段英语胡话的随机字符串。密码学家长久以来就在利用这样的统计模式来破解简单密码。通信工程师现在则利用它们设计数据压缩方法，通过移除冗余来节省传递或存储所需的空间。在香农看来，诠释这些模式的正确方式应该是这样的：一段日常语言的数据流不全是随机的，其中每个新的比特都部分受制于之前的比特，因而每个新的比特所承载的信息量要小于随机情况下平均每比特所承载的信息量。我们在这样的论述中可以闻到一丝悖论的味道。一段数据流越随机，每个新的比特所承载的信息量就越大。

除了在技术上可谓顺应这个刚发端的计算机时代而生，香农的信息论也获得了一定的哲学分量，而这个理论对于该领域外人士的一部分意外吸引力可以归功于一个词的选择：熵。正如沃伦·韦弗在一篇对于信息论的经典导读中所说的："当一个人在通信理论中碰见熵的概念时，他有理由感到相当兴奋——有理由怀疑自己已经把握到了某种可能被证明基础且重要的东西。"[15] 熵的概念来自热力学，与热力学第二定律有关；这条定律揭示了宇宙及其中的任何孤立系统都在不可逆地滑向一个无序水平不断增加的状态。设想将一个游泳池用某种障碍隔成两半，一半装满水，另一半装满墨；等到游泳池的两半各自静止下来，然后撤去障碍；而单纯通过分子的随机运动，墨和水最终会混合为一体。这样的混合是不可逆的，即便你等到天荒地老、宇宙终结，这也是为什么热力学第二定律如此经常地被用来部分解释时间一去不返。熵描述的正是系统中那种因为热力学第二定律而不断增加的量——混合程度、无序水平、随机性。这个概念在直觉上好把握，但要在现实系统中对它加以测量就不那么容易了。什么样的测试能够可靠地检验两种物质的混合程度？一个容易想到的方式是数出每种物质在某份采样中的分子数量。但要是它们的分布为是－否－是－否－是－否－是－否呢？这样算得的熵再高不过了。我们可以同样数得相同的分子数量，但如果它们的分布为是－否－否－是－是－否－否－是呢？在这里，次序是重要的，而它无法为任何直截了当的计数算法所涵盖。在信息论中，意义及其呈现的问题又使事情变

得更加复杂。一个像 01 0100 0100 0010 111 010 11 00 000 0010 111 010
11 0100 0 000 000…这样的序列可能只有在一个既熟悉莫尔斯码又熟悉莎
士比亚的人看来才是有序的。[1] 那么一个奇怪吸引子中那些保持拓扑不变
的模式，是不是也是如此呢？

　　在罗伯特·肖看来，奇怪吸引子是一些信息发动机。在他最初、也
最宏大的构想中，混沌提供了一种很自然的方式，让信息论当初从热力
学借用的那些概念，以新的姿态重新回归了物理科学。对于测量一个系
统的熵的问题，集有序和无序于一身的奇怪吸引子引出了一个具有挑战
性的新走向。奇怪吸引子成了高效的混合器。它们创造出了不可预测性。
它们增加了系统的熵。并且在肖看来，它们无中生有地创造出了信息。

　　一天，诺尔曼·帕卡德在阅读《科学美国人》的时候留意到了一则
为一项名为路易·雅科奖的论文比赛征文的广告。[16] 它看上去有点儿不
靠谱儿——其出手大方的出资者是一位法国金融家，一直以来在自己钻
研一个关于宇宙结构的个人理论（他认为宇宙由层层嵌套的涡旋构成）。
这个论文比赛就雅科的研究主题公开征文，内容不限。（"它听上去给人
感觉就像一封恐吓信。"法默这样说道。）但比赛的评委令人眼前一亮，
个个是法国科学界有头有脸的人物，并且奖金的金额也令人眼睛发光。
帕卡德把这则广告拿给肖看。征文的截止日期是 1978 年元旦。

　　当时，这帮人会在圣克鲁兹距离海滩不远的一栋宽敞的老房子里定
期聚会。房子里摆放着二手家具和计算机设备，后者大多数是用于解决
轮盘赌问题的。肖在那里放了一部钢琴，他会用它演奏巴洛克音乐，或
即兴将古典与现代音乐混搭起来。在聚会上，这些物理学家发展出了一

---

① 　这是二进制形式的莫尔斯码，其中 0 代表点，1 代表划，所以翻译过来就是 ALL FORM IS
　　FORMLESS——语出莎士比亚《约翰王》第三幕第一场。——译者注

套工作方式，先抛出各种想法并基于可行性筛选它们，然后阅读文献，并开始构思自己的论文。最终，他们学会了以一种还算有效率的方式来合作撰写期刊文章，但第一篇成形论文是肖的（也是他日后为数不多的论文之一），并且一如以往地，他一直坚持自己写论文；也同样一如以往地，文章一拖再拖。

1977 年 12 月，肖离开圣克鲁兹，前往参加纽约科学院第一次为专题讨论混沌举办的学术会议。[17] 他的超导研究导师负担了他的参会费用，而肖不请自来，得以亲耳聆听这些他原本只是通过他们的作品认识的科学家。达维德·吕埃勒。罗伯特·梅。詹姆斯·约克。这些人让他大开眼界，同样让他大开眼界的还有巴比松酒店的每晚 35 美元的天价房费。聆听他们的发言，肖时而觉得自己有如井底之蛙，一直不过是在重新发明这些人已经考虑得相当深入的思想，时而又觉得自己还是有一个重要的新观点，可以有所贡献。他把自己的信息论论文的未完成初稿带了过来，它们手写在一叠纸上，夹在一个文件夹里，而他试着到处寻找打字机而不得，不论是酒店，还是当地修理店都帮不上忙。最后他又带着文件夹回去了。后来，当他的朋友们恳请他再多说点细节时，他告诉他们，活动的高潮是一场为爱德华·洛伦茨举行的庆祝晚宴，后者此时最终得到了迟到多年的应有的认可。当洛伦茨羞涩地牵着他妻子的手，走进宴会厅时，在场的科学家都起立鼓掌欢迎他。[18] 肖惊讶地看到这位气象学家脸上满是惶恐。

几周后，在美国缅因州（肖的父母在那里有一处度假屋）过新年的时候，肖最终把自己的论文 [19] 寄了出去。元旦已过，但当地邮局的工作人员网开一面，把邮戳日期往前调了调。这篇集深奥数学和思辨哲学于一身，并配有由他的弟弟克里斯绘制的卡通风格插图的论文，最终入围了比赛大奖的短名单。肖得到了一笔足以负担他前往巴黎领取荣誉的现金奖励。这是一个不大的成就，但在该团体成员正与系里关系紧张的这个节骨眼儿上，它无疑来得很及时。他们迫切需要任何他们能够找到的、可以证明自己的可信度的外部标志。当时法默正在放弃天体物理学，帕卡德正在抛下统计力学，而克拉奇菲尔德则还没有开始读研究生。系里开始感到事情已经失控了。

作为努力将信息论与混沌结合起来的第一次尝试，这篇《奇怪吸引子、混沌行为和信息流》以预印本的形式在那一年广泛流传，索要数量最终达到了将近一千份。

肖重拾起了经典力学中的有些假设。自然系统中的能量存在于两个层次上：宏观层次，在其中，日常物体可以得到计数和测量；以及微观层次，在其中，不可计数的原子进行着随机运动，除了一个平均值（温度）外不可测量。正如肖注意到的，存在于微观层次上的总能量可能远远超过宏观层次上的总能量，但在经典系统中，这种热运动是无关紧要的——人们接触不到，也利用不到。这两个层次相互并没有沟通。"人们不一定首先需要知道温度才能处理一个经典力学问题。"他这样写道。然而，肖的论点正是，混沌和近似混沌的系统为宏观层次与微观层次之间的鸿沟架起了桥梁。混沌意味着信息的创造。

我们不妨设想水流过一个障碍物。正如每个水动力学研究者和激流回旋选手都知道的，如果水流得足够快，它就会在障碍物下游生成漩涡。在某个流速下，漩涡保持原地不动。而在某个更大的流速下，它们会移动。一个实验科学家可以利用速度探针之类的仪器，以多种方式从这样一个系统中提取数据，但为什么不试一下某种简单方法呢？在下游选取正对障碍物的一个点，然后以固定的时间间隔，询问漩涡是在障碍物的左边还是右边。

如果漩涡保持不动，那么得到的数据流会看上去就像这样：左 – 左 –
左 – 左 – 左 – 左 – 左 – 左 – 左 – 左 – 左 – 左 – 左 – 左 – 左 – 左 – 左 –
左 – 左。过了一会儿，观察者会开始感到，接下来每个比特的新数据将
无法给出有关这个系统的新信息。

又或者，漩涡可能在周期性摆动：左 – 右 – 左 – 右 – 左 – 右 – 左 –
右 – 左 – 右 – 左 – 右 – 左 – 右 – 左 – 右 – 左 – 右 – 左 – 右。再一次地，
尽管一开始这个系统看上去要稍微有趣一点儿，但它很快不再给出任何
惊喜。

然而，随着这个系统变得混沌，完全由于其不可预测性，它生成了
一股稳定的信息流。每个新的观察都是一个新的比特。而这对试图完整
刻画这个系统的实验科学家来说构成了一个问题。"他将永远无法离开房
间，"他写道，"因为流体流会是一个连续信源。"

这些信息从何而来？它们来自微观层次上的热浴，来自其中随机起
舞的亿万个分子。就像湍流通过一连串从大到小的涡旋，将能量从大尺
度传递到因黏性而不断耗散能量的小尺度那样，信息则反过来从小尺度
传递到大尺度——不管怎样，肖及其同伴就是这样开始描述它的。并且，
将信息往上传递的信道就是奇怪吸引子，它们将初始的随机性不断放大，
就像蝴蝶效应将微小的不确定性不断放大成大尺度上的天气模式。

接下来的问题是放大了多少。肖发现，苏联科学家再次抢在了前面
（而肖在不知情的情况下复制了他们的一些工作）。A. N. 柯尔莫哥洛夫和
雅科夫·西奈已经就如何从那种牵扯到在相空间中反复拉伸和折叠的表

面的几何图景中求得一个系统的"每单位时间的熵",给出了某种富有启示的数学。[20] 这种方法的概念核心是,围绕某组初始条件画出某个任意小的格子,就像人们可以在气球表面上画出一个小方格那样,然后计算各种拉伸或折叠对这个格子的影响。比如,它可能在一个方向上拉伸,却在另一个方向上保持不变。其面积的变化就对应于一种关于这个系统的过去的不确定性的引入,以及一种信息量的增加或减少。

就"信息不过是不可预测性的另一个漂亮说法"而言,这个概念与当时诸如吕埃勒等科学家正在发展的思想并没有太大差别。但信息论的框架使得圣克鲁兹分校的这帮人可以借鉴一整套已经由通信理论研究者加以深入研究的数学推理。比如,在一个原本是决定论式的系统中加入外部噪声的问题,在动力学中是全新的,但它在通信研究领域却不陌生。然而,对于这些年轻科学家来说,其真正的吸引力还不全在数学。当他们谈论生成信息的系统时,他们心里想的是现实世界中模式的自发生成。"处于复杂动力学顶点的是生物演化过程,或思维过程,"帕卡德说道,"从直觉上看,似乎很明确,这些终极复杂的系统是生成信息的。在数十亿年前,有的只是一团团原生质;而现在,在数十亿年后,有了我们。所以信息被创造出来,并被储存在我们的结构中。在个人从幼年起的心智发展中,也很明显,信息不只是积累的,也是生成的——从新建立起来的联系中被创造出来。"[21] 这样一类谈话无疑会让一个务实的物理学家感到有点儿昏头涨脑。

不过,他们首先得是修补匠,其次才是哲学家。他们能否修桥补路,从而将自己如此了解的奇怪吸引子与经典物理学的实验联系起来?毕竟,说右-左-右-右-左-右-左-左-左-右是不可预测和生成信息的是一回事,收集一系列真实数据并测量其李雅普诺夫指数、熵和维数则是完全另一回事。尽管如此，比起其他更年长的同事，圣克鲁兹分校的这些物理学家要跟这些思想混得更熟。经过与奇怪吸引子的朝夕相处，他们自信能够在自己日常生活的种种左右摇摆、上下起伏、前后晃荡的现象中认出它们。

他们有一个会在咖啡店里做的游戏。他们会问：附近最近的奇怪吸引子在哪里？是那块咯咯作响的汽车挡泥板？还是那面迎风飘摆的旗帜？抑或是那片飘来飘去的树叶？"你会认不出某样东西，除非你拥有恰当的隐喻来让你认出它。"肖这样说道，呼应了托马斯·S. 库恩的范式说法。[22] 没过多久，他们研究相对论的朋友威廉·伯克就很是言之凿凿，称自己车里的速度表是以一种如同奇怪吸引子的非线性方式左右摇摆的。至于肖，他选取了一个物理学家所能想象的最不起眼的动力系统：一个滴水的水龙头（这项实验研究将占用他接下来几年的时间）。在大多数人的想象中，标准的滴水水龙头是稳定周期性的，但稍做实验就可以表明，事情不一定如此。"这是一个其行为从可预测变成不可预测的系统的简单例子，"肖说道，"如果你把它多打开一点点，你就可以见到一个其中滴答的间隔不规则的参数区域。事实证明，在很短的一段时间后，它就不再是一个可预测的模式了。因此，哪怕某样简单如水龙头的东西也可以生成一个具有无穷创造性的模式。"[23]

作为一个组织性的生成器，滴水水龙头几乎没有什么好研究的。它生成的只有水滴，并且每一滴都跟上一滴差不多。但对于一个混沌的新手研究者来说，滴水水龙头被证明有着某些优势。每个人对它都已经具有一个心理画面。并且其数据流是不能再简单的一维——由落在不同时间点上的一个个点构成的、有着节奏变化的一串鼓点。这样一些性质都不见于圣克鲁兹的这帮人后来研究的那些系统——比如，人体免疫系统，或者困扰着北边的斯坦福直线加速器中心的、导致相对撞的粒子束性能降低的束－束效应。[24] 像利布沙贝和斯温尼这样的实验科学家，需要通过在一个稍微更复杂的系统中某处安置一个探针来获取一串一维数据流。而在滴水水龙头中，有的只是这一串数据。并且它甚至不是一种连续变化的速度或温度——而只是一系列前后水滴的时间间隔。

在被要求处理这样一个系统时，一位传统物理学家可能会从建立一个尽可能完备的物理模型着手。控制水滴生成和断裂的过程是可以得到理解的，哪怕它们并不像可能看上去的那样简单。一个重要变量是流速。[25]（它需要比大多数水动力系统都慢。肖通常面对的情况是每秒1~10滴水滴，这相当于30~300加仑每十四天的流速。）其他变量还包括流体黏性和表面张力。一滴挂在水龙头上、等着断裂的水滴有着一个复杂的三维形状，而单是这个形状的计算，按照肖的说法，就是"一个需要用到最先进的计算机的计算"。[26] 此外，这个形状还不是静态的。一滴正在聚拢水的水滴就像一个靠着表面张力盛水的弹性小口袋，一边来回振荡，一边增加质量、膨胀袋壁，直到它越过一个临界点，一落而下。一位试图为滴水问题完全建模的物理学家，在写下一组带有相应边界条件的耦合非线性偏微分方程组，然后试图求解它们的过程中，会发现自己迷失在了越来越复杂的细节中。

另一个思路则是忽略物理学，而只看数据，就仿佛它们出自一个黑箱。给定一连串代表前后水滴的时间间隔的数，一位研究混沌系统的专家能够从中挖出点有用的东西吗？事实证明，人们确实可以设计出一些方法来组织这些数据，并通过它们反推其背后的物理学。这些方法后来也成为利用混沌理论分析现实世界的问题的重要工具。

但肖的出发点处在这两个极端之间，他建立的是对于一个完备物理模型的某种拙劣模仿。他忽略掉水滴形状，忽略掉复杂的三维运动，而对滴水的物理学做了一个粗略描述。他设想了一个重物挂在一段弹簧上。他设想那个重物随着时间推移而稳步增加重量。随着重量增加，弹簧会拉伸，重物也会越垂越低。当它下垂到某个点时，重物的一部分就会断裂。肖武断地假设，坠落部分的重量会严格取决于下垂的重物在达到断裂点时的速度。

然后，由于重量的突然变化，剩下的部分自然会随着弹簧上下振荡，这是一种研究生都学过的可用标准方程建模的过程。这个模型的有趣之处（也是唯一的有趣之处，也是使混沌行为变得可能的非线性元素）在于，下一次断裂的时机取决于这样的振荡与稳步增加的重量之间的互动。下落过程可能帮助重物更快达到断裂点，而弹起过程可能略微延缓这个进度。对于一个现实世界的水龙头，其水滴也不都是大小一样的。其大小既取决于流速，也取决于这种振荡的方向。如果一滴水滴在下落过程中开始生成，那么它会更快地断裂坠落。如果它碰巧在弹起过程中开始生成，那么它就将能够在落下之前多装一点儿水。肖的模型足够粗略，描述它只需用到三个微分方程——就像庞加莱和洛伦茨已经表明的，这是生成混沌所需的最少数目。但它会生成现实世界中的水龙头那种程度的复杂性吗？更进一步地，二者会是同一类复杂性吗？

因此，肖发现自己坐在物理楼的一间实验室里，头上顶着一个巨大的塑料水缸，水流过一根带阀门的水管，钻过一个高质量黄铜喷嘴的 1 毫米喷孔，一滴滴滴落下来。随着水滴落下，它们打断了一束光，隔壁房间里的一部微型计算机于是就记录下每滴水滴经过的时间。与此同时，肖在模拟计算机上运行起自己的那三个微分方程，生成了一系列仿真数据。有一天，他向系里的教员做了某种演示讲解——按照克拉奇菲尔德的说法，这是一次"伪研讨会发言"，因为当时研究生没有资格进行正式的研讨会发言。[27] 他播放了一段水龙头滴水，水落在一块锡片上滴答作响的录像。然后他让自己的计算机也跑起来，发出不规则的滴滴声，让人听到其中的模式。他一直同时从实验和理论两方面来处理这个问题，此时他的听众可以在这个看上去无序的系统中听到其深层结构。但要想更进一步，这帮人需要找到一种方式，利用从实验中获得的原始数据反推出这些混沌现象背后的方程组和奇怪吸引子。

对于一个更复杂的系统，我们可以设想利用一对变量在图上确定一个点，比如随时间变化的温度或速度。但滴水水龙头给出的只有一个时间间隔序列。于是肖尝试了一种方法，而它可能是圣克鲁兹分校的这帮人对于混沌研究的最聪明、也最影响深远的实践贡献。这是一种为某个不可见的奇怪吸引子重构一个相空间的方法，而且它可适用于任意序列的数据。对于滴水水龙头的数据，肖绘制了一个二维图，其中 x 轴代表两滴水滴之间的时间间隔，y 轴代表下一个时间间隔。因此，如果水滴 1 和水滴 2 之间的间隔是 150 毫秒，水滴 2 和水滴 3 之间的间隔是 150 毫秒，那么肖就会在 150–150 的位置上确定一个点。

这个方法就是这么简单。如果滴水过程是规则的，就像水的流速缓慢、系统处在其"水钟区域"时的情况，图像相应也会显得乏味。每个点都会落在同一个位置上。整个图像就会只是一个点，或者说，几乎只是一个点。实际上，计算机模拟的滴水水龙头与现实中的滴水水龙头的首要差别是，后者会受到噪声影响，并且极其敏感。"事实证明，它是一个绝佳的地震计，"肖不无反讽地说道，"可以非常有效地拾取到不论是近距离，还是远距离上的噪声。"[28] 于是肖只好在晚上，在物理楼走廊上脚步最稀少的时候进行他的大部分工作。噪音意味着，他看到的将不是理论所预测的一个点，而是有点儿参差错落的一摊点。

随着水的流速增加，这个系统会经过一个倍周期分岔。水滴会结对落下。上一个时间间隔可能是 150 毫秒，下一个时间间隔可能就是 80 毫秒。所以图上会出现参差错落的两摊点，一摊以 150–80 为中心，另一摊以 80–150 为中心。真正的考验在这个模式变得混乱时才出现。要是它确实是真正随机的，那么点会散布在图上的各个地方。我们在上一个时间间隔与下一个间隔之间会找不出任何关联。但要是在这些数据中确实隐藏着一个奇怪吸引子，那么它可能就会因为这些参差错落的点形成一些可识别的结构而显露行藏。

为了看出其中的结构，我们常常需要用到三维图，但这也不成问题。他们的方法可以很容易就扩展到更高维数的作图。我们不只可以以间隔 n 和间隔 $n+1$ 为坐标，也可以以间隔 n、间隔 $n+1$ 和间隔 $n+2$ 为坐标。这是一个把戏，一个花招。通常一个三维图需要用到有关一个系统的三个相互独立变量的知识。而这个把戏则是"买一赠二"。它反映出了这些科学家的这样一个信念，即在表面的无序之下必定深藏着某种秩序，使得它总会找到一个方法，向那些甚至不知道应该测量哪些物理变量，或无法直接测量这些变量的实验科学家透露自己的存在。正如法默所说的："当你考虑一个变量时，它的演化过程必定受到其他任何与之相互作用的变量的影响。它们的值也必定以某种方式被包含在这个变量的演变历史中，它们的印记必定以某种方式存在其中。"[29] 在肖的滴水水龙头例子中，这样得到的图像也很好地说明了这一点。尤其是在三维图中，一些模式涌现了出来，它们有点儿像一架在空中写字的飞机在失去控制时所留下的起伏烟迹。肖进而比较了根据实验数据所作的图与根据自己的模拟计算机模型数据所作的图，并发现其中的主要差别在于，真实数据的图像由于受到噪声干扰，总是显得更参差错落。但即便如此，它们的大体结构毫无疑问是相同的。圣克鲁兹分校的这些年轻科学家开始与其他经验丰富的实验科学家（比如哈里·斯温尼，此时他已经来到得克萨斯大学奥斯汀分校担任教职）展开合作，并学会了如何从各式各样的系统中找出其中的奇怪吸引子。这牵扯到将数据嵌入到一个具有足够多维度的相空间中。不久后，弗洛里斯·塔肯斯，这位与达维德·吕埃勒一起最早提出奇怪吸引子概念的数学家，独自为这种从一系列现实数据中重构出一个吸引子的相空间的强大方法奠定了一个数学基础。[30]正如无数研究者很快发现的，这种方法从一个新的角度区分了纯粹的噪声与混沌（即通过简单过程生成的有序的无序）。真正随机的数据仍会在这样的相空间中散乱分布，但（决定论式的、暗藏模式的）混沌会把数据聚拢成可见的形状。在所有可能的无序分布中，这时大自然只选中了其中的少数。

从叛逆青年到物理学家的转变是缓慢的。时不时地，在咖啡馆休息或在实验室工作的时候，其中某个学生会情不自禁地感慨他们的科学美梦竟然还没有走到尽头。"天哪，我们还在做这个，并且它还没有分崩离析，"詹姆斯·克拉奇菲尔德会这样说，[31]"我们还在这里。但它还能延续多久呢？"

他们当时在教员们中的主要支持者是数学系的拉尔夫·亚伯拉罕，他曾经与斯梅尔共事，以及物理系的威廉·伯克，他让自己成为"那部模拟计算机的'沙皇'"，以便至少确保动力系统集体的这些学生使用这部设备的机会。物理系的其他教员则发现自己身处一个更为难的处境。多年以后，有些教授不无怨恨地否认这些学生当初不得不克服来自系里的漠视或敌视的说法。[32]学生们也同样愤恨于那段在牵扯到皈依混沌过晚时的、在他们看来的修正主义历史。"当时我们没有导师，没人告诉我们要做什么，"肖说道，"我们在许多年里都处在一个被敌对的境地，并且这个状况一直延续到了现在。当时，我们在圣克鲁兹分校从来没有拿到一分资助。我们每个人都在相当长的一段时间里没钱白干，并且整项工作从始至终都捉襟见肘，我们也没有得到思想上或其他方面上的指导。"[33]

不过，教员们也自觉，他们长时间来对于一类看上去不具有足够科学性的研究已经不可谓不宽容，甚至可以说还多有鼓励。肖的超导研究博士论文导师就在肖已经抛弃低温物理学很久后仍给他发了一年左右的工资。从来没有人直接要求学生们停止混沌研究，最坏的情况不过是教员们渐渐采取了一种善意劝阻的态度。集体中的每个成员时不时被请去单独谈心，他们被提醒，即便他们不知从哪里找到了办法证明自己的博士学位当之无愧，也没有人可以帮助自己的学生在一个不存在的领域中找到工作。教员们会说，这可能是一场一时风潮，那么潮退之后，你将何以自处？但在圣克鲁兹山间的红杉庇护所之外，混沌正在建立自己的科学建制，而动力系统集体需要加入其中。

有一年，作为巡回宣讲自己在普适性上的突破的其中一站，米切尔·费根鲍姆来到了学校。他的讲座一如以往地偏向数学化，难以理解，而且重整化群理论是凝聚态物理学中这些学生之前没有学过的一个深奥部分。此外，相较于精致的一维映射，这一集体对现实世界中的系统更感兴趣。[34] 同时，多因·法默听说伯克利分校的一位数学家奥斯卡·E. 兰福德三世正在研究混沌，于是便跑了过去与他攀谈。兰福德有礼貌地听着，然后看着法默说道，他们不是一路人。[35] 兰福德正在做的是试图理解费根鲍姆。

多么乏味啊！这个人的眼界都去哪了？法默当时这样心想道。"他看的是这些小小的轨道。与此同时，我们则一探信息论的究竟，将混沌大卸八块，看看它是怎样运作的，并试着将测度熵和李雅普诺夫指数与更多统计度量联系起来。"

在他与法默的交谈中，兰福德当时并没有强调普适性，也只是在后来，法默才意识到自己当初没有把握到重点。"这反映了当时我的幼稚，"法默说道，"普适性的思想不仅仅是一个重要的结论。米切尔的这样东西也让我们得以动用一整支之前未被动用的临界现象研究者大军。

"截至当时，非线性系统看上去只能通过个案处理的方式加以研究。我们当时正在试图找出一种语言来量化它和描述它，但一切仍然似乎只能按个案处理。我们看不出有什么方式可以像在线性系统中那样，将不同的系统分门别类，然后写出对整个类别都成立的解。普适性则意味着找到这样一些属性，它们对这个类别中的全体而言在一些可量化的方式上是完全一致的。这是一些可预测的属性。这也正是为什么它如此重要。

"同时，还有一个社会学因素进一步为它增添了动力。米切尔利用了重整化的语言来表述他的结论。他借用了临界现象研究者长久以来擅长使用的这套工具。这些人当时的日子不好过，因为似乎已经没有什么有趣的问题可留给他们来做了。他们正在到处找寻别的可以施展自己长技的地方。然后突然之间，冒出个费根鲍姆，他利用这套工具做出了极其重要的应用。由此催生出了一整个子学科。"[36]

然而，相当独立地，圣克鲁兹分校的这些学生也开始给人留下自己的印象。在一个学术会议上的一次意外露面让他们在系里得以开始转运。那是 1978 年仲冬在加利福尼亚拉古纳比奇举办的凝聚态物理学会议，由来自美国施乐帕洛阿尔托研究中心和斯坦福大学的贝尔纳多·休伯曼组织筹办。圣克鲁兹的学生们没有受到邀请，但还是去了，他们一起挤在肖那辆被称为"湿梦"的 1959 年款福特牧场旅行车里。为以防万一，他们还带去了一些设备，包括一部大电视机和一盘录像带。当一位受邀的主讲人在最后一刻取消行程时，休伯曼邀请肖临时顶上。这个时机再好不过。混沌在当时已经成为一个热门字眼，但与会的物理学家几乎都不清楚它意味着什么。所以肖先从相空间中的吸引子讲起：先是定点（一切最终归结于此），然后是极限环（一切最终陷入振荡），再然后是奇怪吸引子（其他剩下的那些事物）。他演示了录像带上的计算机图像。（"这些视听辅助给了我们一个优势，"他说道，"我们可以用闪烁的亮光让人们入迷。"[37]）他还以洛伦茨吸引子和滴水水龙头为例说明。他解释了其中的几何学——形状如何被拉伸和折叠，以及用信息论的宏大用语来说，这又意味着什么。他在最后也提及了范式转换。整场发言大获成功，而观众中还有多位圣克鲁兹的教员，他们透过自己同事的眼睛第一次见到了混沌。

1979 年，这个集体的所有人参加了纽约科学院主办的第二次混沌研讨会，这次他们是作为与会者，并且此时该领域也正在快速扩张。1977 年的会议是属于洛伦茨的，并且与会的只有数十位专业研究者；而这次会议则是属于费根鲍姆的，到场的科学家数以百计。在此两年前，罗伯特·肖还曾经怯生生地试着找到一部打印机，从而可以打印出论文，塞到别人的门缝底下，而此时动力系统集体已经变成一部名副其实的印刷机，快速生成论文，且总是以合作撰写的形式。

但这个集体不可能永远持续下去。它离科学的现实世界越近，它离分崩离析也就越近。有一天，贝尔纳多·休伯曼打来电话。[38] 他想找罗伯特·肖，但碰巧接电话的是克拉奇菲尔德。休伯曼需要一位合作者，一起撰写一篇关于混沌的简单扼要的论文。克拉奇菲尔德作为集体中最年轻的成员，原本就一直担心他仅被视为集体中的"技术骇客"，现在他更加开始意识到，在有件事情上，圣克鲁兹的教员们一直说得没错：每个学生总有一天将不得不作为一个个体被加以评判。此外，休伯曼具有这些学生所欠缺的、在物理学这个专业上的所有老练，特别是，他知道如何从一项既定工作中发掘出最大价值。他有着自己的疑虑，因为他曾经见过这个集体的实验室——"它一点儿也不条理分明，你知道的，看着那些沙发和豆袋椅，你就像走进了一部时光机，回到了嬉皮士的 20 世纪 60 年代。"[39] 但他需要一部模拟计算机，而事实上，克拉奇菲尔德后来花了几小时就让他的研究项目在机器上顺利地跑了起来。不过，这个集体成了一个问题。"所有人都想要加入，"克拉奇菲尔德中途提出过，但休伯曼断然拒绝，"这不只事关功劳，也事关过错。设想论文出错了，你要责怪一个集体吗？我不属于一个集体。"他只想找个合作者完成一件干净利落的活儿。

结果正如休伯曼所期望的：它是第一篇将刊登在旨在报告物理学最新进展的顶尖美国期刊《物理评论快报》上的关于混沌的论文。[40] 就科学政治学而言，这不是一个平凡无奇的成就。"在我们看来，它讲的都是些相当显而易见的东西，"克拉奇菲尔德说道，"但在休伯曼看来，它将产生一个巨大影响。"它也成为这个集体开始融入现实世界的一个发端。法默非常生气，将克拉奇菲尔德的背叛视为对于这个集体的精神的一次破坏。[41]

克拉奇菲尔德不是唯一一个跨出这个小团体的。很快，法默自己，还有帕卡德，也开始与知名物理学家和数学家展开了合作：休伯曼，斯温尼，约克。在圣克鲁兹的熔炉中形成的一些思想，成了动力系统的现代研究框架的重要一部分。当一位物理学家想要找出自己的一大堆数据的维数或熵时，他所需的适当定义和计算方法可能正是这些人在当初插拔那部 SD 10/20 模拟计算机的塞绳、盯着示波器屏幕看的岁月中所创造的那些。气候研究者们会争论，全球大气和海洋系统的混沌究竟是像传统的动力学研究者假设的那样具有无限维，还是不知怎么地，具有一个低维数的奇怪吸引子。[42] 有些分析股票市场的经济学家则会试图找到具有维数 3.7 或 5.3 的吸引子。[43] 毕竟维数越低，系统越简单。许多数学概念也需要加以厘清和理解。分形维、信息维、豪斯多夫维数、李雅普诺夫维数——一个混沌系统的这些测度之间的深层关系，在法默和约克等人合作撰写的一篇论文中得到了最好的解释。[44] 一个吸引子的维数是"为刻画其性质所需的最基本知识"。[45] 正是这个特征给出了"在吸引子上以给定的精度定位一个点所需的信息量"。圣克鲁兹的这些学生及其更年长的合作者所给出的方法，将这些思想与系统的其他重要测度，比如可预测性的减少速率、信息流的速率、生成混合的倾向性等联系到了一起。有时候，使用这些方法的科学家会发现自己不过是在将数据作图，绘制小格子，然后数出在每个格子中数据点的数目。但哪怕这样一些看似粗陋的方法，也得以第一次让人们对于混沌系统有可能产生科学理解。

与此同时，在了解到甚至可以在飘摆的旗帜和摇摆的速度表中寻找奇怪吸引子后，科学家们开始重新梳理现有的物理学文献，从中寻找决定论式混沌的各种征象。无法解释的噪声、出人意料的涨落、规则性与不规则性相混合——这些效应纷纷被人们从工作于不同领域（从粒子加速器到激光，再到约瑟夫森结）的实验科学家的论文中抓了出来。混沌研究者们会将这些征象据为己有，告诉那些尚未"皈依"混沌的人，我们的问题是我们的，你们的问题也是我们的。"多项有关约瑟夫森结的实验已经揭示出一种惊人的产生噪声的现象，"一篇论文可能就会这样开篇，"而它无法用热涨落加以解释。"

等到这个集体的成员各奔东西的时候，圣克鲁兹分校的一部分教员也已经转向了混沌。不过，其他人在后来回想起来的时候仍不免感到可惜，圣克鲁兹当时没有抓住先机，建立某种全国性的非线性动力学研究中心，因为后者很快在其他校园开始出现了。20世纪80年代初，这个集体的成员陆续毕业并四散各地。肖、法默、帕卡德分别在1980年、1981年、1982年完成了博士论文。克拉奇菲尔德的博士论文则在1983年完成，并且这是一份集各种排版于一身的大杂烩，由十一篇已经在物理学和数学期刊上发表过的论文，外加一些串联它们的打字机打印的页面组成。他接下去去了加州大学伯克利分校。法默加入了洛斯阿拉莫斯国家实验室的理论部。帕卡德和肖则加入了普林斯顿的高等研究院。克拉奇菲尔德开始研究视频反馈环。法默开始致力于"胖分形"研究以及为人体免疫系统建模。帕卡德则开始探索空间混沌和雪花的形成机制。只有肖看上去仍然不情愿汇入主流。他自己有影响的遗产只包含两篇论文——曾经帮他赢得巴黎之旅的那一篇，以及总结了他在圣克鲁兹时期的所有研究、内容涉及滴水水龙头的另一篇。有很多次，他差点就彻底放弃了科学研究。正如他的一位朋友所说的，他这个人是在不停振荡的。

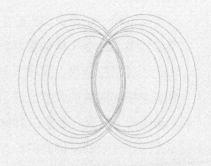

第 十 章

体内的节律

各种科学并不试图解释，它们也几乎不试图诠释，它们主要生成模型。这里的模型指的是一种数学建构——辅以某种言语诠释，它描述了观察到的现象。而这样一个数学建构的正当性完全来自人们预期它是有效的，也就是说，它正确描述了相当宽泛范围内的一些现象。此外，它也必须满足特定审美上的标准，也就是说，相较于它所描述的现象之宽泛，它本身必须相当简单。

——约翰·冯·诺伊曼

看向下面一众理论和实验生物学家、理论数学家、医生和精神病学家听众，贝尔纳多·休伯曼意识到自己遇上了一个沟通问题。[1] 他刚刚在一个不寻常的会议上完成了一场不寻常的发言。这是第一个讨论生物学和医学中的混沌的大型会议，由纽约科学院、美国国家心理卫生研究院和美国海军研究办公室在 1986 年联合主办。在位于华盛顿以北的美国国家卫生研究院临床研究中心宽敞的马苏尔礼堂里，休伯曼看到了许多熟悉的面孔（一些长期致力于混沌研究的专家），以及许多不熟悉的面孔。一位有经验的主讲人可以预料到下面听众的某种不耐烦——会议已经到了最后一天，并且此刻已经接近午餐时间。

这位身材消瘦、长着黑发、来自阿根廷的加利福尼亚人，自从与圣克鲁兹分校的那帮学生进行过合作后，一直保持着对混沌的兴趣。他那时是美国施乐帕洛阿尔托研究中心的一名研究员。但他有时也涉足一些与研究中心的业务无关的项目，而在这场生物学研讨会上，他就刚刚讲完了其中一个项目：一个描述精神分裂症患者的眼动异常的模型。

精神病学家长久以来致力于试图对精神分裂症加以定义和分类，但这种疾病一直难以描述，几乎就像它难以治愈那般难。毕竟其大多数症状出现在心智和行为中。然而，从 1908 年起，科学家们知道了这种疾病的一个物理表征，并且它看上去不仅出现在精神分裂症患者身上，也出现在他们的亲属身上。当精神分裂症患者试图注视一部缓慢摆动的单摆时，他们的眼睛却无法追随这样的平滑运动。通常情况下，人眼是一部相当聪明的机器。健康人的双眼可以几乎不花费有意识的指引就能追随运动目标，从而使得目标被稳定地定位在自己的视网膜上。但精神分裂症患者的双眼会在追随过程中不时出现不必要的小的眼跳，要么抢到目标之前，要么落在目标之后。没人知道这是为什么。

　　生理学家在这么多年里积累了大量数据，并利用它们绘制图表，以期揭示眼动异常的模式。他们通常假设，这样的波动源自控制眼部肌肉的、来自中枢神经系统的神经信号中的波动。有噪的输出暗示着有噪的输入，而或许影响到精神分裂症患者脑部的某种随机扰动就最终在眼球的异常运动中体现了出来。作为一名物理学家，休伯曼做出了一个不同的假设，并给出了一个朴实无华的模型。

　　他以最粗略的方式分析了眼球运动的力学，然后写下了一个方程。其中有包含单摆摆动幅度和摆动频率的项，有包含眼球的转动惯量的项，有包含眼球的阻尼（或者说，摩擦）系数的项，还有用于误差修正，使得眼球可以锁定住目标的线性项和非线性项。

　　正如休伯曼向他的听众所解释的，由此得到的方程碰巧可以用这样一个力学类比加以说明：一个球在弧形槽中滚动，同时这个槽也在周期性左右摆动。槽的左右摆动对应于单摆的运动，而槽壁对应于误差修正项，可以迫使球滚回槽底。按照现在探索此类方程的标准研究方式，休伯曼在一部计算机上长时间运行自己的模型，通过改变不同的参数值来探索系统相应的行为，然后将它们绘制成图。他从图上既看到了秩序，也看到了混沌。在有些参数区域中，眼球在平滑追随；然后随着非线性程度的增加，系统会经历一个快速的倍周期分岔过程，并生成一种无序，与医学文献中提到的那种无序一般不二。

　　在这个模型中，眼动异常与外部信号根本毫无干系。它只是系统中非线性积累过多而导致的必然结果。在台下听讲的有些医生看来，休伯曼的模型看上去有点儿接近精神分裂症的一个遗传学模型。这样一种非线性（它要么使系统趋于稳定，要么打破其稳定，具体取决于非线性程度是弱还是强）可能就对应于一个遗传性状。其中一位精神病学家便将精神分裂症的遗传学类比于痛风的遗传学——每个人的血液里都有尿酸，但只有等到尿酸水平太高的时候才会出现病理性症状。其他一些比休伯曼对临床文献更熟悉的人则指出，他所讨论的这种类型的眼动异常不只见于精神分裂症，其各种变化也可以在不同类型的神经障碍病患身上看到。周期性振荡、非周期性振荡，以及各式各样的动力学行为就都可以在过往的数据中找到，只要有人愿意回去梳理它们，并应用混沌研究的各种工具。

但对于在场每一位看到了新的研究可能性在眼前展开的科学家，也有另一位科学家怀疑休伯曼是不是把他的模型太过简单化了。等到提问环节的时候，他们的失望和恼怒终于得以迸发。"我的提问是，这样建模的理由是什么？"其中一位科学家就这样问道，"如果所有现象还有待度量，那么为什么专门寻找这些非线性动力学的个别元素，也就是这些分岔和混沌解？"

休伯曼停顿了一下。"哦，好吧。看来刚才我没有把它的目的说清楚。这个模型很简单。有人跟我说：'我们看过它了，你觉得这当中发生了什么？'我说：'好吧，可能的解释是什么？'他说：'我们唯一能够想到的是，有东西在你的脑袋里在这样短的时间内发生了波动。'然后我就说：'你看，我是某种混沌学家，并且我知道，你可以写下来的最简单的非线性追随模型具有这些一般特征，而不论这当中的细节是怎样的。'那人说：'这非常有趣，我们从来没有想到过我们的系统中存在内生的混沌。'

"这个模型没有得到任何神经生理学数据的支持。但我要说的是，这个最简单的追随模型可以让视线与目标之间的误差趋向于零。而这正是我们移动眼球的方式，也是定向天线追踪飞机的方式。你可以将这个模型应用到其他许多东西上。看看这些非线性因素是否也见于它们当中，这应该会很有趣。就是这样。它不是一个理论。"

在台下，另一位生物学家接过了话筒，他对休伯曼模型堪比简笔画般的简化仍然感到失望。他指出，现实中的眼球要同时受到四个运动控制系统的操控，而平滑追随系统只是其中之一。然后他开始给出一个相当技术化的论述，阐述在他看来更贴近现实的建模应该是怎样的。比如，他就解释说，在大多数的眼动建模中，都没有包含质量的项，因为眼动是高度过阻尼的。"并且还有一个额外因素需要考虑，这里的质量取决于眼球转动的速度，因为当眼球非常快速地加速时，部分质量的速度会落后。眼球内的胶质体的速度会落后于转动得非常快速的外壁。"

又是一次停顿。休伯曼不知如何说是好。最终，会议的组织者之一，阿诺德·曼德尔，一位对混沌有着长期兴趣的精神病学家，从他手中接过了话筒。

"作为一名精神科医生，我想要对此做一个解读。我们刚才听到的对话，是当研究低维系统的全局性质的非线性动力学家与熟悉数学工具的生物学家展开交谈时，常常会出现的情况。认为存在一些普适的系统性质，它们可见于哪怕最简单的表示中，这样的思想对于我们所有人来说都是陌生的。所以才会有诸如这样的提问：这个模型表示的是精神分裂症的哪种亚型？眼球受制于四个运动控制系统，那么从实际生理结构的角度来看，应该怎样建模？然后，事情就开始变得仿佛鸡同鸭讲。

"实际的情况是，作为花费了那么多年时间才掌握所有五万个部件的医生和生物学家，我们敌视这样一种可能性，即确实存在一些普适的运动性质，存在某种像从一千个非特定来源进入一个系统的非线性那样的非特定的东西。正是这种中间层次的现象组织方式，我们根本无从着手。

休伯曼找到了一个办法，然后大家都看到发生了什么。我们不能这样对待一位像休伯曼这样的优秀科学家；不然他可能就此回到施乐，不再跟我们说话。"

休伯曼说道："这样的事情在五年前在物理学中也发生过，但现如今，他们都已经被说服了。"

面对的选择始终是相同的。你可以让自己的模型更复杂、更贴近现实，或者你也可以让它更简单、更容易处理。只有最幼稚的科学家才会相信，完美的模型是那些完美表示了现实的模型。这样一个模型会与一幅跟它所表示的城市等大、并一一标出了每一个公园、每一条街巷、每一栋建筑、每一棵树木、每一处坑洼、每一位住户和每一幅地图的地图有着同样的缺点。即便这样一幅地图是可能的，它的巨细无遗也让它失去了本意，也就是说，为了对现实加以概括和抽象。地图制图员会突出他们的客户所挑选的那些要素。不论它们的本意为何，地图和模型都必须在模仿现实的同时对它加以简化。

在圣克鲁兹分校的数学家拉尔夫·亚伯拉罕看来，一个好的模型的例子是詹姆斯·E. 洛夫洛克和林恩·马古利斯的"雏菊世界"模型。这两个人倡导所谓"盖亚假说"，认为地球上生命存在的那些必要条件，是由生命自己通过一个自我维持的动态反馈过程创造出来并加以维护的。雏菊世界或许是可以想象出来的最简单的盖亚，简单到看上去有点儿蠢。"里面只有三样东西，"按照亚伯拉罕的说法，"白菊、黑菊，以及剩下的光秃秃的沙漠。只有三种颜色：白色、黑色和红色。它如何能够就这个星球告诉我们些什么？它解释了温度调节是如何出现的。它解释了为什么这个星球拥有适合生命存在的温度。雏菊世界模型是个糟糕的模型，但它告诉了我们生物自动动态平衡是如何在地球上创造出来的。"[2]

　　白菊反射阳光，使得星球上的气候变冷；黑菊吸收阳光，降低反照率，从而使得星球上的气候变暖。但白菊也"想要"温暖的气候，也就是说，它们更容易在气温上升时生长。黑菊则想要寒冷的气候。这些性质可以用一组微分方程表示出来，于是雏菊世界就可以在一部计算机上运转起来。一个广大范围内的初始条件都会最终催生一个均衡，一个吸引子——并且不一定是一个静态均衡。

　　"这只是关于一个概念模型的一个数学模型，并且它也正是你想要的——你并不想要那些关于生物或社会系统的高仿真模型，"亚伯拉罕说道，"你只需输入反照率，做出某种初始的种植安排，然后观察亿万年间的演化进程。然后你就可以教育孩子们要成为这个星球的更好的'董事会成员'。"

　　复杂动力系统的一个典范（从而在许多科学家看来，这也是任何复杂性理论的试金石）是人体。没有哪个研究对象可以向物理学家提供这样丰富的从宏观到微观的无节律运动：肌肉的运动，体液的运动，生物电的运动，纤维的运动，细胞的运动。也没有哪个物理系统如此适合这样一种执着的还原论：每个器官各有其微观结构和运行机制，而见习生理学家只是在身体各部分的命名上就要花费经年累月的努力。但这些部分又是多么不好把握啊！就其具体形态来说，一个身体部分可以是一个看上去定义良好的器官，就像肝脏。或者，它可以是一个具有复杂空间结构、由固体和液体构成的网络，就像循环系统。又或者，它可以是一个不可见的集合，跟"交通"或"民主"一样，实属抽象，就像包含T淋巴细胞及其T4受体（一种微型的密码机，可以编码和解码有关异常细胞的数据）的免疫系统。想要研究这些系统，却对其微观结构和运行机制缺乏深入了解，结果注定会徒劳无功，所以心脏科专家要理解心肌组织中的离子转移，脑科专家要理解神经元放电的细节，眼科专家要理解每条眼外肌的名称、位置和作用。但在 20 世纪 80 年代，混沌催生了一种新的生理学，而它是基于这样一个思路，即数学工具可以帮助科学家理解复杂系统的全局性质，而不论其局域的细节如何。研究者们越来越将身体视为一个充满运动和振荡的地方，并发展出了各种方法来聆听其多种多样的鼓点。[3]他们发现了从凝固的切片或每天的血样上看不出来的节律。他们研究了一些呼吸障碍中的混沌。他们探索了控制着红细胞和白细胞数量的反馈机制。癌症专家思考起了细胞周期的周期性和不规则性。精神科专家探索了一种从多个维度考虑抗抑郁药用药的方法。但在这种新生理学兴起的过程中，大部分出人意料的发现都是关于一个器官的，那就是心脏，毕竟其勃勃的律动，其整齐或不齐，其健康或病态，如此直接地关系到人的生死。

连达维德·吕埃勒也偏离了形式主义研究，开始思考起心脏中的混沌——心脏，"一个对我们每个人都至关重要的动力系统"，他这样写道。[4]

"正常心律区域是周期性的，但也存在许多可能导致死亡的非周期性病态（比如，心室颤动）。因此，看来利用计算机研究一个可以再现不同心律区域的、贴近现实的数学模型，我们就有可能获得巨大的医学收益。"

来自美国和加拿大的一些研究团队接受了这个挑战。心跳的各种不规则现象很早就得到发现、研究、分析和分类。在受过训练的耳朵里，数十种不同的心律失常可以相互区分开来。在受过训练的眼睛里，心电图上的起伏模式可以透露出某种心律失常的原因和严重程度。一个外行人也可以从名目繁多的心律失常命名上一窥这个问题的丰富性：其中有异位搏动、电交替和尖端扭转，有高度房室传导阻滞和逸搏心律，有并行心律（又分室性或房性、纯性或电张调频性），有文氏现象（又分典型或非典型），有心动过速，还有对患者生命威胁最大的心室颤动。如此这般命名各种心律失常，就像命名身体各部分一样，让医生们感到舒服。因为这使得他们可以在诊断有问题的心脏时加以分门别类，进而使得他们可以在对症下药上发挥聪明才智。但从混沌角度着手的研究者们开始发现，传统的心脏病学其实对于心律失常做了错误的总结概括，在不经意间用浮于表面的分类掩盖了隐藏于深处的原因。

这些研究团队发现了作为动力系统的心脏。几乎无一例外，团队成员都不是出自普通的背景。加拿大蒙特利尔麦吉尔大学的利昂·格拉斯原本接受的是物理学和化学训练，但他那时就对数和不规则性感兴趣；在转向研究不规则心律的问题之前，他的博士论文研究的就是流体中的原子运动。他说，通常心脏病专家通过分析心电图波形来诊断多种不同的心律失常。"医生将这视为一个模式识别问题，目的是找出他们之前在实践和教科书中见过的模式。他们并没有细致分析这些节律的动力学。但它们的动力学其实要比人们在阅读教科书时所猜测的还要精彩得多。"[5]

在哈佛大学医学院，阿里·L. 戈德伯格（他同时也是波士顿贝丝·伊斯雷尔医院的雷伊实验室的联合主任，该实验室研究的正是生理学和医学中的非线性动力学）相信，心脏病研究标志着生理学家、数学家和物理学家展开合作的一个开端。"我们正处在一个新的前沿，一类新的唯象理论正有待我们去发现，"他说道，"当我们看到分岔，看到行为的丕变时，常规的线性模型根本无法做出解释。显然，我们需要新的一类模型，而物理学看上去给出了答案。"[6] 戈德伯格及其他科学家在当时还不得不克服科学语言和学科分类的障碍。他感到，其中一大障碍便是许多生理学家对于数学的不适感。"在 1986 年，你不会在一部生理学著作中找到'分形'的字眼，"他说道，"我想，等到 1996 年，你将找不到一部不包含这个词的生理学著作。"

　　当一位医生在聆听心跳的声音时，他听到的是流体激荡流体、流体冲击固体以及固体碰撞固体的震动。血液受到其后方收缩的心肌的挤压，从心房流向心室，然后冲击前面的心壁。心瓣于是受到血液的回冲而关上，发出咚的一声。心肌收缩本身则取决于一种复杂的、三维的电活动。为心脏行为的任何一个部分建模已经会让一部超级计算机不堪重负，而为整个连贯的周期建模则更会是不可能的任务。这种计算机建模，尽管在一位为波音公司或美国国家航空航天局设计飞机机翼的流体动力学专家看来再自然不过，对医学技术人员来说却是一种陌生做法。

　　比如，长久以来主导人工心脏瓣膜设计的便是试错法。当原生的心瓣不堪使用时，这些由金属和塑料构成的设备就被用来延长病人的寿命。大自然设计的心瓣，这些由三片降落伞样的微小瓣叶构成的半透明薄膜结构，堪称一个工程学杰作。为了让血液流入心室，瓣膜必须啪地打开，以免挡道。为了防止血液在心室收缩，从而在被送往全身时倒流回心房，瓣膜又必须在压力作用下砰地关上，并且它必须如此这般重复二三十亿次，而不出现跑漏或破损。人类工程师终究无法达到这种程度。大体上，人工心脏瓣膜其实一直在借鉴管道工的技术：当时类似"球形阀"的标准设计，便曾耗费巨资在动物身上做了测试。要解决像跑漏和应力失效这样的显而易见的问题已经足够难了。当时几乎没有人预料得到要解决另一个问题会有多难。通过改变心脏中流体流的运动模式，人工心脏瓣膜制造出了一些湍流区域和一些停滞区域；而当血液停滞时，血栓就会在心壁上形成；进而当这些血栓脱落，流到脑部时，它们就会导致中风。这样的凝结是制造人工心脏所需克服的致命障碍。只有到了 20 世纪 80 年代中期，当纽约大学库朗数学研究所的一些数学家将新的计算机建模技术应用于这个问题时，人工心脏瓣膜的设计才开始充分利用起已有的技术。[7] 他们的计算机生成了一些动态变化画，表现的是一颗虽是二维，但可一眼认出来的跳动心脏。其中成百上千的点代表血液颗粒，它们穿过瓣膜，冲击有弹性的心壁，然后生成各式涡旋。这些数学家发现，心脏将标准的流体流问题提升了一整个复杂性水平，因为任何贴近现实的模型都必须将心壁本身的弹性纳入考量。不像掠过机翼表面的空气那样流经一个刚性表面，血液则以动态的、非线性的方式改变了心脏表面。

比这更难解，也远更致命的是各种心律失常的问题。比如，心室颤动仅在美国一处就每年导致了数十万人猝死。在其中许多病例中，心室颤动有一种已经得到很好了解的具体诱因：冠状动脉阻塞，导致心肌缺血而坏死。吸食可卡因，精神紧张，身体失温——这些问题也可能诱发心室颤动。在许多病例中，心室颤动的诱因则仍未可知。面对一位曾在一次心室颤动发病中幸存下来的病人，医生会更愿意看到它所造成的损伤——这表明这里存在某种具体诱因。一位这样存活下来但心脏看上去完好无损的病人，实际上更有可能再次发病。[8]

对于这样发病的心脏，存在一个经典隐喻：一个装满虫子的袋子。这时心肌不再以一种周期性重复的方式收缩和舒张，而是缺乏协调地胡乱颤动，使得心脏无法输送血液。在一颗正常跳动的心脏中，电信号作为一道协调有序的波，沿着心脏的三维结构向前推进。当信号抵达时，相应的心肌细胞就开始收缩。然后，这些细胞进入一个舒张期，在此期间，它们无法再次收缩。而在一颗心室颤动发病的心脏中，这道波变得混乱无序。心房和心室于是无法同步地收缩或舒张。

心室颤动令人困惑的一个特征是，在发病时，心脏的许多部位其实是在正常运作的。常常是，心脏的窦房结还在继续产生规则的电脉冲。

个体心肌细胞也在做出恰当的回应。每个细胞接收刺激，产生收缩，将刺激传递下去，然后舒张，等待下一个刺激的到来。在尸检时，心肌组织可能看不出任何损伤。这正是促使混沌研究者们相信，我们需要从一种新的、整体性的视角来研究心室颤动的原因之一：一颗心室颤动发病的心脏的一些部分看上去是正常运作的，但它作为整体却出现了致命问题。心室颤动是一个复杂系统自身涌现的一种无序，就像各种心理障碍（mental disorder）也是一个复杂系统自身涌现的各种无序（disorder）那样（不论它们是否有其生理化学之根源）。

心室颤动不会自己停止。这种混沌是稳定的。只有来自心脏除颤器的一道电击（这样一道电击，在动力学研究者看来，就是一个巨大的扰动）才能使心脏恢复其原本的稳态。总的而言，除颤器是有效的。但其设计，就像人工心脏瓣膜的设计一样，一直大多靠的是猜测。"决定那道电击的强度和波形的工作，一直以来完全仰赖经验，"理论生物学家阿瑟·T. 温弗里说道，"对此始终缺乏理论。现在看来，当初的有些假设是不对的。另外，也看起来除颤器有可能通过彻底的重新设计，使其效率提高许多倍，从而使其成功率提高许多倍。"[9] 对于其他的心律失常，人们也尝试了各式各样的药物疗法，而它们也大多基于试错法——按照温弗里的说法，"一种黑技艺"。毕竟在缺乏一种关于心脏的动力学的深刻理论理解的情况下，预测某种药物的可能效应会变得非常棘手。"在过去二十年里，人们已经完成了一项杰出的工作，找出了膜生理学的所有细枝末节，找出了心脏各部分极其复杂的运作机制的所有精确细节。这一部分核心工作做得很不错。一直受到忽视的是另一部分，也就是试着从整体上理解心脏各部分是如何运作的。"

温弗里来自一个从来没有出过一个大学生的家庭。用他的话说，他一开始所受的不是一种正常教育。他的父亲，作为一个从人寿保险业的底层爬到了副总裁位置上的人，几乎每年都要搬家，在美国东海岸各地奔波，所以温弗里在上完高中前转过十多次学。他也逐渐形成了一种感觉，即世界上的有趣之事必定与生物学和数学有关，而这两门学科现有的寻常组合并不足以揭示它们的有趣之处，所以他决定不走寻常路。他在康奈尔大学读了五年的工程物理学本科课程，学习应用数学以及各种实验室实际操作。这个专业原本是准备让人进入军工行业之类的，结果他却攻读了一个生物学博士，尝试将实验与理论以一些新的方式结合起来。他一开始在约翰斯·霍普金斯大学读研，却由于与教员的冲突而离开，然后他转学到普林斯顿大学，但同样由于与那里的教员的冲突而离开。最终他在异地被授予普林斯顿大学的博士学位，当时他已经在芝加哥大学当讲师了。

温弗里是生物学领域稀有的一类思想家，他将一种强烈的几何学意识引入了他对于一些生理学问题的研究。[10] 他在 20 世纪 70 年代初开始自己对于生物动力学的探索，他一开始研究的是生物钟——昼夜节律。这个问题传统上一直采用的是一种博物学的研究方法：这种动物具有这般的昼夜节律，如此等等。但在温弗里看来，处理昼夜节律问题应该采用一种数学思维。"我当时有着满脑袋的非线性动力学，并意识到这个问题可以、也必须利用这些定性语言来思考。当时，人们对于生物钟的机制还毫无头绪，所以你有两个选择：你可以等待，等到生物化学家弄清楚生物钟的机制，然后试着通过已知的机制推导出一些行为；或者你可以开始研究，利用复杂系统理论和非线性拓扑动力学的语言来研究生物钟是如何运作的。我选择了后者。"[11]

有一段时间，他的实验室里满是装在笼子里的蚊子。正如每个经历过露营的人都可以猜到的，蚊子在每天傍晚时分最活跃。在实验室中，保持温度和光照恒定不变，以便让它们分不出日与夜，人们发现它们其实有着一个以二十三小时，而非二十四小时为周期的内在时钟。每隔二十三小时，它嗡嗡作响的强度会变得尤其高。让它们在自然环境中得以保持准时的是它们所受的光照；事实上，光照重置了它们的时钟。

温弗里在他的蚊子身上照射人造光，并在这样做时小心控制。这些刺激要么提前，要么推后下一个周期，然后他利用光照的时机与产生的效应进行作图。接着他试着从拓扑的角度来考察这个问题，而不是尝试猜测其中涉及的生物化学，也就是说，他考察这些数据的定性形状，而不是其定量细节。他最终得到了一个惊人结论：其几何学中存在一个奇点，一个不同于所有其他点的点。鉴于存在这样的奇点，他大胆预测，一次时机精准的特别光照就会导致一只蚊子或任何其他生物的生物钟彻底崩溃。

这个预测出人意料，但温弗里的实验验证了它。"你在半夜挑一只蚊子，给它特定数量的光子，而那道时机刚好的光照就关闭了蚊子的时钟。它此后就失眠了——它会时而瞌睡，时而飞舞，一切都是随机的，并且它会一直这样下去，直到你厌倦了看它，或者你再用光照它。你让它陷入了永久的时差当中。"[12] 在 20 世纪 70 年代初，温弗里处理昼夜节律问题的这种数学思路并没有激起人们的多少兴趣，并且这样的实验技术也难以被应用到那些会拒绝在小笼子里一次坐上几个月的物种身上。

人类的时差和失眠问题现在仍是生物学的未解难题之一。它们都催生了最糟糕的庸医骗术——那些无用的药片和疗法。研究者们确实在人类受试者身上收集了大量数据，他们通常是一些愿意身处"时间隔离"（没有日夜更替，没有冷暖变化，没有钟表，没有电话）以换取每周数百美元报酬的学生或退休人员，或者有剧本要赶着完成的剧作家。人有一个睡眠－觉醒周期，还有一个体温周期，这两者都是非线性振子，会在受到轻微扰动后恢复正常。处在这样的隔离状态中，没有了一种每天重置的刺激，体温周期看上去大约是二十五小时，并且低点出现在睡眠期间。但一些德国研究者所做的实验发现，在隔离几周后，睡眠－觉醒周期会与体温周期相脱离，并变得不规则。有人会一次醒上二三十个小时，接着又一气儿睡上一二十个小时。这些受试者不仅没有觉察到自己的"一天"变长了，而且即便他们被这样告知了，他们也会拒绝相信这个事实。但只有到了 20 世纪 80 年代中期，研究者们才开始将温弗里的系统化方法应用到人类身上，一开始是让一位老妇人经受连续几个晚上的长时间亮光照射。她的周期发生了剧烈改变，并且她报告说自己感觉非常好，就仿佛她在开着一辆顶篷打开的汽车。[13] 至于温弗里，他则已经将注意转向了心脏中的节律的课题。

实际上，他应该不会说什么"转向"。在温弗里看来，这其实是同一个课题——不同的化学，但相同的动力学。然而，在无助地目睹身边的两个人（一个是在度暑假的一位亲戚，另一个是温弗里在游泳的泳池里的一个人）因为心脏猝死后，他对于心脏产生了特别的兴趣。[14] 为什么一种已经恪尽职守一辈子，反复收缩和舒张、加速和减速，重复跳动超过二十亿次的节律，会突然之间就变成一种不受控制的、致命的无效颤动？

温弗里提起过乔治·迈因斯的故事，这位早期研究者在 1914 年英年早逝，年仅二十八岁。当时在他在加拿大蒙特利尔麦吉尔大学的实验室里，迈因斯设计出了一个小装置，能够向心脏发出小而有规则的电脉冲。

© Arthur Winfree

化学混沌

在一个受到广泛研究的化学反应——别卢索夫－扎博京斯基反应（BZ反应）中，以同心圆
往外扩散的波以及螺旋波是混沌的征象。类似的图样也已经在盛有数以百万计的变形虫的
培养皿中被观察到过。阿瑟·温弗里提出，这些样子的波可以与流经三维心脏的电脉冲波
相类比。

　　"当迈因斯决定是时候开始将它应用在人身上时，他选择了最现成的受试者：他自己，"温弗里写道，"然后在那天傍晚大约六点钟的时候，一位保洁工觉得实验室里安静得异乎寻常，便进去看看。只见迈因斯正倒在实验室的桌子底下，不省人事，周围则是一堆电气设备。一个坏掉的装置安在他胸口的心脏处，而近旁的一个设备还在记录着紊乱的心跳。他再也没有恢复意识，没到午夜就去世了。"[15]

　　有人可能猜想，一个微小但时机精确的电击可以让心脏陷入颤动；而事实上，迈因斯在他不幸去世前就是这样猜想的。就像在生物钟中那样，一个外部电脉冲可以让心跳的通常节律整个提前或推后。但心脏与生物钟有一个区别，一个在哪怕最简化的模型中也无法忽略的区别，那就是心脏有其在空间中的形状。你可以把它拿在手心，你可以观察一个电脉冲在三个维度上的运动。

　　然而，要想做到这点，需要用到聪明巧思。[16]美国杜克大学医学中心的雷蒙德·E. 艾德克读到了温弗里 1983 年发表在《科学美国人》杂志上的一篇文章，并注意到了其中基于非线性动力学和拓扑学而给出的有关诱发和消除心室颤动的四个具体预测。艾德克当时并没有真正相信它们。它们看上去都太过出于臆测，并且在一位心脏病学家看来，它们如此抽象。但不到三年，所有四个预测都受到检验，并得到验证，而艾德克也在进行一个研究项目，以便收集从动力学角度研究心脏所需的更丰富数据。按照温弗里的说法，它堪称"心脏病学研究的回旋加速器"。[17]

　　传统心电图只能给出一个粗略的一维记录。在心脏手术期间，医生可以取下一个电极，把它放在心脏的不同位置上，在十分钟内对多达五六十个位置取样，从而生成某种复合图像。但在心室颤动发病期间，这种技术就派不上用场了。这时心脏抖动得太过厉害。艾德克的技术则严重仰赖计算机实时运算，它在一张网上嵌入 128 个电极，然后像给脚穿袜子那样，把网套在心脏上。电极记录下每个电脉冲流经心肌时的电压场，然后计算机生成一幅三维立体心电图。

艾德克的短期目标，除了检验温弗里的理论想法，还包括改进用于除颤的救命电子设备。[18] 医疗急救人员都配备常规版的心脏除颤器，可以朝一名发病病人的胸口输出一股很强的直流电。心脏病学家也已经开发出一种实验性质的可植入高风险病人胸腔的小型设备，尽管判断病人的发病风险仍然是一个挑战。这样的植入式心脏除颤器，比心脏起搏器稍大，平时待命不动，但一旦颤动发生，就在适当的时机释放一个电脉冲。艾德克开始收集相关的科学理解，以期可以使心脏除颤器的设计更像科学，而非一个代价高昂的猜谜游戏。

为什么混沌的法则也适用于心脏，适用于其独特的肌肉组织（心肌细胞相互连接成网，传递着钙、钾、钠等离子）？这个问题让麦吉尔大学和 MIT 的一些科学家深感困惑。

麦吉尔大学的利昂·格拉斯及其同事迈克尔·格瓦拉和阿尔文·施里尔投身于堪称在非线性动力学整个为期不长的历史上最常被讨论的研究方向之一。他们使用了培养了七天的鸡胚心肌细胞的聚集体。[19] 这些聚集成团的细胞球直径只有 0.1 毫米；当被放在一个培养皿中并被晃动到一起时，在根本没有外部起搏器控制的情况下，它们就自发地以大致每秒一次的频率开始跳动起来。这样的脉动透过显微镜清晰可见。下一步则是施加一种外部节律，而麦吉尔大学的这些科学家是通过一个玻璃微电极（一根细长的玻璃管，其尖端被插入其中一个细胞）而做到这一点的。通过往玻璃管中施加一个电势，他们就可以随心所欲地调节强度和节律来刺激细胞。

　　他们于 1981 年在《科学》杂志上这样总结了自己的发现："之前见于数学研究和物理学实验的那种不寻常的动力学行为，可能一般也见于当生物振子受到周期性扰动时的场合。"[20] 他们见到了倍周期分岔——跳动模式会随着刺激改变而出现分岔和再次分岔。他们还研究了间歇性和锁模。"在一个刺激与一小块鸡心之间可以确立起许多不同的节律，"格拉斯说道，"而借助非线性数学，我们可以相当好地理解这些不同的节律及其排布。目前，心脏病学家的训练几乎不包含数学，但我们现在看待这些问题的方式是有朝一日人们必须看待这些问题的方式。"[21]

　　与此同时，在一个由哈佛大学和 MIT 合作开展的卫生科学和技术项目中，心脏病学家兼物理学家理查德·J. 科恩在一些犬类实验中找出了一系列倍周期序列。利用计算机模型，他对一种可能场景（也就是电活动的波前迎面撞上处在不应期的心肌组织"海岛"而发生破碎和折返）进行了验证。"这是费根鲍姆现象的一个明显例子，"他这样说道，"这种原本规则的现象在特定条件下会变得混沌，而事实证明，心脏中的电活动与其他表现出混沌行为的系统有着许多相似之处。"[22]

　　麦吉尔大学的这些科学家也重新检视了过去积累的有关不同类型的心律失常的数据。在一种常见的综合征中，异常的异位搏动会与正常的窦性搏动交错在一起。格拉斯及其同事检查了其中的模式，数出了夹在异位搏动之间的窦性搏动的数目。在有些人身上，数目各有不同，但出于某种原因，它们总是奇数：3、5 或 7。而在另一些人身上，正常搏动的数目总是下面这个序列的一部分：2, 5, 8, 11, …

　　"人们做出了这些仿佛数字命理学般的观察，但其背后的机制却没有那么容易理解，"格拉斯说道，"这些数中常常存在某种规则性，但也常常存在明显的不规则性。这就像是这行业的一句口号所说的：隐藏在混乱中的秩序。"[23]

传统上，有关心室颤动有两种思路。一种经典思路是，那些与窦房结发出的主信号相冲突的次级节律信号来自心肌组织内部的某些异常起搏点。这些微小的异位起搏点以不合时宜的间隔发出电脉冲，而由此产生的信号互动和重叠一直被认为是导致不能形成协调有效的收缩的原因。麦吉尔大学的科学家所做的研究为这种思路提供了某种支持：外部脉冲与心肌组织内在的节律之间的互动确实可以催生出各式各样的动力学异常行为。但至于为什么当初会有次级起搏点，这个问题则一直难以解释。

另一种思路关注的不是电脉冲的来源，而是它们传导经过整个三维心脏的方式，哈佛大学和 MIT 合作项目的科学家便更接近这个传统。他们发现，脉冲波在推进过程中出现的异常，比如波面破碎形成打转的小圈，可能导致"折返"现象，使得某些已经脱离不应期的区域过早开始一次新的搏动，从而打乱了心脏维持协调有序的泵血所需的收缩和舒张节奏。

通过借鉴非线性动力学的方法，这两个团队的研究者都已经意识到，某个变量上的一个小改变（或许是发放电脉冲的时机或心脏的电传导率上的一个改变），就可能将一个原本健康的系统推过一个分岔点，使之表现出一种性质上全新的行为。他们也开始试着为从整体上研究心脏问题的做法奠定共同基础，将之前被视为不相关的心律失常类型联系起来。不仅如此，温弗里还相信，尽管它们的关注点有所不同，异位搏动一派和折返一派都是正确的。他的拓扑学视角表明，这两种思路可能是一回事。

"动态的事物一般是反直觉的，心脏也不例外。"温弗里这样说道。[24]心脏病学家希望，相关的研究会给出一种科学方法来识别心室颤动发病的高风险人群，设计心脏除颤器和进行药物治疗。温弗里也希望，对于这些问题的一种整体性、数学化的视角会促进一门在美国尚不成形的学科——数理生物学的发展。

现在，有些生理学家开始谈论所谓的动力学疾病：生理系统的失序、协调或控制的出错。"原本正常振荡的系统现在停止振荡，或开始以一种新的、意料之外的方式振荡，而原本正常不振荡的系统现在开始振荡"，这便是其中一种表述。[25] 其综合征包括各种呼吸障碍：喘息样呼吸、叹气样呼吸、潮式呼吸，以及婴儿呼吸暂停（与婴儿猝死综合征相关联）。还有各种造血功能障碍，包括一种特殊的白血病，其中白细胞、红细胞和血小板的数量出现了周期性振荡。有些科学家还猜想，精神分裂症，连同有些形式的抑郁症，可能也属于这个范畴。

但生理学家也开始将混沌视为健康的。人们很早以前就已经意识到，反馈过程中的非线性起到了调节和控制的作用。简单来说，一个线性过程，如果稍微受到推挤，就会趋向于始终稍微偏离原来的轨道；而一个非线性过程，如果受到同样的推挤，就会趋向于回复到原来的轨道。克里斯蒂安·惠更斯，那位帮助发明了摆钟和经典动力学的 17 世纪荷兰物理学家，就意外发现了这种控制的一个经典例子（或至少标准说法是这样的）。惠更斯有一天注意到，安在一面墙上的两部摆钟实现了完美同步。他知道摆钟不可能做到这样精确。当时已有的对于单摆的数学描述无法解释这种秩序从一个单摆到另一个单摆的神秘扩散。惠更斯于是猜想（并且他也猜对了），两部摆钟是通过沿着木质墙面传递的振动实现协调的。这种一个规则周期与另一个规则周期相锁定的现象，如今被称为偶联（entrainment）或锁模。锁模解释了为什么月亮总是以同一面对着我们，或者更一般地，为什么卫星的公转周期与自转周期的比率趋向于是整数比：1∶1、2∶1 或3∶2。当这个比率接近于一个整数比时，对卫星造成的潮汐力中的非线性趋向于将它锁定。锁模也广泛见于电子学，举例来说，正是它使得收音机得以锁定信号，哪怕信号频率出现了微小波动。锁模还解释了为什么多个振子，包括生物振子（比如心肌细胞和神经元），能够实现同步运作。自然界中一个令人叹为观止的例子是，一种东南亚萤火虫会在交配季聚集到树上，成千上万的个体会同步闪烁，给人如梦似幻之感。

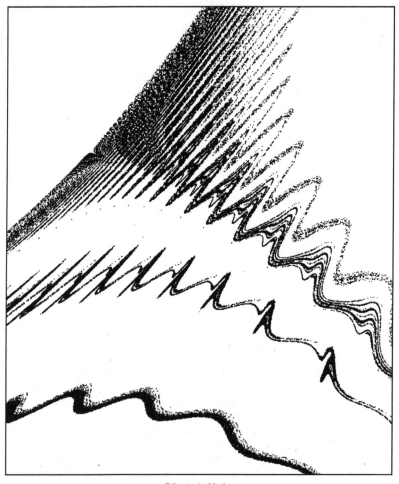

©Jame A. Yorke

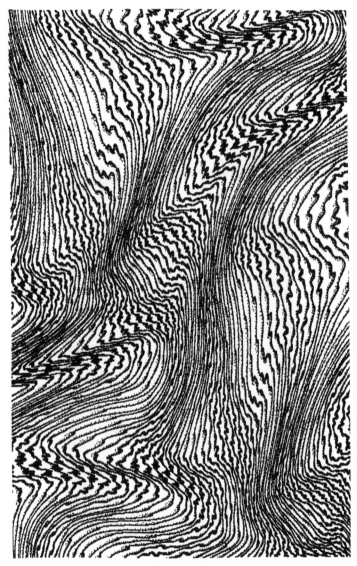

©Jame A. Yorke

混沌和声

不同节律（比如，无线电频率或天体轨道）之间的相互作用会生成一种特殊的混沌。这幅图
及对页上的图便是三个节律相互作用所形成的一些"吸引子"的计算机图像。

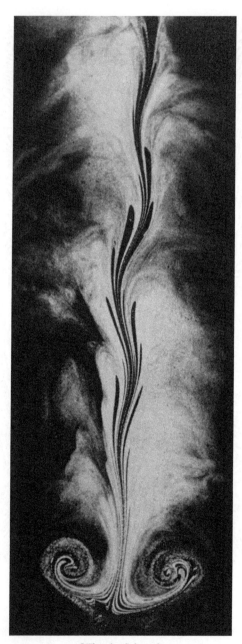

©Theodor Schwenk

©Theodor Schwenk

混沌流

用一根棍子缓缓地笔直搅过一种黏性流体，会生成一种简单的波状图样。如果多搅几次，就会出现更复杂的图样。

在所有这些控制现象中，一个关键议题是稳健性：一个系统在面对小的扰动时应对得如何。但在生物系统中，同样关键的是灵活性：一个系统在一个广大范围的频率下运作得怎样。锁定单单一个模式可以是一个劣势，使得一个系统无法适应改变。生物体必须及时应对变化快速且不可预测的外部环境，所以心跳或呼吸节律不可能锁定那些最简单的物理模型所给出的严格周期性，体内其他更隐秘的节律也是如此。有些研究者，比如哈佛大学医学院的阿里·戈德伯格就认为，健康的动力学有赖于分形的物理结构，就像肺部的支气管网络以及心脏的电脉冲传导网络，因为它们允许存在一个大范围的节律变化。联想到罗伯特·肖的理论，戈德伯格注意到："与标度的、宽带的频谱联系在一起的分形过程是'富含信息的'。与之相反，周期性状态则反映了一些窄带的频谱，由单调、重复的序列所定义，因而是缺乏信息内容的。"[26] 他及其他生理学家指出，治疗这些疾病的关键可能就在于扩充一个系统的所谓频谱储备（spectral reserve），也就是其能够在许多不同频率上变化，而不至于落入一个被锁定的周期性频道的能力。

阿诺德·曼德尔，那位曾经为贝尔纳多·休伯曼对于精神分裂症患者的眼球运动的解释进行辩护的加州大学圣迭戈分校精神病学家和动力学家，对于混沌在生理学中的作用说得甚至更进一步："有没有可能，数学上的病态，比如混沌，其实是健康的？而数学上的健康，也就是对于这样一类结构的可预测性和可区分性，反而是病态的？"[27] 曼德尔早在1977 年就转向了混沌，当时他发现人脑内某些酶的"怪异行为"只能通过非线性数学的新方法加以解释。他也鼓励人们从这样的角度来研究这些蛋白质分子振荡的三维缠结；他认为，生物学家不应该将这些分子理解为静态结构，而是应该将之理解为动态系统，它们有可能发生相变。按照他自己的说法，他是混沌的一个狂热分子，而他的主要研究兴趣一直是所有器官中最混乱的。"在生物学中，当你达到一个均衡时，你也就是死了，"他说道，"如果我问你，你的脑是否是一个处于均衡的系统，我只需要求你试着在接下来的几分钟时间里不要去想大象，然后你就会明白它不是一个处于均衡的系统了。"[28]

在曼德尔看来，人脑内混沌的发现要求我们必须对精神疾病的临床治疗思路做出一个转变。以不论哪种客观尺度来评判，现代的"精神药理学"（利用精神药物治疗从焦虑症和失眠到精神分裂症等各种精神疾病的事业）都不得不被认定为一个失败。而就算有的话，也只有少之又少的病患被治愈。精神疾病的一些最严重的症状得到了控制，但其长期影响如何，没有人知道。就一些最常见的药物，曼德尔向他的同行给出了一个不免让人心中一凉的评估：[29]常被用于治疗精神分裂症的吩噻嗪类药物，只会让根本疾病变得更糟；三环类抗抑郁药则会"增加情绪波动的频率，导致长期来看复发次数增多"；如此等等。曼德尔表示，只有锂具有一定的确实疗效，但也只是对某些精神疾病而言。

在他看来，这里的问题是思想上的。治疗这部"非常不稳定的、动态的、有着无穷维度的机器"的各种传统方法是线性的、还原论式的。"其背后的思维范式一直是：一个基因→一种肽→一种酶→一种神经递质→一种受体→一种动物行为→一种临床综合征→一种药物→一个临床量表。它主导了精神药理学中的几乎所有研究和治疗。人脑有着超过 50 种神经递质、数以千计的细胞类型、复杂的生物电磁学唯象理论，以及见于所有层次（从蛋白质到脑电图）的连续的、充斥着不稳定性的自主活动，然而人脑仍只是被视为一部化学交换机。"[30]作为一个已经见识过非线性动力学的新天地的人，曼德尔的回应只能是：何其幼稚。曼德尔催促他的同行要去试着理解维持着像心智这样的复杂系统的那些流动的几何学。

其他许多科学家则开始将各种混沌理论应用于人工智能的研究。比如，有关在不同吸引域之间来回跳动的系统的动力学，就吸引了那些试图为符号和记忆建模的研究者。[31] 一位倾向于将思想想象成一个个有着模糊边界的区域，相互区分又有所重叠，像磁铁那样相互吸引又有所距离的物理学家，很自然会接受一个带"吸引域"的相空间的图像。并且这样一些模型看上去具有一些应有的特征：不稳定性和稳定性混杂的点，有着可变的边界的区域。[32] 它们的分形结构则提供了那种无限自我指涉的性质，而后者看上去对心智之所以能够催生出各种思想、决策、情感，以及所有其他意识产物来说如此关键。不论有没有混沌，严肃的认知科学家都已经无法再把心智视为一种静态结构。他们认识到其中存在（自神经元而上的）不同层次的尺度，从而提供了一个让微观层次与宏观层次得以展开相互作用的机会，而这正是湍流及其他复杂动力过程的一个典型特征。

有形生于无形：这是生物学的基本美丽之处，也是其根本奥秘所在。生命从周围的无序中汲取着秩序。埃尔温·薛定谔，这位量子力学先驱也像其他有些物理学家那样曾经跨界做出过生物学猜想；他在数十年前就做出过这样的表述：一个活的生物体有着"令人惊叹的天赋，能够汇聚一股'秩序流'到自己身上，从而避免自己腐朽成一堆凌乱的原子，也就是说，它能够从一个适当的环境中'饮用有序性'"。[33] 在作为一名物理学家的薛定谔看来，很明显，有生命的物质不同于他的同事所研究的那类物质。生命的构成单元是一种非周期性晶体（当时还没有被称为DNA）。"在物理学中，我们一直以来只是与周期性晶体打交道。在一名谦逊的物理学家看来，它们是一些非常有趣且复杂的研究对象；它们属于最迷人和复杂的物质结构之一，是无言的自然所给出的谜题之一。但跟非周期性晶体比起来，它们就显得相当简单和乏味了。"[34] 两者的区别就如同壁纸之于壁毯，如同对一个图案的单调重复之于对一幅艺术作品的丰富且协调的再创作。物理学家一直以来只是试图理解"壁纸"，难怪他们长久以来对生物学几乎没有什么贡献。

薛定谔的观点在当时是非同寻常的。说生命是既有序又复杂的，这一点自不必说；而将非周期性视为其种种特殊性质的来源则几近于神秘主义。在薛定谔的时代，不论是数学，还是物理学，都无法给这个想法提供任何真正的支持。当时还没有适当的工具来分析作为生命的一种构成单元的不规则性，而现在，这样的工具已经存在了。

第十一章

混沌的未来

CHAOS:
MAKING A NEW
SCIENCE

给一种混乱之事的构成加以分门别类，人们对此一直不乏尝试。

——赫尔曼·麦尔维尔，《白鲸》

在 20 世纪 60 年代，爱德华·洛伦茨思考的是大气，米歇尔·埃农思考的是恒星，罗伯特·梅思考的是自然平衡。贝努瓦·曼德尔布罗特还是一个工作于 IBM 的不知名数学家，米切尔·费根鲍姆还是纽约市立学院的一名本科生，多因·法默还是一个在新墨西哥州长大的小男孩。当时的大多数执业科学家对于复杂性都有着一套相同的信念。他们将这些信念视为不言而喻，以至于他们都不需要将它们诉诸文字。只是到后来，人们才有可能说清楚这些信念是什么，并将它们拿出来检视。

"简单系统行事简单。"一个像单摆那样的机械装置，一个小的电路，一个像池塘里的鱼群那样的理想化的种群——只要这些系统可以被还原成一些得到完美理解的、完全决定论式的定律，它们的长期行为就会是稳定的、可预测的。

"复杂行为说明存在复杂原因。"一个机械装置，一个电路，一个野生动物种群，一种流体流，一个器官，一道粒子束，一场风暴，一国的国民经济——一个看上去不稳定、不可预测或失去控制的系统，必定要么受控于内部众多相互独立的构成要素，要么受制于外部的随机影响。

"不同系统行事不同。"一位神经生物学家一生研究人脑神经元的化学，却对记忆或感知没有更多了解；一位飞机设计师利用风洞解决空气动力学问题，却不理解湍流的数学；一位经济学家分析购买决策的心理学，却没有学会预测大尺度上的趋势——像这样的科学家，他们清楚各自学科的构成要素是不同的，因而理所当然地认为由数以亿计的这些构成要素组成的复杂系统必定也是不同的。

而现在，一切都改变了。在过去几十年里，物理学家、数学家、生物学家和天文学家已经有了另一套不同的认知。简单系统可以生成复杂行为，复杂系统可以生成简单行为。另外，非常重要的是，复杂性的定律是普适的，它们根本不在意一个系统的构成要素的具体细节。

对于大部分执业科学家（粒子物理学家、神经病学家，甚至数学家）来说，这种改变的重要性并不是立即显现的。他们继续在各自的学科里研究问题。但他们也听说过某种称为混沌的东西。他们知道某些复杂现象已经得到解释，也知道其他现象突然之间看上去需要新的解释了。一位在实验室里研究化学反应，或在一个为期三年的野外实验中跟踪昆虫种群，又或者为海水温度变化建模的科学家，无法再通过传统的方式来应对其中存在的出人意料的波动或振荡——通过忽略它们——对于有些人来说，这意味着麻烦。另一方面，实用点讲，他们也知道靠着这种稍显数学化的科学，可以从美国联邦政府、从企业的研究机构那里申请到资助。他们中越来越多的人意识到，混沌提供了一种全新的方式去处理那些由于之前被认定太过不规则而被束之高阁的旧数据。越来越多的人感到，科学的分室化成了自己工作的一个障碍。越来越多的人觉得，将部分从整体中孤立出来研究是徒劳无功的。在他们看来，混沌正意味着科学中还原论式研究的终结。

无法理解，抗拒，愤怒，接受。所有这些反应，那些最早开始推广混沌的人都见识过。来自美国佐治亚理工学院的约瑟夫·福特还记得，自己在20世纪70年代曾有一次给一帮热力学家同行做讲座，并提到在杜芬方程，一个关于阻尼振子的教科书式模型中存在一种混沌行为。在福特看来，杜芬方程中存在混沌是一个有趣的事实——这个事实只是那些他知道自己是对的事情之一，尽管只有在多年之后，它才首次在《物理评论快报》上得到发表。但当时搞得就仿佛他在一帮古生物学家面前说恐龙是长羽毛的。他们才更懂。

"当我说完这个？我的天，下面的观众开始纷纷站起身。说的都是，'我老爸跟杜芬方程打交道，我老爸的老爸跟杜芬方程打交道，但从来没有人见到过像你所说的这种事情'。你确实会偶尔遇到人们抗拒认为自然是复杂的想法。但我当时无法理解的，是这种敌意。"[1]

舒服地待在位于亚特兰大的办公室里，任由外面冬日西沉，福特从一个超大马克杯里抿了一口碳酸水，杯上还用鲜艳的颜色画着"CHAOS"（混沌）一词。他的年轻同事罗纳德·福克斯说起了他自己的转变过程，那是在为他的儿子购入一部苹果 II 型计算机不久后，当时可没有哪位自尊自爱的物理学家会购入这样的玩意儿用于自己的工作。福克斯听说米切尔·费根鲍姆发现了指导反馈函数的行为的普适定律，所以决定写一段小程序，来在苹果机的显示器上亲眼见见这样的行为。他也确实见到了——音叉分岔，一分为二，二分为四，四分为八；然后混沌本身出现；同时在混沌区中，也存在令人惊叹的自相似结构。"花上几天时间，你就可以复现费根鲍姆的所有工作。"福克斯这样说道。[2] 这样的上机自学说服了他，以及其他一些可能对一篇书面论证还有所怀疑的人。

有些科学家玩过一会儿这样的程序，然后就弃之脑后。其他人则不得不转变自己的想法。福克斯属于对标准的线性科学的局限性始终有着清楚意识的人。他知道自己一直习惯性地将非线性难题推到一旁。实际上，一位物理学家总是最终会说："这个问题将最终需要我去翻阅函数手册，而这是我最不想做的，我也非常确定不想找部机器去求解它，因为这太大材小用了。"

"非线性的一般图景吸引了许多人的注意——一开始是慢慢地，但后来就越来越快，"福克斯说道，"而对于每个看向它的人，它都有所回报。不论你身处哪个学科，你现在都可以看向任何你之前看过的问题。其中有个地方之前曾让你中途放弃，因为它开始变得非线性。现在你知道如何看待它了，所以你可以再试一次。"

福克斯继续说道："如果一个研究领域开始增长、壮大，这必定是因为有群人觉得其中有利可图——觉得他们如果调整自己的研究方向，就会得到巨大的收益。而在我看来，混沌就像一个梦。它提供了这样的可能性，即如果你转身投入这个游戏，你就有可能挖到富矿。"

尽管如此，对于这个词本身，大家仍然各有说法。[3]

菲利普·霍姆斯，一位毕业于牛津大学、现任教于康奈尔大学的白胡子数学家兼诗人："某些（通常是低维的）动力系统复杂的、非周期性的、吸引的轨迹。"

郝柏林，一位来自中国的物理学家，他曾将许多过去的混沌研究论文汇编成一部参考书："一种不具有周期性的秩序。""一个正在快速扩张的研究领域，数学家、物理学家、水动力学家、生态学家及其他许多研究者都对此做出了重要贡献。""一类新近才得到认识且普遍存在的自然现象。"

H. 布鲁斯·斯图尔特，一位来自长岛的布鲁克黑文国家实验室的应用数学家："一个简单的决定论式（钟表式）系统中貌似随机重复的行为。"

罗德里克·V. 詹森，一位来自耶鲁大学的理论物理学家，他正在探索量子混沌的可能性："决定论式的非线性动力系统的那种不规则、不可预测的行为。"

詹姆斯·克拉奇菲尔德，圣克鲁兹的动力系统集体成员之一："具有正的但有限的测度熵的动力学。翻译过来就是：生成了信息（放大了微小的不确定性），但又不是完全不可预测的行为。"

还有福特，这位自封的混沌"福音传道者"："从秩序和可预测性的枷锁中最终解放出来的动力学……系统得以自由地随机探索每一个动力学可能性……无比丰富的选择，无穷无尽的机会。"

对于自己努力探索迭代函数以及曼德尔布罗特集合无限分形的变化的工作，约翰·哈伯德觉得"混沌"是个糟糕的名称，因为它暗示着随机性。在他看来，这里的重要讯息应该是，自然界中的简单过程可以生成令人叹为观止的复杂性，而不需要借助随机性。[4] 非线性和反馈过程当中就存在所有必要工具，用于编码以及然后生成像人脑那样复杂、精致的结构。

而在其他一些科学家，比如在努力探索生物系统的全局拓扑性质的阿瑟·温弗里看来，"混沌"是个太过狭隘的名称。[5] 它暗示着简单系统、费根鲍姆的那些一维映射以及吕埃勒的那些二维或三维（以及分数维）奇怪吸引子。温弗里感到，低维混沌只是一个特例。他感兴趣的是多维复杂性的规律——并且他也深信这样的规律是存在的。毕竟宇宙中有太多东西看上去都超出了低维混沌的限度。

《自然》杂志上展开了一个持续辩论，主题关于地球上的气候是否存在一个奇怪吸引子。经济学家则试图在股票市场的趋势中找寻可辨识的奇怪吸引子，但到目前为止还徒劳无获。动力学家期望能够利用混沌的各种工具解释充分发展的湍流。阿尔贝·利布沙贝（现在他已经来到芝加哥大学）正在将自己精细的实验风格应用到湍流研究上，打造了一个比自己 1977 年的小家伙大上数千倍的液氦对流室。至于这样的实验（在其中，流体的无序在空间和时间上都得以自由施展）是否会找到简单吸引子，没有人知道。正如物理学家贝尔纳多·休伯曼所说的，"要是你在一条湍急的河流中放入一枚探针，然后说，'看呐，这里有一个低维奇怪吸引子'，那么我们所有人都会脱帽庆贺，并看上一看"。[6]

混沌是这样一套思想，它们说服了所有这些科学家相信自己是一个共同事业的一员。不论是物理学家或生物学家，又或是数学家，他们都相信，简单的决定论式系统能够孕育出复杂性，而那些复杂到传统数学处理不了的系统其实有可能遵循的是简单规律，而且不论各自的研究领域为何，他们的共同任务是理解复杂性本身。

"让我们再来看一下这些热力学定律，"盖亚假说的倡导者詹姆斯·E. 洛夫洛克写道，"乍看之下，它们确实读上去像但丁的地狱之门上的告示。①"[7] 但是……

热力学第二定律是一条来自科学界的技术性坏消息，并且已经在其他非科学领域牢牢占据一席之地。一切都在趋向无序。任何将能量从一种形式转化为另一种形式的过程都会以热量的形式耗散掉一些能量，完美的转化效率是不可能的。整个宇宙是一条单行道。"在整个宇宙及其中任何被认为是孤立的系统中，熵必定始终在增加。"不论怎样表述，第二定律看上去都不讨人喜欢。在热力学中，确实如此。但第二定律也已经成为其他一些迥异于科学的思想领域的座上宾，被认为是社会解体、经济衰退、世风日下及其他许多腐化沉沦的罪魁祸首。这些对于第二定律的次生的、隐喻式的解读现在看起来尤其所求非人。在我们的世界中，复杂性生生不息，而那些试图向科学寻求一种对于自然运作之道的一般

---

① "你们走进这里的，把一切希望捐弃吧"（但丁，《神曲·地狱篇》第三歌，朱维基译）。

——译者注

理解的人其实将在混沌定律那里求得更多帮助。

　　毕竟不知怎么地，随着这个宇宙逐渐滑向其最终的均衡，滑向其熵值达到最大、寂然无物的热寂，它还是在此过程中成功生成了一些有趣的结构。一些对热力学的运作方式思虑深沉的物理学家就意识到了，像这样一个问题会多么令人不安：按照他们中一个的说法，"一股漫无目的的能量洪流如何能将生命和意识冲刷到这个世界上"？[8] 让这个问题雪上加霜的是那个不好把握的熵的概念，它在被用于热力学时可通过热量和温度得到相当良好的定义，但作为一种无序程度的度量，它却极其难以把握。在测量随着能量不断流失，水结成冰、生成晶体结构时的有序程度上，物理学家已经弄得足够吃力；而在测量氨基酸、微生物、自我复制的植物和动物、像脑这样的复杂信息系统的生成过程中不断变化的有序和无序程度上，热力学熵则更一败涂地。这些不断演化的有序之岛无疑也必定遵循第二定律。所以那些更重要的定律、那些创造性的定律，只能另寻别处。

　　自然在不断生成模式。有些模式在空间上有序而在时间上无序，还有些则在时间上有序而在空间上无序；有些模式是分形的，在不同尺度上表现出自相似的结构，还有些则最终生成稳态或不断振荡的状态。模式生成已经成为物理学和材料科学的一个分支，让科学家得以为粒子的凝聚成团、放电路径的分形生长以及冰晶和金属合金中的晶体生长等过程建模。其中的动力学看上去如此基础（只是形状在时间和空间中不断变化），但只有等到今天，用以理解它们的工具才得以出现。现在问一位物理学家这个问题才是合理的："为什么每片雪花各不相同？"

© Oscar Kapp, inset: Shoudon Liang

分支与凝聚

受到分形数学的鼓励，模式生成研究将自然形成的放电的闪电样路径（大图）以及计算机模拟的随机运动粒子的凝聚（小图）纳入了同一个框架。

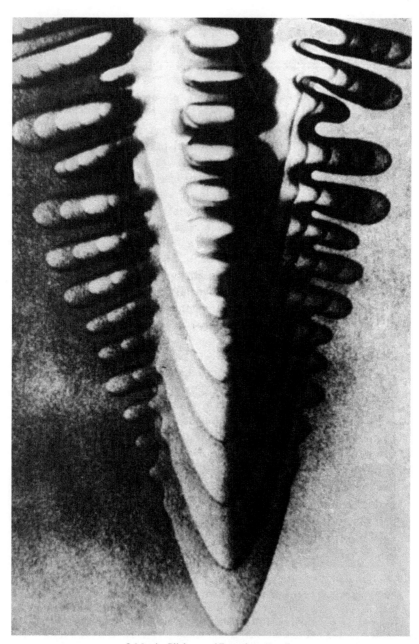

© Martin Glicksman / Fereydoon Family

© Daniel Platt, Tamäs Vicsek

平衡稳定性与不稳定性

随着一种液体遇冷结晶，它开始形成一个不断生长的尖端（可通过多重曝光照片记录下来），同时其界面会失稳，生成侧枝（对页图）。基于精细的热力学过程所做的计算机模拟就颇似真实的雪花（上图）。

　　水汽从空气中析出，凝结成冰晶，并靠着一种有名的对称性和偶然性之结合，形成了非决定论式的六出的特殊之美。随着水汽凝结，冰晶生出一个个尖端；这些尖端生长壮大，直到其界面开始失稳，从各边上萌生出新的尖端。雪花遵循着一些出人意料精微的数学定律，完全无法精确预测一个尖端会长得多快、长得多细，又或者分叉得多频繁。一代代的科学家将各式各样的雪花形态描画下来，并加以分类：片状和柱状、单晶和多晶、针状和多枝状。他们的论著将晶体生成问题视为一个分类学问题，因为他们没有其他更好的办法。

　　我们现在知道，这样的尖端（称为枝晶）的生长过程是一个高度非线性的、不稳定的、自由的界面问题，也就是说，对此的模型需要跟踪一个不断发生动态改变的、曲折复杂的界面。[9] 当凝固过程是由外而内发生的，就像在制作食用冰块时，其界面一般是保持稳定、平滑的，其速度受控于冰块盒吸走热量的能力。但当晶体围绕着其晶核由内而外固化时（就像在过饱和的空气中，雪花一边下落，一边在边缘吸附水汽，生长壮大），这个过程就变得不稳定。其界面上那些更凸出的部分"近水楼台"先得水汽，因而生长得更快——所谓"避雷针效应"。新的分枝形成，然后是侧枝以及侧枝的侧枝。

　　这里的一个难点是，如何在其中起作用的多种物理力量中，判断哪些是重要的而哪些可以被放心地忽略。其中一种非常重要的力量，正如科学家很早就知道的，是水汽凝结时释放的热量的扩散。但热扩散的物理学无法完全解释研究者在显微镜下观看雪花或在实验室中生成它们时所观察到的形态。最近，科学家找到了一种方式，在模型中纳入了另一个过程：表面张力。现在位于新的雪花生长模型核心的是混沌的精华：一种在稳定性力量与不稳定性力量之间的微妙平衡，一种在原子尺度上的力量与日常尺度上的力量之间的有力互动。

相较于热扩散倾向于创造出不稳定性，表面张力则创造出稳定性。表面张力的拉扯让一种物质更偏好形成平滑的界面，就像肥皂泡壁那样。而要让表面变得粗糙则需要耗费能量。这两种趋势之间的消长取决于晶体的大小。相较于热扩散主要是一种大尺度上的宏观过程，表面张力则在微观尺度上有着最强表现。

传统上，由于表面张力的效应如此之小，研究者们都假设他们实际上可以忽略它们。但非也。哪怕最微小的尺度最终也被证明至关紧要；在那里，表面张力被证明是对一种正在结晶的物质的分子结构无限敏感的。比如在冰晶中，一种天然存在的分子层面的对称性就赋予了晶体一种朝六个方向生长的内在偏好。而出乎他们的意料的是，科学家们发现，稳定性和不稳定性的混合得以成功放大这种微观偏好，创造出雪花的那些近乎分形的蕾丝般的形状。并且这里所用的数学不是来自大气科学家，而是来自理论物理学家，还有冶金学家，后者当初是出于自己的目的展开了探索。在金属中，分子层面的对称性不同，所以其结晶过程也有所不同，而这会有助于决定一种合金的强度。但两者中的数学是相同的：模式形成的定律是普适的。

对初始条件的敏感依赖在这里不是带来毁灭，而是带来创造。随着雪花缓缓落向地面（通常它们会在风中飘荡一个小时或更久），不断分叉的尖端在任意瞬间所做的选择敏感依赖于诸如温度、湿度以及大气颗粒等因素。在最初只有一毫米大小的时候，一片雪花的六个尖端感受到相同的温度，而由于控制冰晶生长的定律是纯粹决定论式的，因此它们维持着一种近乎完美的对称性。但鉴于空气的湍流性质，任意两片雪花都不会有着完全相同的飘落路径。最终落到地面的雪花记录下了它一路经历的所有不断变化的天气条件的历史，而这些条件的组合可能是无穷的。

物理学家喜欢说，雪花是一种非均衡现象。它们是从自然的一部分流向另一部分的能量流中所存在的不平衡的产物。这样的能量流让一个界面生出一个尖端，让这个尖端分叉形成一些枝权，又让这些枝权发展生成一个前所未见的复杂结构。正如科学家已经发现这样的不稳定性遵从混沌的普适规律，他们也已经成功地将同样的方法应用于各种物理和化学问题上，而不可避免地，他们猜想生物学会是下一个目标。当他们看着屏幕上的枝晶生长的计算机模拟时，在他们的潜意识里，他们也看到了藻类、细胞壁、生物的出芽和断裂。[10]

从微观粒子到日常生活中的复杂性，许多研究路径今天看上去都已经敞开大门。在数理物理学中，费根鲍姆及其同事的分岔理论正在美国和欧洲得到推进。在理论物理学的抽象天地里，科学家开始探究其他新的领域，比如未有定论的量子混沌问题：量子力学承认经典力学里的那些混沌现象吗？在运动流体的研究中，利布沙贝建造了他的巨型液氦对流室，而皮埃尔·奥昂贝格和冈特·阿勒斯则开始研究对流中样子古怪的行进波。[11] 在天文学中，混沌专家试着利用意料之外的引力不稳定性来解释地球上陨石的来源——出于看上去神秘不可解的原因，这些小行星脱离了介于火星和木星轨道之间的小行星带，然后撞上了地球。[12] 还有科学家利用了动力系统的物理学来研究人体免疫系统，研究其数以亿计的构成及其学习、记忆和模式识别的能力。他们也同时研究演化过程，以期找到适应的普遍机制。那些做出这样一些模型的人很快就辨认出了一些能够复制自己、进行竞争，并通过自然选择得以演化的结构。[13]

"演化是带有反馈的混沌。"约瑟夫·福特如是说。[14] 确实，宇宙是随机的、耗散的。但带有方向的随机性可以生成出人意料的复杂性。并且正如洛伦茨在很久以前就发现的，耗散是秩序的一个中介。

"上帝与这个宇宙玩骰子，"这是福特对于爱因斯坦的那个著名问题的回答，"但这是些灌了铅的骰子。而物理学现在的主要目标就是找出它们被灌铅的规律，以及我们如何能够让它们为自己所用。"[15]

这样一些思想帮助驱动了科学的集体事业不断向前。尽管如此，在那些认为科学的首要且唯一的功能是提供一种工作方式的研究者看来，没有什么哲学、数学证明或实验看上去足以让他们改弦易辙。但在有些实验室里，传统的方式变得不再可靠。或者按照库恩的说法，常规科学一再帮不上什么忙，一件设备未能按预期的那样行事，而"科学从业者无法再对这些异常视而不见"。[16]对于这样一位科学家来说，只有等到混沌的方法成为一种必需时，混沌的思想才得以最终征服人心。

对此，每个领域都有自己的例子。在生态学中，就有一位威廉·M.谢弗，他是20世纪五六十年代该领域的领军人物之一罗伯特·麦克阿瑟的关门弟子。麦克阿瑟发展了生态位分离的概念，而后者为自然平衡的思想赋予了一个扎实基础。他的许多模型都假设均衡会存在，并且动植物种群的数量始终不会偏离它们太远。在麦克阿瑟看来，自然中的平衡具有一种几乎可以说是道德意味的东西——其模型中的均衡状态代表了那种食物资源得到使用效率最高且浪费最小的安排。如果无人干扰，自然会把一切都安排得妥妥当当。

在此二十年后，麦克阿瑟的这位关门弟子发现自己逐渐意识到，基于某种均衡观的生态学看上去注定要失败。传统的模型终为其线性偏差所破功。自然要更复杂得多。相反，他看到的是混沌，它"既令人兴奋，又有一点儿令人害怕"。[17]因为混沌可能削弱生态学的一些长久以来的假设，他这样告诉他的同事。"那些向来被视为生态学的基本概念的东西如今有点儿像风暴来临之前的雾气——在这里，这是一场十足的非线性风暴。"[18]

谢弗当时正在利用奇怪吸引子的概念来探索诸如麻疹和水痘等儿童传染病的流行病学。[19] 他收集了大量数据——从美国的纽约市和巴尔的摩，再从苏格兰的阿伯丁，以及全英格兰和威尔士。他做出了一个有点儿类似于有阻尼受迫单摆的动力学模型。这些疾病每年受到返校儿童中的传染传播的驱动，同时又受到人体自然免疫力的消耗。谢弗的模型对这些疾病给出了截然不同的预测：水痘应该出现周期性波动，麻疹的波动则应该是混沌的。事实上，数据正好验证了谢弗的预测。在一位传统流行病学家看来，麻疹的年际波动看上去是根本解释不了的——完全随机，杂乱无章。但借助相空间重构的技术，谢弗得以表明，麻疹的发病数据中存在一个奇怪吸引子，并且其分形维数约为 2.5。

谢弗还计算了其李雅普诺夫指数，并尝试了庞加莱映射。"更重要的是，"谢弗说道，"如果你仔细看看跃入眼帘的图像，你就会说，'天哪，这根本就是一回事'。"[20] 尽管吸引子是混沌的，但鉴于模型的决定论性质，某种程度的可预测性变得可能。某一年的麻疹高发病率后面会跟着下一年的发病率骤降。而在某一年的中等发病率之后，下一年的发病水平只会出现略微变化。某一年的低发病率则会导致最大的不可预测性。谢弗的模型也预测到了通过大规模接种疫苗来增加动力系统的阻尼所导致的后果——这些后果原本在标准的流行病学模型中是无法得到预测的。

在集体层面上与在个人层面上，混沌的思想是以不同的方式逐步推进的，也是以不同的理由诱发改变的。对于谢弗来说，就像其他很多人一样，从传统科学到混沌的转变来得出人意料。谢弗是罗伯特·梅在

1975 年大声疾呼的理想对象，但谢弗读过梅的论文，然后就把它抛在了脑后。他当时觉得，其中的数学思想对于应用生态学家想要研究的那类系统来说完全不切实际。想来奇怪，他对生态学了解得这么深，以至于他反而把握不到梅的主旨。他觉得，这些思想是一维映射——它们对那些连续变化的系统能有什么用处？所以当一位同事告诉他，"去读读洛伦茨"时，他把文献信息记在了一张纸条上，然后就没有再费劲去找它。

多年以后，谢弗转到了位于沙漠边上的亚利桑那州图森市，每到夏天，他就前往市区以北的圣卡塔利娜山脉，在那里的灌木丛带，相较于沙漠地表的炙烤，天气还好只是热而已。[21] 在六七月的灌木丛间，趁着春花烂漫刚过而夏天雨季未到，谢弗带领着他的研究生考察不同种类的蜂和花。这个生态系统容易测量，尽管其存在年际变化。谢弗统计每根花梗上吸引的蜂的数量，用移液管吸取花朵来测量花粉数量，然后通过数学方法分析数据。熊蜂与蜜蜂竞争，蜜蜂与木蜂竞争，然后谢弗给出了一个令人信服的模型来试图解释这些种群的数量波动。

到了 1980 年，他知道肯定哪里出了问题。他的模型坏掉了。事实上，花蜜争夺战中还有一个重要选手，那就是一直被他忽视的蚂蚁。有些同事猜测异常的冬季天气也会有影响，其他同事则猜测是异常的夏季天气。谢弗考虑过加入更多变量来让自己的模型变得更复杂，但他屡屡受挫。于是，在研究生之间出现了这样的说法：这个夏天跟谢弗一起在山上的日子大概会不好过。再然后，一切发生了转变。

他碰巧读到了一份预印本，讲的是在一个复杂的实验室实验中的化学混沌，而他感到那篇论文的作者们当初遇到的正是他此刻遇到的问题：监测一个容器里的数十种不断波动的反应产物几乎是不可能的，就像监测亚利桑那的山脉中数十种物种的数量变化那样。但他们在自己失败的地方成功了。于是他开始去了解重构相空间。他终于开始阅读洛伦茨的作品，然后是约克的，还有其他人的。当时在亚利桑那大学有一个系列讲座，讲"混沌里的秩序"。哈里·斯温尼也来了，并且斯温尼知道如何谈论这些实验。当他开始解释化学混沌，展示出一张奇怪吸引子的幻灯片，然后说"这是些实实在在的数据"时，谢弗不禁感到脊梁一阵发冷。

　　"突然之间，我知道自己的宿命就在于此。"谢弗这样说道。他接下来有一年的学术休假机会。于是他撤回了原来向国家科学基金会提出的资助申请，转而去申请奖金可以自由支配的古根海姆奖。他现在知道了，在山间，蚂蚁的数量随着季节而发生变化。蜜蜂时而悬停，时而飞驰，发出动态的嗡嗡声。云彩飘过天边，变化万千。他无法再以旧的方式工作了。

补记

　　即便在现在，"混沌理论"（chaos theory）听上去仍然是一个有点儿自相矛盾的说法。在 20 世纪 80 年代，"混乱"（chaos）和"理论"（theory）还是两个看上去风马牛不相及的单词，更别说放在同一个句子里了。当初朋友们听说我正在收集材料，准备写作一本讲"混乱"的书（并且是一本讲科学的书）时，他们不免又惊讶又困惑。多年以后，就有个朋友告诉我，她当时以为我在写作有关"瓦斯"（gas）的东西。正如本书副书名所说的，混沌在那时是一门**新科学**——奇怪得不似此间之物，令人激动却难以接受。

　　在过去几十年间，发生了怎样的变化啊！混沌的思想已经不仅为主流科学，也为整个文化所接受并加以内化。尽管如此，即便现在，仍有大量科学家觉得混沌奇怪得不似此间之物，令人激动却难以接受。

　　今天，我们所有人都听说过混沌，至少多少有一点儿。"我到现在还不是很清楚混沌是什么。"在 1993 年的电影《侏罗纪公园》中，劳拉·德恩饰演的角色这样说道，从而给了杰夫·戈德布卢姆饰演的角色（他自称是一位"混沌学家"）一个机会在女士面前表现一番："它简单来说就是处理复杂系统中的不可预测性……一只蝴蝶在亚马孙河扇动翅膀，然后得克萨斯州的天气就从原来可能的晴天变成了雨天。"在那个时候，蝴蝶效应已然踏上了最终沦为一种大众文化的陈词滥调的不归路：它催生出了至少两部电影、《巴特利特名言录》里的一个条目、一段音乐录影

带，以及数以千计的网站和博客。〔只不过地点在不断变化：那只蝴蝶在
法国巴黎、秘鲁、美国加利福尼亚州、波利尼西亚塔西提岛和南美洲扇
动翅膀，然后在得克萨斯州、佛罗里达州、纽约、内布拉斯加州、堪萨
斯州和中央公园就出现了降雨（或飓风、龙卷风、风暴）。〕经过 2005 年
的飓风季后，《今日物理》杂志上就出现了一篇题为《与蝴蝶效应战斗到
底》的文章，装作一本正经地将一切归罪于一些纠集队伍的蝴蝶："不免
让人脑海中突然浮现一些'鳞翅目恐怖分子训练营'的样子。"[1]

　　混沌的一些方面（通常是不同的方面）已经一边被现代投资管理研究
者，另一边被后现代文学理论研究者所借鉴。这两帮人都已经为像"有
序的无序"这样的说法找到用武之地，尤其常见于博士论文的题目中。
一些吸引人的文学人物，比如莎士比亚笔下的克利奥帕特拉，就被视为
"奇怪吸引子"。金融市场中的一些图形模式也是如此。而在我看来，这
些思想最有力的艺术呈现来自汤姆·斯托帕德的话剧《世外桃源》，该剧
是在《侏罗纪公园》首映的前几个月在伦敦首演的。它也塑造了一位醉
心于混沌的数学家。"这种古怪东西，"他这样说道，"正逐渐得到证明，
它才是自然界的数学。"[2] 斯托帕德则进一步从有序的无序延伸到了在英
式花园景观与原野之间、在古典主义与浪漫主义之间的张力。他代为说
出了本书中的一些声音，而在这里引用他的话，无异于要陷入一种反馈
回路，但我终究无法忍住。他把握到了如此多年轻研究者在发现混沌之
时的那种兴奋和喜悦。他看到了正在打开的大门以及远处的景色。

　　那些构成我们生活的日常尺寸的事物、那些人们为之写诗的东西（云
彩、水仙、瀑布，以及当倒入稀奶油时，在一杯咖啡里所发生的情形），
所有这些事物都充满奥秘，在我们看来就像天体之于古希腊人那样神
秘。……未来是无序的。像这样的一扇大门，自我们直立行走以来，已

经被打开过五六次。这是你能遇上的最好的时代，因为几乎每一样你原本以为自己知道的东西其实都是错误的。[3]

　　大门现在不只是被打开，而是洞开，并且新一代的科学家已经跟上，带着一套对于自然的运作方式的更稳健的假设。他们知道，一个复杂系统可以变得非常古怪。他们也知道，当这确实发生时，你仍然可以与它对视，并战而胜之。跨越学科分野进行交流，分享有关标度模式或网络化行为的方法论，到现在即便还不是新的常规，至少也不再是例外了。

　　整体上看，当初的混沌先驱者们都已从江湖回归庙堂，并在科学建制中享有一席之地。爱德华·洛伦茨，作为一位备享殊荣的 MIT 荣休教授，在耄耋之年仍被看到回学校工作，并从他在 54 号楼高层的办公室里观察天气。米切尔·费根鲍姆后来加入美国洛克菲勒大学，并在那里建立了一个数理物理学实验室。罗伯特·梅后来成为英国皇家学会主席以及英国首相的首席科学顾问，并在 2001 年受封为"牛津的梅男爵"。至于贝努瓦·曼德尔布罗特，他放在自己耶鲁大学的个人主页上的一份 2006 年"学术简历"就列出了二十四项奖项和奖励、两项奖章、十九个"名誉学位及类似荣誉"、十二个学术团体的会员资格、十五个编委会的编委身份，以及其他一些带有他的名字的东西，包括一棵位于匈牙利小镇巴拉顿菲赖德的湖边公园的"诺贝尔小径边上的树"、一家在中国的实验室和一颗小行星。①

　　他们当初发现的原理以及他们当初发明的概念一直在继续演化——

---

① 补记的一些补记：洛伦茨于 2008 年 4 月 16 日去世，享年 90 岁；曼德尔布罗特于 2010 年 10 月 14 日去世，享年 85 岁；费根鲍姆于 2019 年 6 月 30 日去世，享年 74 岁；梅于 2020 年 4 月 28 日去世，享年 84 岁。四川大学纳米生物医学技术与膜生物学研究所下设八个实验室，其中便包括 Benoit Mandelbrot 生物数学与计算生物学实验室。——译者注

首先便是"混沌"这个词本身。到了 20 世纪 80 年代中期，这个词已然被许多科学家定义得相当狭隘（参见第十一章，大家对这个词的说法），他们用它特指由诸如"复杂系统"这样的更一般用语所指的那类现象的一个特殊子集。不过，敏锐一些的读者或许可以体会到，我当时其实更偏好约瑟夫·福特那个没有太多限定的定义（"从秩序和可预测性的枷锁中最终解放出来的动力学……"），并且现在仍然如此。但一切终究还是朝着专业化的方向演进了，因而严格说起来，"混沌"今天已是一种非常特定的东西。当亚尼尔·巴亚姆在撰写一部近千页的教科书《复杂系统的动力学》时，他在第一章第一节就讲完了"混沌"本身。[4]（"我必须说，第一章有 300 页之多，好不好？"他这样说道。）接下去他就开始讲起随机过程，建模和模拟，元胞自动机，计算理论和信息论，标度、重整化和分形，神经网络和吸引子网络，均相系统和非均相系统，如此等等。

作为一位高能物理学家的儿子，巴亚姆原本一直研究的是凝聚态物理学，并已经在波士顿大学挣得了工程学副教授之职，但他在 1997 年离开学校，自己创立了新英格兰复杂系统研究所。他长久以来关注斯蒂芬·沃尔弗拉姆的元胞自动机研究以及罗伯特·德瓦尼的混沌研究，并最终发现自己对聚合物和超导体的兴趣日减，而对神经网络以及人类文明的性质（他在这样说时，并无装腔作势之感）兴趣日增。"思考文明，"他说道，"也最终促进我开始思考复杂性作为一个实体的问题。你该如何将文明与别的什么东西相类比？它是像黄铜？还是像一只青蛙？你该如何回答这个问题？这正是驱动复杂系统的动力。"

不卖关子了，文明更像一只青蛙而非黄铜。一个原因是，它在不断演化——对于任何一样如此复杂，以至于无法被有效分解成不同独立部分的东西来说，各种演化适应过程正是设计和生成它的关键。社会经济系统就像生态系统。事实上，它们**就是**生态系统。借着计算机建模，巴亚姆一直在研究的课题之一是民族冲突的全局模式，以期找出可能导致冲突的人口混居和文化边界的模式。[5]归根结底，这里研究的其实还是模式生成。而他可以进行这个研究项目，这一点正好说明了，科学界对于什么才算一个正经的科学问题的理解，在过去几十年里已经发生了深刻的转变。"让我给你把这个过程简单描述一下。"他这样说道。他接着说了一个寓言：

假设人们正在一个果园里采收果实，明白吗？底下的好果实先采，并被送到市场，然后你开始采收高处的果实。它们要更难摘一点儿，并且可能要小一点儿，品相也没那么好。于是你做了一些梯子，爬上树，并够到了高处的果实。然后你不断把果实给人们送下去。

而我对自己当时所做的事情的感觉是，就像是我在树上环顾四周，并看到那里有一道篱笆，而在篱笆外面有另一个果园，在许多许多树上结着好果实。于是我出去了，找到了一个果实，然后穿过篱笆返回，把它展示给人们看。但他们说："这不是一个果实！"他们不再能够认出果实了。

他感到，现在要更好沟通一些了。各科学学科都已经意识到，要把关注重点放在理解复杂性和尺度、模式以及与模式相关联的集体行为上。这也是果实。

在令人振奋的早期岁月中，研究者们将混沌描述成，继相对论和量子力学之后，这个世纪物理学的第三次革命。而到今天，事情已经变得很清楚，混沌与相对论和量子力学密不可分。其实只有一种物理学。

广义相对论的基本方程组是非线性的——我们如今就都很清楚，这已经是表明混沌藏身其中的一个信号。"人们不总是对相对论的方法论有透彻的理解。"来自美国哥伦比亚大学巴纳德学院的天体物理学家兼宇宙学家詹娜·莱文如是说。"特别是，理论物理学建基在各种基本的对称性的概念之上，"她这样指出道，"因此，我认为这是理论物理学一直难以接受的一个范式转换。"对称性和对称群倾向于生成一些可解的方程组——这正是它们如此有效的原因。前提是，当它们有效时。

作为一名相对论研究者，莱文处理的是其中最大的问题。（比如，这个宇宙是无限的，还是只是非常大？她的研究表明，宇宙可能是有限的，或者如果我们想要使用技术用语，可以说它在拓扑上是紧致的、多连通的。）在研究宇宙的起源时，莱文发现自己不免要处理混沌，还会意外为此遭到抗拒。"当初我第一次拿出这项工作，我遇到了惊人激烈的负面反应。"她这样回忆道。人们当时觉得，混沌是很好，但它只"适用于那些复杂的、脏乱的、物理的系统，而不属于理论物理学这个纯理论的、不复杂的、抽象的天地"。

我们当时在研究在广义相对论中，在这个不可能有任何脏乱的纯理论世界中的混沌，而这是一个非常非常小众的事业——试图在早期宇宙的一种可能状态中，或在坍缩成一个黑洞的过程中，又或在绕着一个黑洞运转的轨道中找到混沌。人们并不觉得这是个令人生畏的词，但当他们看到混沌在某种干净如一个纯相对论系统（没有原子，没有任何垃圾）的东西中都发挥作用时，他们还是不免感到吃惊。

天文学家其实早已在太阳表面的剧烈活动中、在小行星带的间隙中，以及在大尺度上的星系分布中发现了混沌的踪迹。莱文及其同事则在大爆炸发生后的早期宇宙以及在黑洞中发现了它们。[6] 他们还做出预测，为一个黑洞所吸引的光线可以进入不稳定的混沌轨道，然后朝随机方向散射，从而使这个黑洞变亮，哪怕只是短暂瞬间。是的，混沌可以让黑洞变得可见。"它们在我看来就像有理数那样真实——那些分形集以及所有那些实在美丽的序列，"她这样说道，"所以一方面，人们感到惊恐，另一方面，他们也被迷住了。"她处理的是弯曲时空中的混沌。爱因斯坦天上有灵，想必也会引以为豪吧。

　　至于我，我再没有重回混沌的主题，但读者可能已经在这本书中注意到了我之后所有书的发端。当初我对理查德·费曼几乎一无所知，但他在本书中露过一次面（参见第五章）。艾萨克·牛顿则不只是露个面：他看上去是混沌的反英雄，又或是要被推翻的神。只是在后来，在阅读过他的笔记和书信后，我才发现自己一直错得多么离谱。在这几十年里，我还一直在追寻当初最早由罗伯特·肖告诉我的一条线索，关于混沌与那个由克劳德·香农发明的信息论。混沌创造出**信息**——另一个似是而非的悖论。这条线索接上了贝尔纳多·休伯曼的一个观察：他正在见证一些复杂行为出人意料地从信息网络中涌现出来。[7] 某种东西正在到来，而我们最终得以开始目睹它的真面目。

詹姆斯·格雷克
2008 年 2 月
于佛罗里达州基韦斯特

关于出处和延伸阅读的注释

本书引用了大约两百位科学家的话，其中有来自公开讲座的，有来自技术性文章的，还有大多数则来自我在 1984 年 4 月至 1986 年 12 月间所做的采访。受访的有些科学家当时专门研究混沌，其他的则不是。有些科学家不吝时间，接受了我在好几个月里的多次叨扰，并对这门科学的历史和实践多有见教，指点之处在这里无法一一列举。还有几位科学家慷慨地提供了自己未发表的回忆文章。

有关混沌的有用的次级资料现在还很缺乏，想要进行延伸阅读的普通读者可能会选择不多。或许混沌一般入门的首选（在今天看来，仍然优雅地传递了该主题的个中三昧，并概述了其中的一些基础数学）是侯世达在 1981 年 11 月号《科学美国人》上的专栏文章，后收入：Douglas R. Hofstadter, *Metamagical Themas* (New York: Basic Books, 1985), pp. 364–385. 两部收录了一些最具影响力的混沌研究文章的有用论文集是：Hao Bai-Lin, *Chaos* (Singapore: World Scientific, 1984) and Predrag Cvitanović, *Universality in Chaos* (Bristol: Adam Hilger, 1984). 它们的选文重复之处惊人地少，其中前者或许有点儿更偏向历史价值。而对于任何对分形几何学的起源感兴趣的读者来说，既是百科全书式、又考验耐性、但终究必不可少的资料是：Benoit Mandelbrot, *The Fractal Geometry of Nature* (New York: Freeman, 1977).《分形之美》一书（Heinz-Otto Peitgen and Peter H. Richter, *The Beauty of Fractals* (Berlin: Springer, 1986).）则以欧洲浪漫主义之风格探索了混沌之数学的许多领域，并收录了由曼德尔布罗特、阿德里安·杜阿迪和格特·艾伦贝格尔所写的几篇宝贵文章；它还包含许多精美的彩色和黑白图片，其中几幅就被复制到了本书中。一部配图丰富、面向工程师及其他想要对其中的数学思想有个概要了解的人的教科书是：H. Bruce Stewart and J. M. Thompson, *Nonlinear Dynamics and Chaos* (Chichester: Wiley, 1986). 但要注意，这些书对缺乏一定技术背景的读者来说可能无法展现其真实价值。

在描述本书中所提到的事件以及当时科学家的动机和视角时，只要有可能，我始终避免使用专业用语，而假设拥有相关背景的读者在读到某个地方的时候会明白，这里其实要说的是可积性、幂律分布或复分析。想要了解数学描述或具体文献的读者可以在后面的各章注释中找到它们。而在从数以千计的可选项中选取少量期刊文章时，我选择了那些要么对本书所记录的事件有着最直接影响的，要么对想要对自己感兴趣的思想了解更多的读者可能会最有用的。

　　对于场景的描述一般基于我对各处的拜访。以下各处机构慷慨地让我得以接触到它们的研究人员、它们的图书馆，以及有些地方的计算机设施：波士顿大学、康奈尔大学、库朗数学研究所、欧洲中期天气预报中心、佐治亚理工学院、哈佛大学、IBM 托马斯·J. 沃森研究中心、普林斯顿高等研究院、拉蒙特－多尔蒂地质观测所、洛斯阿拉莫斯国家实验室、麻省理工学院、美国国家大气研究中心、美国国家卫生研究院、美国国家气象中心、纽约大学、法国尼斯天文台、普林斯顿大学、加州大学伯克利分校、加州大学圣克鲁兹分校、芝加哥大学、伍兹霍尔海洋研究所、施乐帕洛阿尔托研究中心。

　　对于引文和思想的具体出处，后面的注释给出了我的主要信息源。我给出了图书和文章的完整文献信息；而当只有一个姓氏被提及时，它指的是下述对我的研究尤其有帮助的某位科学家：

冈特·阿勒斯	詹姆斯·格利姆
F. 蒂托·阿雷基	斯蒂芬·杰伊·古尔德
让－皮埃尔·埃克曼	约翰·古肯海默
米歇尔·埃农	约翰·H. 哈伯德
雷蒙德·E. 艾德克	布罗斯尔·哈斯拉赫尔
皮埃尔·奥昂贝格	侯世达
迈克尔·巴恩斯利	罗伯特·怀特
威廉·D. 邦纳	弗兰克·霍彭斯特德特
伦纳特·本特松	亨德里克·霍撒克
威廉·伯克	罗伯特·吉尔摩
罗伯特·布哈尔	利奥·卡达诺夫
普雷德拉格·茨维塔诺维奇	彼得·A. 卡拉瑟斯
弗里曼·戴森	戴维·坎贝尔
费雷敦·法米利	理查德·J. 科恩
J. 多因·法默	唐纳德·克尔
威廉·M. 菲舍尔	约瑟夫·克拉夫特
米切尔·费根鲍姆	詹姆斯·克拉奇菲尔德
罗纳德·福克斯	罗伯特·克莱希南
约瑟夫·福特	托马斯·S. 库恩
阿里·L. 戈德伯格	马克·拉夫
杰里·P. 戈勒布	詹姆斯·拉姆齐
拉尔夫·E. 戈莫里	乔尔·莱博维茨
利昂·格拉斯	赫伯特·莱文

奥斯卡·兰福德   史蒂文·斯特罗加茨

詹姆斯·兰格   H. 布鲁斯·斯图尔特

奥托·勒斯勒尔   哈里·斯温尼

彼得·H. 里希特   托马斯·托福利

阿尔贝·利布沙贝   肯尼思·G. 威尔逊

塞西尔·E. 利思   加雷思·P. 威廉斯

爱德华·N. 洛伦茨   杰克·威兹德姆

达维德·吕埃勒   布鲁斯·J. 韦斯特

保罗·C. 马丁   费利克斯·维拉尔

威廉·马尔库斯   海伦娜·维希涅夫斯基

菲利普·马库斯   阿瑟·T. 温弗里

阿诺德·J. 曼德尔   斯蒂芬·沃尔弗拉姆

贝努瓦·曼德尔布罗特   理查德·沃斯

戴维·芒福德   J. 奥斯汀·伍兹

罗伯特·M. 梅   雅科夫·G. 西奈

于尔根·莫泽   罗伯特·肖

弗朗西斯·C. 穆恩   克里斯托弗·肖尔茨

米夏埃尔·瑙恩贝格   威廉·M. 谢弗

诺尔曼·帕卡德   贝尔纳多·休伯曼

海因茨－奥托·派特根   拉尔夫·亚伯拉罕

查尔斯·S. 佩斯金   杨文明（音）

任峻瑞   安德鲁·英格索尔

迈克尔·F. 施勒辛格   詹姆斯·A. 约克

斯蒂芬·H. 施奈德   罗德里克·V. 詹森

爱德华·A. 施皮格尔   真锅淑郎

斯蒂芬·斯梅尔

楔子

[1] 费根鲍姆，卡拉瑟斯，坎贝尔，法默，菲舍尔，克尔，哈斯拉赫尔，任峻瑞。

[2] 费根鲍姆，卡拉瑟斯。

[3] 布哈尔，施勒辛格，维希涅夫斯基。

[4] 约克。

[5] F. K. Browand, "The Structure of the Turbulent Mixing Layer," *Physica 18D* (1986), p. 135.

[6] 日本科学家尤其严肃对待交通问题；例见：Toshimitsu Musha and Hideyo Higuchi, "The 1/*f* Fluctuation of a Traffic Current on an Expressway," *Japanese Journal of Applied Physics*

(1976), pp. 1271–1275.

[7] 曼德尔布罗特，拉姆齐；威兹德姆，马库斯；Alvin M. Saperstein, "Chaos—A Model for the Outbreak of War," *Nature* 309 (1984), pp. 303–305.

[8] 施勒辛格。

[9] 施勒辛格。

[10] 福特。

[11] Joseph Ford, "What Is Chaos, That We Should Be Mindful of It?" preprint, Georgia Institute of Technology, p. 12.

[12] John Boslough, *Stephen Hawking's Universe* (Cambridge: Cambridge University Press, 1980); 另见：Robert Shaw, *The Dripping Faucet as a Model Chaotic System* (Santa Cruz: Aerial, 1984), p. 1.

第一章　蝴蝶效应

[1] 洛伦茨，马库斯，施皮格尔，法默。洛伦茨此项研究的核心是三篇论文："Deterministic Nonperiodic Flow," *Journal of the Atmospheric Sciences* 20 (1963), pp. 130–141; "The Mechanics of Vacillation," *Journal of the Atmospheric Sciences* 20 (1963), pp. 448–464; and "The Problem of Deducing the Climate from the Governing Equations," *Tellus* 16 (1964), pp. 1–11. 它们构成了一项看上去很是精致的研究，在二十多年后继续影响着数学家和物理学家。洛伦茨对于自己的首个计算机大气模型的部分个人回忆见于："On the Prevalence of Aperiodicity in Simple Systems," in *Global Analysis*, eds. M. Grmela and J. Marsden (New York: Springer-Verlag, 1979), pp. 53–75.

[2] 对于利用方程组为大气建模的问题，洛伦茨当时写过一个比较易读的描述："Large-Scale Motions of the Atmosphere: Circulation," in *Advances in Earth Science*, ed. P.M. Hurley (Cambridge, Mass.: The M.I.T. Press, 1966), pp. 95–109. 对于这个问题的一个影响深远的早期分析是：L. F. Richardson, *Weather Prediction by Numerical Process* (Cambridge: Cambridge University Press, 1922).

[3] 洛伦茨。此外，他对于数学和气象学在自己的思维中角力的一个叙述是："Irregularity: A Fundamental Property of the Atmosphere," Crafoord Prize Lecture presented at the Royal Swedish Academy of Sciences, Stockholm, Sept. 28, 1983, in *Tellus* 36A (1984), pp. 98–110.

[4] Pierre Simon de Laplace, *A Philosophical Essay on Probabilities* (New York: Dover, 1951).

[5] 温弗里。

[6] 洛伦茨。

[7] "On the Prevalence," p. 55.

[8] 在所有思考过动力系统的经典物理学家和数学家当中，对混沌的可能性理解最深刻的是朱尔·亨利·庞加莱。他在《科学与方法》中指出：

"如果一个不为我们注意的非常小的原因导致了一个我们无法忽视的相当大的效应，我们就说这个效应源于偶然性。要是我们确切知道自然定律以及宇宙在初始时刻的状况，我们就能够确切预测该宇宙在接下去一个时刻的状况。但即便假使自然定律已经被我们全然掌握，我们仍然只能近似知道宇宙在某个时刻的状况。而如果这使得我们能够以同样的近似程度预测接下来的状况，那么这就是我们所要求的全部，而我们就应该说，现象已经得到预测，并且它由这些定律所支配。但情况不总是如此；也有可能出现这样的情况，即在初始条件中的小的差异会导致在最终现象中的非常大的不同。在前者中的一个微小误差会导致在后者中的一个巨大误差。这时预测将变得不可能……"

庞加莱在世纪之交的时候所提出的警示几乎被人们彻底遗忘。在美国，唯一一位在 20 世纪二三十年代严肃追随过庞加莱的脚步的数学家是乔治·D. 伯克霍夫，后者碰巧在 MIT 短暂教过年轻的爱德华·洛伦茨。

[9] 洛伦茨。另见 , "On the Prevalence," p. 56.

[10] 洛伦茨。

[11] 伍兹，施奈德；对于当时专家意见的一个广泛调研可参见："Weather Scientists Optimistic That New Findings Are Near," *The New York Times*, 9 September 1963, p. 1.

[12] 戴森。

[13] 邦纳，本特松，伍兹，利思。

[14] Peter B. Medawar, "Expectation and Prediction," in *Pluto's Republic* (Oxford: Oxford University Press, 1982), pp. 301–304.

[15] 洛伦茨一开始使用的是海鸥的意象；流传更广的蝴蝶的说法看上去源自他的这篇论文："Predictability; Does the Flap of a Butterfly's Wings in Brazil Set off a Tornado in Texas?" address at the annual meeting of the American Association for the Advancement of Science in Washington, 29 December 1979.

[16] 约克。

[17] 洛伦茨，怀特。

[18] "The Mechanics of Vacillation."

[19] 乔治·赫伯特；诺伯特·维纳也在这个语境中引用过这段话，参见："Nonlinear Prediction and Dynamics," in *Norbert Wiener: Collected Works with Commentaries*, ed. P. Masani (Cambridge, Mass.: The M.I.T. Press, 1981), 3: 371. 维纳在洛伦茨之前就预见到至少"天气图上小细节的自放大"的可能性。他指出："龙卷风是一种高度局域性的现象，而其确切轨迹可能是由一些看上去微不足道的小事决定的。"

[20] John von Neumann, "Recent Theories of Turbulence" (1949), in *Collected Works*, ed. A.H. Taub (Oxford: Pergamon Press, 1963), 6: 437.

[21] "The Predictability of Hydrodynamic Flow," in *Transactions of the New York Academy of Sciences II*: 25: 4 (1963), pp. 409–432.

[22] 同注 [21], p. 410.

[23] 这个为对流建模的方程组原本包含七个方程，由耶鲁大学的巴里·萨尔茨曼设计。洛伦茨在一次拜访他时见到了它们。通常情况下，萨尔茨曼的方程组表现出周期性，但一个版本，按照洛伦茨的说法，"拒绝安定下来"，并且洛伦茨意识到，在这样的混沌行为中，其中四个变量趋向于零——因而它们可以被舍弃。Barry Saltzman, "Finite Amplitude Convection as an Initial Value Problem," *Journal of the Atmospheric Sciences* 19 (1962), p. 329.

[24] 马尔库斯；地磁场的混沌学说仍然饱受争议，有些科学家就试图寻找外部解释，比如巨型陨石的冲击。对于地磁场的反转源自系统内裏的混沌的思想，一个早期阐述参见：K.A. Robbins, "A Moment Equation Description of Magnetic Reversals in the Earth," *Proceedings of the National Academy of Science* 73 (1976), pp. 4297–4301.

[25] 马尔库斯。

[26] 这个通常被称为洛伦茨系统的经典模型是：

$$\frac{dx}{dt} = 10(y-x),$$
$$\frac{dy}{dt} = -xz + 28x - y,$$
$$\frac{dz}{dt} = xy - \frac{8}{3}z.$$

自从它在《决定论式的非周期性流》一文中首次面世以来，这个系统已经得到广泛研究；对此一项权威的技术性研究可参见：Colin Sparrow, *The Lorenz Equations, Bifurcations, Chaos, and Strange Attractors* (Springer-Verlag, 1982).

[27] 马尔库斯，洛伦茨。

[28] 在 20 世纪 60 年代中期，《决定论式的非周期性流》大概每年被引用一次；二十年后，它每年被引用超过一百次。

第二章　革命

[1] 自从二十五年前（大致正与洛伦茨在他的计算机上为天气建模同时）首次提出以来，库恩对于科学革命的理解一直广泛受到检视和辩论。对于库恩的观点，我主要仰赖其《科学革命的结构》一书 (*The Structure of Scientific Revolutions, 2nd ed. enl.* (Chicago: University of Chicago Press, 1970))，其他材料还包括：*The Essential Tension: Selected Studies in Scientific Tradition and Change* (Chicago: University of Chicago, 1977); "What Are Scientific Revolutions?" (Occasional Paper No. 18, Center for Cognitive Science, Massachusetts Institute of Technology); 以及对于库恩本人的访谈。对于该主题的另一个有用且重要的分析是：I. Bernard Cohen, *Revolution in Science* (Cambridge, Mass.: Belknap Press, 1985).

[2] *Structure*, pp. 62–65, citing J.S. Bruner and Leo Postman, "On the Perception of Incongruity: A Paradigm," *Journal of Personality* XVIII (1949), p. 206.

[3] *Structure*, p. 24.

[4] *Tension*, p. 229.

[5] *Structure*, pp. 13–15.

[6] *Tension*, p. 234.

[7] 茨维塔诺维奇。

[8] 福特；Joseph Ford, "Chaos: Solving the Unsolvable, Predicting the Unpredictable," in *Chaotic Dynamics and Fractals*, eds. M.F. Barnsley and S.G. Demko (New York: Academic Press, 1985).

[9] 但迈克尔·贝里注意到，根据《牛津英语词典》，"chaology"一词的原本含义是"混乱的历史或描述"。Michael Berry, "The Unpredictable Bouncing Rotator: A Chaology Tutorial Machine," preprint, H.H. Wills Physics Laboratory, Bristol.

[10] 里希特。

[11] J. Crutchfield, M. Nauenberg and J. Rudnick, "Scaling for External Noise at the Onset of Chaos," *Physical Review Letters* 46 (1981), p. 933.

[12] Alan Wolf, "Simplicity and Universality in the Transition to Chaos," *Nature* 305 (1983), p. 182.

[13] Joseph Ford, "What is Chaos, That We Should Be Mindful of It?" preprint, Georgia Institute of Technology, Atlanta.

[14] "What Are Scientific Revolutions?" p. 23.

[15] *Structure*, p. 111.

[16] 约克等人。

[17] "What Are Scientific Revolutions?" pp. 2–10.

[18] *Le Opere di Galileo Galilei*, VIII: 277. Also VIII: 129–130.

[19] David Tritton, "Chaos in the Swing of a Pendulum," *New Scientist*, 24 July 1986, p. 37. 这篇通俗易懂的非技术性文章很好地介绍了单摆的混沌行为的哲学意涵。

[20] 在实践中，推秋千的人总是能够应用他自己的一种无意识的非线性反馈机制，制造出多多少少规则的运动。

[21] 对于单摆受迫振动的可能变化，一个很好的总结是：D. D'Humieres, M.R. Beasley, B.A. Huberman, and A. Libchaber, "Chaotic States and Routes to Chaos in the Forced Pendulum," *Physical Review A* 26 (1982), pp. 3483–3496.

[22] 迈克尔·贝里研究了这种玩具的物理学，对其建模并进行实验。在《不可预测的摆动－转动球》一文中，他描述了一系列只能通过混沌动力学的语言（"KAM 轨线、周期轨道的分岔、哈密顿混沌、不动点，以及奇怪吸引子"）理解的行为。

[23] 埃农。

[24] 上田睆亮。

[25] 福克斯。

[26] 斯梅尔，约克，古肯海默，亚伯拉罕，梅，费根鲍姆；对于斯梅尔在这个时期的思考的一个有点琐记性质的简短描述是："On How I Got Started in Dynamical Systems," in Steve Smale, *The Mathematics of Time: Essays on Dynamical Systems, Economic Processes, and Related Topics* (New York: Springer-Verlag, 1980), pp. 147–151.

[27] Raymond H. Anderson, "Moscow Silences a Critical American," *The New York Times*, 27 August 1966, p. 1; Smale, "On the Steps of Moscow University," *The Mathematical Intelligencer* 6:2, pp. 21–27.

[28] 斯梅尔。

[29] 这位同事是诺曼·莱文森。多个可追溯至庞加莱的数学发展，在这里汇集到了一起。伯克霍夫的工作是其中之一。在英国，玛丽·露西·卡特赖特和 J. E. 利特尔伍德深入研究了受迫的范德波尔振子。这些数学家都已经意识到在简单系统中出现混沌的可能性，但像大多数专守一方的数学家，斯梅尔先前并不知道他们的工作，直到他收到莱文森的这份来信。

[30] Smale; "On How I Got Started."

[31] 范德波尔的工作参见："Frequency Demultiplication," *Nature* 120 (1927), pp. 363–364.

[32] Ibid.

[33] 斯梅尔对于此项工作的数学表述参见："Differentiable Dynamical Systems," *Bulletin of the American Mathematical Society* 1967, pp. 747–817 (also in *The Mathematics of Time*, pp. 1–82).

[34] 勒斯勒尔。

[35] 约克。

[36] 古肯海默，亚伯拉罕。

[37] 亚伯拉罕。

[38] 马库斯，英格索尔，威廉斯；Philip S. Marcus, "Coherent Vortical Features in a Turbulent Two-Dimensional Flow and the Great Red Spot of Jupiter," paper presented at the 110th Meeting of the Acoustical Society of America, Nashville, Tennessee, 5 November 1985.

[39] John Updike, "The Moons of Jupiter," *Facing Nature* (New York: Knopf, 1985), p. 74.

[40] 英格索尔；另见：Andrew P. Ingersoll, "Order from Chaos: The Atmospheres of Jupiter and Saturn," *Planetary Report* 4:3, pp. 8–11.

[41] 马库斯。

[42] 马库斯。

第三章　生命的消长

[1] 梅，谢弗，约克，古肯海默。梅那篇著名的关于种群生物学中的混沌的综述文章是："Simple

Mathematical Models with Very Complicated Dynamics," *Nature* 261 (1976), pp. 459–467. 另见："Biological Populations with Nonoverlapping Generations: Stable Points, Stable Cycles, and Chaos," *Science* 186 (1974), pp. 645–647, and May and George F. Oster, "Bifurcations and Dynamic Complexity in Simple Ecological Models," *The American Naturalist* 110 (1976), pp. 573–599. 一个对于在混沌科学出现之前，生物种群的数学建模的发展过程的精彩回顾是：Sharon E. Kingsland, *Modeling Nature: Episodes in the History of Population Ecology* (Chicago: University of Chicago Press, 1985).

[2] May and Jon Seger, "Ideas in Ecology: Yesterday and Tomorrow," preprint, Princeton University, p. 25.

[3] May and George F. Oster, "Bifurcations and Dynamic Complexity in Simple Ecological Models," *The American Naturalist* 110 (1976), p. 573.

[4] 梅。

[5] J. Maynard Smith, *Mathematical Ideas in Biology* (Cambridge: Cambridge University Press, 1968), p. 18; Harvey J. Gold, *Mathematical Modeling of Biological Systems* (New York: John Wiley & Son, 1977).

[6] 梅。

[7] Herbert W. Hethcote and James A. Yorke, *Gonorrhea Transmission Dynamics and Control* (Berlin: Springer-Verlag, 1984).

[8] 根据计算机模拟，约克发现，限购政策迫使司机更频繁地去加油站加油，以便始终保持更充足的剩余油量，因而这项政策提高了在任意时刻闲置在整个国家的汽车油箱里的汽油量。

[9] 机场的飞行记录后来证明了约克是正确的。

[10] 约克。

[11] Murray Gell-Mann, "The Concept of the Institute," in *Emerging Syntheses in Science: Proceedings of the Founding Workshops of the Santa Fe Institute* (Santa Fe: The Santa Fe Institute, 1985), p. 11.

[12] 约克，斯梅尔。

[13] 约克。

[14] 关于线性、非线性，以及历史上使用计算机来理解这两者之区别的一篇通俗易懂的文章是：David Campbell, James P. Crutchfield, J. Doyne Farmer, and Erica Jen, "Experimental Mathematics: The Role of Computation in Nonlinear Science," *Communications of the Association for Computing Machinery* 28 (1985), pp. 374–384.

[15] Fermi, quoted in S.M. Ulam, *Adventures of a Mathematician* (New York: Scribners, 1976). 乌拉姆还描述了另一条理解非线性的重要线索，费米-帕斯塔-乌拉姆定理的起源。为了想出一些可在洛斯阿拉莫斯刚完成的 MANIAC 计算机上计算的问题，科学家们构想了一个简

单来说是一根振荡的弦的动力系统———一个"额外包含一个物理上正确且微小的非线性项"的简单模型。他们发现，随着时间推移，其行为模式呈现出一种出人意料的周期性。根据乌拉姆的回忆："结果在性质上完全不同于甚至费米（他对波的运动可是有着丰富知识）所预料的。……出乎我们的意料，弦开始玩一个抢凳子游戏……在经过数百次普通的上下振荡后，它复归到与一开始几乎一模一样的形状。"费米认为这些结果不是什么重大发现，并没有将它们大范围公开，但一些数学家和物理学家继续跟进这些结果，它们也成为洛斯阿拉莫斯的当地传说的一部分。*Adventures*, pp. 226–228.

[16] Quoted in "Experimental Mathematics," p. 374.

[17] 约克。

[18] 与他的学生李天岩合作完成："Period Three Implies Chaos," *American Mathematical Monthly* 82 (1975), pp. 985–992.

[19] 梅。

[20] 梅；正是这个看上去无法回答的问题促使他从解析方法转向数值实验，至少是将之作为获得直觉的手段。

[21] 约克。

[22] A. N. Sarkovskii, "Coexistence of Cycles of a Continuous Map of a Line into Itself," *Ukrainian Mathematics Journal* 16 (1964), p. 61.

[23] 西奈，1986 年 12 月 8 日的私人书信。

[24] 比如费根鲍姆、茨维塔诺维奇。

[25] 霍彭斯特德特，梅。

[26] 霍彭斯特德特。

[27] 梅。

[28] William M. Schaffer and Mark Kot, "Nearly One Dimensional Dynamics in an Epidemic," *Journal of Theoretical Biology* 112 (1985), pp. 403–427; Schaffer, "Stretching and Folding in Lynx Fur Returns: Evidence for a Strange Attractor in Nature," *The American Naturalist* 124 (1984), pp. 798–820.

[29] "Simple Mathematical Models," p. 467.

[30] Ibid.

第四章　大自然的一种几何学

[1] 曼德尔布罗特，戈莫里，沃斯，巴恩斯利，里希特，芒福德，哈伯德，施勒辛格。贝努瓦·曼德尔布罗特的集大成之作是《大自然的分形几何学》（*The Fractal Geometry of Nature*, New York: Freeman, 1977）。他的一个访谈参见：Anthony Barcellos, "Interview of B.B. Mandelbrot," in *Mathematical People*, ed. Donald J. Albers and G. L. Alexanderson (Boston: Birkhäuser, 1985). 曼德尔布罗特的两篇不那么知名但极其有趣的论文是："On

Fractal Geometry and a Few of the Mathematical Questions It Has Raised," *Proceedings of the International Congress of Mathematicians*, 16–14 August 1983, Warsaw, pp. 1661–1675; and "Towards a Second Stage of Indeterminism in Science," preprint, IBM Thomas J. Watson Research Center, Yorktown Heights, New York. 对于分形的应用的综述文章已经数不胜数，但两个有用的例子是：Leonard M. Sander, "Fractal Growth Processes," *Nature* 322 (1986), pp. 789–793; Richard Voss, "Random Fractal Forgeries: From Mountains to Music," in *Science and Uncertainty*, ed. Sara Nash (London: IBM United Kingdom, 1985).

[2] 霍撒克，曼德尔布罗特。

[3] Quoted in *Fractal Geometry*, p. 423.

[4] 伍兹霍尔海洋研究所，1985 年 8 月。

[5] 曼德尔布罗特。

[6] 曼德尔布罗特，里希特。对于布尔巴基学派，即便在现在也写得不多，其中一篇生动的介绍是：Paul R. Halmos, "Nicholas Bourbaki," *Scientific American* 196 (1957), pp. 88–89.

[7] 斯梅尔。

[8] 派特根。

[9] "Second Stage," p. 5.

[10] 曼德尔布罗特；*Fractal Geometry*, p. 74; J.M. Berger and Benoit Mandelbrot, "A New Model for the Clustering of Errors on Telephone Circuits," *IBM Journal of Research and Development* 7 (1963), pp. 224–236.

[11] *Fractal Geometry*, p. 248.

[12] Ibid., p. 1, for example.

[13] Ibid., p. 27.

[14] Ibid., p. 17.

[15] Ibid., p. 18.

[16] 曼德尔布罗特。

[17] *Fractal Geometry*, p. 131, and "On Fractal Geometry," p. 1663.

[18] 费利克斯·豪斯多夫和阿布拉姆·萨莫伊洛维奇·贝西科维奇。

[19] 曼德尔布罗特。

[20] 肖尔茨；C. H. Scholz and C. A. Aviles, "The Fractal Geometry of Faults and Faulting," preprint, Lamont-Doherty Geological Observatory; C.H. Scholz, "Scaling Laws for Large Earthquakes," *Bulletin of the Seismological Society of America* 72 (1982), pp. 1–14.

[21] *Fractal Geometry*, p. 24.

[22] 肖尔茨。

[23] 肖尔茨。

[24] William Bloom and Don W. Fawcett, *A Textbook of Histology* (Philadelphia: W. B. Saunders, 1975).

[25] 对于这些思考的一个综述是：Ary L. Goldberger, "Nonlinear Dynamics, Fractals, Cardiac Physiology, and Sudden Death," in *Temporal Disorder in Human Oscillatory Systems*, ed. L. Rensing, U. an der Heiden, M. Mackey (New York: Springer-Verlag, 1987).

[26] 戈德伯格，韦斯特。

[27] Ary L. Goldberger, Valmik Bhargava, Bruce J. West and Arnold J. Mandell, "On a Mechanism of Cardiac Electrical Stability: The Fractal Hypothesis," *Biophysics Journal* 48 (1985), p. 525.

[28] Barnaby J. Feder, "The Army May Have Matched the Goose," *The New York Times*, 30 November 1986, 4:16.

[29] 曼德尔布罗特。

[30] I. Bernard Cohen, *Revolution in Science* (Cambridge, Mass.: Belknap, 1985), p. 46.

[31] 芒福德。

[32] 里希特。

[33] 就像后来曼德尔布罗特可以在讨论费根鲍姆常数和费根鲍姆普适性时避免提及米切尔·费根鲍姆。为了不说那个名字，曼德尔布罗特会习惯性地提及 P. J. 米尔贝里，一位在 20 世纪 60 年代初就研究过二次函数迭代但当时不为人知的芬兰数学家。

[34] 里希特。

[35] 曼德尔布罗特。

[36] 克拉夫特。

[37] 休伯曼转述。

[38] Gert Eilenberger, "Freedom, Science, and Aesthetics," in *The Beauty of Fractals: Images of Complex Dynamical Systems*, eds. H.-O. Peitgen and P.H. Richter (Berlin: Springer, 1986), p. 179.

[39] John Fowles, *A Maggot* (Boston: Little Brown, 1985), p. 11.

[40] Robert H. G. Helleman, "Self-Generated Behavior in Nonlinear Mechanics," in *Fundamental Problems in Statistical Mechanics* 5, ed. E. G. D. Cohen (Amsterdam: North-Holland, 1980), p. 165.

[41] 比如，利奥·卡达诺夫就追问"分形的物理学在哪里"（*Physics Today*, February 1986, p. 6），并随后自己给出了一个新的"多分形"思路（*Physics Today*, April 1986, p. 17），引发了曼德尔布罗特的一个强调自己发现在先的典型回应（*Physics Today*, September 1986, p. 11）。曼德尔布罗特写道，卡达诺夫的理论"让我充满了一名父亲的自豪——很快又要成为一名祖父？"。

第五章　奇怪吸引子

[1] 吕埃勒，埃农，勒斯勒尔，西奈，费根鲍姆，曼德尔布罗特，福特，克莱希南。关于湍流理论的奇怪吸引子观点的历史背景，现在存在多种视角。一篇有价值的简介是：John

Miles, "Strange Attractors in Fluid Dynamics," in *Advances in Applied Mechanics* 24 (1984), pp. 189–214. 吕埃勒的一篇较为通俗的综述文章是："Strange Attractors," *Mathematical Intelligencer* 2 (1980), pp. 126–137；他的开创性论文是：David Ruelle and Floris Takens, "On the Nature of Turbulence," *Communications in Mathematical Physics* 20 (1971), pp. 167–192；他的其他重要论文包括："Turbulent Dynamical Systems," *Proceedings of the International Congress of Mathematicians, 16–24 August 1983, Warsaw*, pp. 271–286; "Five Turbulent Problems," *Physica* 7D (1983), pp. 40–44; and "The Lorenz Attractor and the Problem of Turbulence," in *Lecture Notes in Mathematics No. 565* (Berlin: Springer-Verlag, 1976), pp. 146–158.

[2] 这个故事有多个版本。欧尔萨格提到，主人公除了海森堡，还有其他四位可能人选（冯·诺伊曼、兰姆、索末菲，以及冯·卡门），并补充道："我想，要是上帝确实给了这四个人答案，大概每个人得到的答案都会是不同的。"

[3] 吕埃勒；also "Turbulent Dynamical Systems," p. 281.

[4] L. D. Landau and E.M. Lifshitz, *Fluid Mechanics* (Oxford: Pergamon, 1959).

[5] 马尔库斯。

[6] 斯温尼。

[7] 斯温尼，戈勒布。

[8] 戴森。

[9] 斯温尼。

[10] 斯温尼，戈勒布。

[11] 斯温尼。

[12] J. P. Gollub and H. L. Swinney, "Onset of Turbulence in a Rotating Fluid," *Physical Review Letters* 35 (1975), pp. 927–930. 这第一批实验只是开启了大门，让人得以一窥如何通过改变同轴旋转圆筒之间流体的少量参数来生成复杂的空间运动方式。在接下去的几年时间里，更多的斑图得到了描述，从"开塞钻"到"小波"，从"波状的流入边界和流出边界"到"上下交错的螺旋状流"。对此的一个总结是：C. David Andereck, S. S. Liu, and Harry L. Swinney, "Flow Regimes in a Circular Couette System with Independently Rotating Cylinders," *Journal of Fluid Mechanics* 164 (1986), pp. 155–183.

[13] 吕埃勒。

[14] 吕埃勒。

[15] "On the Nature of Turbulence."

[16] 他们很快发现，自己的有些思想早已见于苏联的文献；"另一方面，我们对于湍流的数学诠释看上去仍然是我们应该对它负全责的。"他们这样强调道。"Note Concerning Our Paper 'On the Nature of Turbulence,'" *Communications in Mathematical Physics* 23 (1971), pp.

343–344.

[17] 吕埃勒。

[18] "Strange Attractors," p. 131.

[19] 吕埃勒。

[20] Ralph H. Abraham and Christopher D. Shaw, *Dynamics: The Geometry of Behavior* (Santa Cruz: Aerial: 1984).

[21] Richard P. Feynman, *The Character of Physical Law* (Cambridge, Mass.: The M.I.T. Press, 1967), p. 57.

[22] 吕埃勒。

[23] "Turbulent Dynamical Systems," p. 275.

[24] "Deterministic Nonperiodic Flow," p. 137.

[25] Ibid., p. 140.

[26] 吕埃勒。

[27] 上田晥亮在下述综述中从非线性电路的角度回顾了他的早期发现，并在文后的附言中给出了对于自己的研究动机以及同事的冷淡回应的个人叙述："Random Phenomena Resulting from Nonlinearity in the System Described by Duffing's Equation," in *International Journal of Non-Linear Mechanics* 20 (1985), pp. 481–491. 另见，斯图尔特，个人通信。

[28] 勒斯勒尔。

[29] 埃农；他所构造的映射参见："A Two-Dimensional Mapping with a Strange Attractor," in *Communications in Mathematical Physics* 50 (1976), pp. 69–77, and Michel Hénon and Yves Pomeau, "Two Strange Attractors with a Simple Structure," in *Turbulence and the Navier-Stokes Equations*, ed. R. Teman (New York: Springer-Verlag, 1977).

[30] 威兹德姆。

[31] Michel Hénon and Carl Heiles, "The Applicability of the Third Integral of Motion: Some Numerical Experiments," *Astronomical Journal* 69 (1964), p. 73.

[32] 埃农。

[33] 埃农。

[34] "The Applicability," p. 76.

[35] Ibid., p. 79.

[36] 伊夫·波莫。

[37] 埃农。

[38] 拉姆齐。

[39] "Strange Attractors," p. 137.

第六章　普适性

[1] 费根鲍姆。费根鲍姆关于普适性的重要论文是："Quantitative Universality for a Class of Nonlinear Transformations," *Journal of Statistical Physics* 19 (1978), pp. 25–52, and "The Universal Metric Properties of Nonlinear Transformations," *Journal of Statistical Physics* 21 (1979), pp. 669–706. 一篇稍微通俗一些但仍然需要一点儿数学的论述是他的综述文章："Universal Behavior in Nonlinear Systems," *Los Alamos Science* 1 (Summer 1981), pp. 4–27. 我还利用了他未发表的回忆录："The Discovery of Universality in Period Doubling."

[2] 费根鲍姆，卡拉瑟斯，茨维塔诺维奇，坎贝尔，法默，菲舍尔，克尔，哈斯拉赫尔，任峻瑞。

[3] 卡拉瑟斯。

[4] 费根鲍姆。

[5] 卡拉瑟斯。

[6] 卡达诺夫。

[7] Gustav Mahler, letter to Max Marschalk.

[8] 歌德的《颜色论》现在有多个英译本。我这里所参考的是一个插图精美的版本：*Goethe's Color Theory*, ed. Rupprecht Matthaei, trans. Herb Aach (New York: Van Nostrand Reinhold, 1970); 另一个更容易找到的版本是由迪恩·B. 贾德导读的：*Theory of Colors,* trans. Charles Lock Eastlake (Cambridge, Mass.: The M.I.T. Press, 1970).

[9] 早在 20 世纪 40 年代晚期，乌拉姆和冯·诺伊曼就曾经提出，可以借助其混沌性质，从而在有限精度的计算机上生成随机数。

[10] 他们的论文（可谓上接斯坦尼斯瓦夫·乌拉姆和约翰·冯·诺伊曼，下启詹姆斯·约克和米切尔·费根鲍姆）是："On Finite Limit Sets for Transformations on the Unit Interval," *Journal of Combinatorial Theory* 15 (1973), pp. 25–44.

[11] Edward N. Lorenz, "The Problem of Deducing the Climate from the Governing Equations," *Tellus* 16 (1964), pp. 1–11.

[12] 真锅淑郎。

[13] 费根鲍姆。

[14] 梅。

[15] "On Finite Limit Sets," pp. 30–31. 关键提示："这些模式是四个看上去不相关的变换的一个共同属性，这一事实表明，这样的模式序列是一大类映射的一个一般属性。因此，我们将这个模式序列称为 U 序列，其中的 'U' 代表（有点儿夸大的）'universal' ——'普适的'。"但这些数学家当时从未设想过，这种普适性会具体到某个实际的数值。他们制作了一张包含 84 个不同参数值的表格，每个精确到小数点后七位，但他们没有想过要去寻找隐藏其中的几何关系。

[16] 费根鲍姆。

[17] 茨维塔诺维奇。

[18] 福特。

[19] 1983 年的麦克阿瑟奖以及 1986 年的沃尔夫物理学奖。

[20] 戴森。

[21] 吉尔摩。

[22] 茨维塔诺维奇。

[23] 即便这样，这个证明仍属非正统，因为它仰赖于大量数值计算，使得人们如果不借助一部计算机，就无法对它加以推演或检验。兰福德；Oscar E. Lanford, "A Computer-Assisted Proof of the Feigenbaum Conjectures," *Bulletin of the American Mathematical Society* 6 (1982), p. 427; also, P. Collet, J. P. Eckmann, and O. E. Lanford, "Universal Properties of Maps on an Interval," *Communications in Mathematical Physics* 81 (1980), p. 211.

[24] 费根鲍姆；"The Discovery of Universality," p. 17.

[25] 福特，费根鲍姆，莱博维茨。

[26] 福特。

[27] 费根鲍姆。

第七章　实验科学家

[1] 利布沙贝，卡达诺夫。

[2] 利布沙贝。

[3] A. Libchaber and J. Maurer, "A Rayleigh Bénard Experiment: Helium in a Small Box," in *Nonlinear Phenomena at Phase Transitions and Instabilities*, ed. T. Riste (New York: Plenum, 1982), p.259; reprinted in *Universality in Chaos*, ed. P. Cvitanović (Bristol: Adam Hilger, 1984), p. 109.

[4] 利布沙贝，费根鲍姆。

[5] 利布沙贝。

[6] 利布沙贝。

[7] Wallace Stevens, "This Solitude of Cataracts," *The Palm at the End of the Mind*, ed. Holly Stevens (New York: Vintage, 1972), p. 321.

[8] "Things of August," Ibid., p. 358.

[9] "Reality Is an Activity of the Most August Imagination," Ibid., p. 396.

[10] Theodor Schwenk, *Sensitive Chaos* (New York: Schocken, 1976), p. 19.

[11] Ibid.

[12] Ibid., p. 16.

[13] Ibid., p. 39.

[14] D'Arcy Wentworth Thompson, *On Growth and Form*, J. T. Bonner, ed. (Cambridge: Cambridge University Press, 1961), p. 8.

[15] Ibid., p. viii.

[16] Stephen Jay Gould, *Hen's Teeth and Horse's Toes* (New York: Norton, 1983), p. 369.

[17] *On Growth and Form*, p. 267.

[18] Ibid., p. 114.

[19] 坎贝尔。

[20] 利布沙贝。

[21] "A Rayleigh Bénard Experiment." 此外，茨维塔诺维奇的引言也给出了一个清晰的概述。

[22] 奥昂贝格。

[23] 费根鲍姆，利布沙贝。

[24] 戈勒布。

[25] 相关文献也为数众多。对于结合一系列不同系统中的理论与实验的早期尝试的一个总结是：Harry L. Swinney, "Observations of Order and Chaos in Nonlinear Systems," *Physica 7D* (1983), pp. 3–15; 在其中，斯温尼将参考文献分成了不同类别，涉及电子和化学振荡，以及更为深奥的其他类别实验。

[26] Valter Franceschini and Claudio Tebaldi, "Sequences of Infinite Bifurcations and Turbulence in a Five-Mode Truncation of the Navier-Stokes Equations," *Journal of Statistical Physics* 21 (1979), pp. 707–726.

[27] P. Collet, J.-P. Eckmann, and H. Koch, "Period Doubling Bifurcations for Families of Maps on," *Journal of Statistical Physics* 25 (1981), pp. 1–14.

[28] 利布沙贝。

第八章　混沌的图像

[1] 巴恩斯利。

[2] 巴恩斯利。

[3] 哈伯德; also Adrien Douady, "Julia Sets and the Mandelbrot Set," in *The Beauty of Fractals: Images of Complex Dynamical Systems*, eds. H.-O. Peitgen and P. H. Richter (Berlin: Springer, 1986), pp. 161–174. 这本《分形之美》也给出了对于牛顿法以及我们这一章讨论到的复杂动力学的其他交叉领域的一个数学概述。

[4] "Julia Sets and the Mandelbrot Set," p. 170.

[5] 哈伯德。

[6] 哈伯德; *The Beauty of Fractals*; Peter H. Richter and Heinz-Otto Peitgen, "Morphology of Complex Boundaries," *Berichte der Bunsengesellschaft* für Physikalische Chemie 89 (1985), pp. 575–588.

[7] 一个通俗易懂的入门介绍（连同一个可以自己运行的计算机程序），可参见：A. K. Dewdney, "Computer Recreations," *Scientific American* (August 1985), pp. 16–32. 派特根和里希特在《分形之美》中不仅给出了一些令人叹为观止的图案，还给出了一个对于曼德尔布罗特集合的数学的细致综述。

[8] 比如，哈伯德。

[9] "Julia Sets and the Mandelbrot Set," p. 161.

[10] 曼德尔布罗特，拉夫，哈伯德。曼德尔布罗特对此的一个自述是："Fractals and the Rebirth of Iteration Theory," in *The Beauty of Fractals*, pp. 151–160.

[11] 曼德尔布罗特；*The Beauty of Fractals*.

[12] 曼德尔布罗特。

[13] 哈伯德。

[14] 派特根。

[15] 哈伯德。

[16] 里希特。

[17] 派特根。

[18] 派特根。

[19] 约克。一篇有点儿技术性但很好的介绍文章是：Steven W. MacDonald, Celso Grebogi, Edward Ott, and James A. Yorke, "Fractal Basin Boundaries," *Physica 17D* (1985), pp. 125–183.

[20] 约克。

[21] 约克，见于他在 1986 年 4 月 10 日在马里兰州贝塞斯达的美国国家卫生研究院举办的生物动力学和理论医学研讨会上的发言。

[22] 约克。

[23] 类似地，在一部旨在向工程师介绍混沌的教科书中，H. B. 斯图尔特和 J. M. 汤普森也警告说："囿于自己所熟悉的、一个线性系统所给出的那种独特回应所带来的虚假的安全感，忙碌的分析师或实验科学家一看到一次模拟最终进入了一个稳定的周期性循环，就高呼'尤里卡，这就是解，没错了'，而没有耐心再从其他不同的初始条件探索其结果。为了避免潜在的危险错误和灾难，产业工程师必须准备好将更大比例的努力放在探索自己的系统在所有范围内的动力学回应上。"H. B. Stewart and J. M. Thompson, *Nonlinear Dynamics and Chaos* (Chichester: Wiley, 1986), p. xiii.

[24] *The Beauty of Fractals*, p. 136.

[25] 例见："Iterated Function Systems and the Global Construction of Fractals," *Proceedings of the Royal Society of London A* 399 (1985), pp. 243–275.

[26] 巴恩斯利。

[27] 哈伯德。

[28] 巴恩斯利。

第九章　动力系统集体

[1] 法默，肖，克拉奇菲尔德，帕卡德，伯克，瑙恩贝格，亚伯拉罕，古肯海默。罗伯特·肖将信息论应用于混沌的代表性著作和文章是：*The Dripping Faucet as a Model Chaotic System* (Santa Cruz: Aerial, 1984); "Strange Attractors, Chaotic Behavior, and Information Theory," *Zeitschrift für Naturforschung* 36a (1981), p. 80. 一本讲述圣克鲁兹的一些学生试图破解轮盘赌的经历，并很好地还原了这段多彩岁月的图书是《幸福派》：Thomas Bass, *The Eudaemonic Pie* (Boston: Houghton Mifflin, 1985).

[2] 肖。

[3] 伯克，施皮格尔。

[4] Edward A. Spiegel, "Cosmic Arrhythmias," in *Chaos in Astrophysics*, J. R. Buchler et al., eds. (New York: D. Reidel, 1985), pp. 91–135.

[5] 法默，克拉奇菲尔德。

[6] 肖，克拉奇菲尔德，伯克。

[7] 肖。

[8] 亚伯拉罕。

[9] 法默是《幸福派》一书的主人公，帕卡德则是其中的二号人物。他们试图破解轮盘赌的故事后来被一个为该团体做过助手的人写成了书。

[10] 伯克，法默，克拉奇菲尔德。

[11] 肖。

[12] 福特。

[13] 肖，法默。

[14] 对此（即便在今天看来，仍然相当具有可读性）的经典文本是：Claude E. Shannon and Warren Weaver, *The Mathematical Theory of Communication* (Urbana: University of Illinois, 1963), with a helpful introduction by Weaver.

[15] Ibid., p. 13.

[16] 帕卡德。

[17] 肖。

[18] 肖，法默。

[19] "Strange Attractors, Chaotic Behavior, and Information Flow."

[20] 西奈，个人通信。

[21] 帕卡德。

[22] 肖。

[23] 肖。

[24] 法默；一个从动力系统的视角切入免疫系统，并对人体"记住"和识别入侵之敌的能力进行建模的研究是：J. Doyne Farmer, Norman H. Packard, and Alan S. Perelson, "The Immune System, Adaptation, and Machine Learning," preprint, Los Alamos National Laboratory, 1986.

[25] *The Dripping Faucet*, p. 4.

[26] Ibid.

[27] 克拉奇菲尔德。

[28] 肖。

[29] 法默。

[30] 这些方法经过圣克鲁兹的研究者及其他实验和理论科学家的大幅深化和扩展，已经成为许多不同领域的实验研究方法的支柱之一。来自圣克鲁兹的一个关键提议是：Norman H. Packard, James P. Crutchfield, J. Doyne Farmer, and Robert S. Shaw [这是论文署名的标准做法，即最重要的放最后], "Geometry from a Time Series," *Physical Review Letters* 47 (1980), p. 712. 该主题最影响深远的论文是：Floris Takens, "Detecting Strange Attractors in Turbulence," in *Dynamical Systems and Turbulence, Warwick 1980*, D.A. Rand and L.S. Young, eds. (Berlin: Springer-Verlag, 1981), pp. 336–381. 对于相空间重构法的一个早期但相当宽泛的综述是：Harold Froehling, James P. Crutchfield, J. Doyne Farmer, Norman H. Packard, and Robert S. Shaw, "On Determining the Dimension of Chaotic Flows," *Physica* 3D (1981), pp. 605–617.

[31] 克拉奇菲尔德。

[32] 比如，瑙恩贝格。

[33] 肖。

[34] 这并不是说这些学生完全忽视了映射。受到梅的研究的启示，克拉奇菲尔德在 1978 年花了如此多时间在绘制分岔图上，以至于他被禁止使用计算机中心的绘图仪。为了画出成千上万个点，他已经弄坏了太多的绘图笔。

[35] 法默。

[36] 法默。

[37] 肖。

[38] 克拉奇菲尔德，休伯曼。

[39] 休伯曼。

[40] Bernardo A. Huberman and James P. Crutchfield, "Chaotic States of Anharmonic Systems in Periodic Fields," *Physical Review Letters* 43 (1979), p. 1743.

[41] 克拉奇菲尔德。

[42] 这个争论就在比如《自然》杂志上一直争执不休。

[43] 拉姆齐。

[44] J. Doyne Farmer, Edward Ott, and James A. Yorke, "The Dimension of Chaotic Attractors," *Physica 7D* (1983), pp. 153–180.

[45] Ibid., p. 154.

第十章　体内的节律

[1] 休伯曼，曼德尔（在 1986 年 4 月 11 日于美国马里兰州贝塞斯达举办的生物动力学和理论医学研讨会上所做的采访和交流）。另见：Bernardo A. Huberman, "A Model for Dysfunctions in Smooth Pursuit Eye Movement," preprint, Xerox Palo Alto Research Center, Palo Alto, California.

[2] 亚伯拉罕。盖亚假说（一种关于地球上的复杂系统如何实现动态自我调节的学说，多少因其有意的拟人化而受到抵制）的入门读物是：J. E. Lovelock, *Gaia: A New Look at Life on Earth* (Oxford: Oxford University Press, 1979).

[3] 下面是对于相关生理学文献（每篇文章各有其有价值的参考文献）的一个不无武断的选取：Ary L. Goldberger, Valmik Bhargava, and Bruce J. West, "Nonlinear Dynamics of the Heartbeat: II. Subharmonic Bifurcations of the Cardiac Interbeat Interval in Sinus Node Disease," *Physica 17D* (1985), pp. 207–214; Michael C. Mackay and Leon Glass, "Oscillation and Chaos in Physiological Control Systems," *Science* 197 (1977), p. 287; Mitchell Lewis and D. C. Rees, "Fractal Surfaces of Proteins," *Science* 230 (1985), pp. 1163–1165; Ary L. Goldberger, et al., "Nonlinear Dynamics in Heart Failure: Implications of Long-Wavelength Cardiopulmonary Oscillations," *American Heart Journal* 107 (1984), pp. 612–615; Teresa Ree Chay and John Rinzel, "Bursting, Beating, and Chaos in an Excitable Membrane Model," *Biophysical Journal* 47 (1985), pp. 357–366. 一部选材广泛、尤其有用的相关论文集是：*Chaos*, Arun V. Holden, ed. (Manchester: Manchester University Press, 1986).

[4] "Strange Attractors," p. 137.

[5] 格拉斯。

[6] 戈德伯格。

[7] 佩斯金。David M. McQueen and Charles S. Peskin, "Computer-Assisted Design of Pivoting Disc Prosthetic Mitral Valves," *Journal of Thoracic and Cardiovascular Surgery* 86 (1983), pp. 126–135.

[8] 科恩。

[9] 温弗里。

[10] 温弗里在一部富有启迪、插图丰富的图书中发展了他对于生物时间的几何学的观点：*When Time Breaks Down: The Three-Dimensional Dynamics of Electrochemical Waves and Cardiac Arrhythmias* (Princeton: Princeton University Press, 1987); 对其在心律中的应用的一篇综述 文 章 是：Arthur T. Winfree, "Sudden Cardiac Death: A Problem in Topology," *Scientific*

American 248 (May 1983), p. 144.

[11] 温弗里。

[12] 温弗里。

[13] 斯特罗加茨; Charles A. Czeisler, et al., "Bright Light Resets the Human Circadian Pacemaker Independent of the Timing of the Sleep‑Wake Cycle," *Science* 233 (1986), pp. 667–671. Steven Strogatz, "A Comparative Analysis of Models of the Human Sleep‑Wake Cycle," preprint, Harvard University, Cambridge, Massachusetts.

[14] 温弗里。

[15] "Sudden Cardiac Death."

[16] 温弗里。

[17] 温弗里。

[18] 艾德克。

[19] 格拉斯。

[20] Michael R. Guevara, Leon Glass, and Alvin Schrier, "Phase Locking, Period‑Doubling Bifurcations, and Irregular Dynamics in Periodically Stimulated Cardiac Cells," *Science* 214 (1981), p. 1350.

[21] 格拉斯。

[22] 科恩。

[23] 格拉斯。

[24] 温弗里。

[25] Leon Glass and Michael C. Mackay, "Pathological Conditions Resulting from Instabilities in Physiological Control Systems," *Annals of the New York Academy of Sciences* 316 (1979), p. 214.

[26] Ary L. Goldberger, Valmik Bhargava, Bruce J. West, and Arnold J. Mandell, "Some Observations on the Question: Is Ventricular Fibrillation 'Chaos,'" preprint.

[27] 曼德尔。

[28] 曼德尔。

[29] Arnold J. Mandell, "From Molecular Biological Simplification to More Realistic Central Nervous System Dynamics: An Opinion," in *Psychiatry: Psychobiological Foundations of Clinical Psychiatry* 3:2, J. O. Cavenar, et al., eds. (New York: Lippincott, 1985).

[30] Ibid.

[31] 休伯曼。

[32] Bernardo A. Huberman and Tad Hogg, "Phase Transitions in Artificial Intelligence Systems," preprint, Xerox Palo Alto Research Center, Palo Alto, California, 1986. Also, Tad Hogg and Bernardo A. Huberman, "Understanding Biological Computation: Reliable Learning and

Recognition," *Proceedings of the National Academy of Sciences* 81 (1984), pp. 6871–6875.

[33] Erwin Schrödinger, *What Is Life?* (Cambridge: Cambridge University Press, 1967), p. 82.

[34] Ibid., p. 5.

第十一章　混沌的未来

[1] 福特。

[2] 福克斯。

[3] （霍姆斯）*SIAM Review* 28 (1986), p. 107;（郝柏林）*Chaos* (Singapore: World Scentific, 1984), p. i;（斯图尔特）"The Geometry of Chaos," in *The Unity of Science*, Brookhaven Lecture Series, No. 209 (1984), p. 1;（詹森）"Classical Chaos," *American Scientist* (April 1987);（克拉奇菲尔德）private communication;（福特）"Book Reviews," *International Journal of Theoretical Physics* 25 (1986), No. 1.

[4] 哈伯德。

[5] 温弗里。

[6] 休伯曼。

[7] *Gaia*, p. 125.

[8] P.W. Atkins, *The Second Law* (New York: W. H. Freeman, 1984), p. 179. 这本难得的讲热力学第二定律的好书就探索了混沌系统中的耗散的创造性力量。一个对于热力学和动力系统之间的关系的高度个人化和哲学化的阐述是：Ilya Prigogine, *Order Out of Chaos: Man's New Dialogue With Nature* (New York: Bantam, 1984)。

[9] 兰格。有关雪花生成的动力学的近期文献已经汗牛充栋，以下是几篇最有用的：James S. Langer, "Instabilities and Pattern Formation," *Reviews of Modern Physics* (52) 1980, pp. 1–28; Johann Nittmann and H. Eugene Stanley, "Tip Splitting without Interfacial Tension and Dendritic Growth Patterns Arising from Molecular Anisotropy," *Nature* 321 (1986), pp. 663–668; David A. Kessler and Herbert Levine, "Pattern Selection in Fingered Growth Phenomena," to appear in *Advances in Physics*.

[10] 戈勒布，兰格。

[11] 模式生成的这条研究路径的一个有趣例子是：P.C. Hohenberg and M. C. Cross, "An Introduction to Pattern Formation in Nonequilibrium Systems," preprint, AT&T Bell Laboratories, Murray Hill, New Jersey.

[12] 威兹德姆；Jack Wisdom, "Meteorites May Follow a Chaotic Route to Earth," *Nature* 315 (1985), pp. 731–733, and "Chaotic Behavior and the Origin of the 3/1 Kirkwood Gap," *Icarus* 56 (1983), pp. 51–74.

[13] 按照法默和帕卡德的说法："适应性行为是一种涌现的属性，是经由简单构成元素之间的相互作用而自发地涌现出来的。不论这些构成元素是神经元、氨基酸、蚂蚁或比特数组，只

有在整体的集体行为在质上不同于个体部件的总和的集体行为时，适应才有可能发生。而这恰恰正是非线性的定义。""Evolution, Games, and Learning: Models for Adaptation in Machines and Nature," introduction to conference proceedings, Center for Nonlinear Studies, Los Alamos National Laboratory, May 1985.

[14] "What Is Chaos?" p. 14.

[15] 福特。

[16] *Structure*, p. 5.

[17] William M. Schaffer, "Chaos in Ecological Systems: The Coals That Newcastle Forgot," *Trends in Ecological Systems* 1 (1986), p. 63.

[18] William M. Schaffer and Mark Kot, "Do Strange Attractors Govern Ecological Systems?" *Bio-Science* 35 (1985), p. 349.

[19] 比如 William M. Schaffer and Mark Kot, "Nearly One Dimensional Dynamics in an Epidemic," *Journal of Theoretical Biology* 112 (1985), pp. 403–427.

[20] 谢弗。

[21] 谢弗；also William M. Schaffer, "A Personal Hejeira," unpublished.

补记

（补记的注释为译者所加，供参考。）

[1] F. Alex Nava, "Battling the Butterfly Effect," *Physics Today* 59 (2006), p. 14.

[2] Tom Stoppard, *Arcadia* (London: Faber and Faber, 1993), p. 45.

[3] *Arcadia*, p. 48.

[4] Yaneer Bar-Yam, *Dynamics of Complex Systems* (Reading, MA: Addison-Wesley, 1997).

[5] 例见：May Lim, Richard Metzler, and Yaneer Bar-Yam, "Global Pattern Formation and Ethnic/Cultural Violence," *Science* 317(2007), pp. 1540–1544.

[6] 例见：Neil J. Cornish and Janna J. Levin, "The Mixmaster Universe is Chaotic," *Phys. Rev. Lett.* 78 (1997), p. 998–1001; Janna J. Levin, "Chaos May Make Black Holes Bright," *Phys.Rev.D* 60 (1999) 064015.

[7] 例见：Bernardo A. Huberman, *The Laws of the Web* (Cambridge, MA: The MIT Press, 2001).

致谢

许多科学家都曾经慷慨地对我多有指导、赐教和提点。其中有些人的贡献，读者们一眼就看得出，但还有许多其他人，尽管在正文中没有被提及名字或只是一带而过，其实对他们的时间和知识也同样毫无保留。他们翻找文件，搜寻记忆，相互争论，并提出各种有助于我理解这门科学的方式。还有几位科学家阅读了本书的原稿。在本书的准备过程中，我有赖于他们的耐心以及他们的坦诚。

我想要表达对于我的编辑丹尼尔·弗兰克的谢意，他的想象力、敏感性和职业操守对这本书的帮助，我无以言表。我也离不开我的文学代理迈克尔·卡莱尔的卓越而热情的支持。在《纽约时报》，彼得·米洛尼斯和唐·埃里克森给过我许多关键帮助。感谢以下人士为本书提供了插图：海因茨－奥托·派特根、彼得·里希特、詹姆斯·约克、利奥·卡达诺夫、菲利普·马库斯、贝努瓦·曼德尔布罗特、杰里·戈勒布、哈里·斯温尼、阿瑟·温弗里、布鲁斯·斯图尔特、费雷敦·法米利、欧文·爱泼斯坦、马丁·格利克斯曼、斯科特·伯恩斯、詹姆斯·克拉奇菲尔德、约翰·米尔诺、理查德·沃斯、南希·斯特恩戈尔德，以及阿道夫·布罗特曼。我也要感谢我的父母，贝丝·格雷克和多宁·格雷克，他们不仅把我养育成人走正途，还纠正了本书的一些错误。

歌德在《颜色论》的第一版前言中曾经写道："对于任何打算给我们讲述某门科学的历史的人，我们都有理由期待，他会告诉我们他所讨论的那些现象是如何逐渐为人所知的，并且对于它们，人们又做出过哪些想象、猜想、假设或思考。"这是一件"碰运气的事情"，他继续写道："因为在这样一个事业中，作家会在一开始就暗含地宣告，他打算将某些事情推到光下，而把其他事情放进影中。然而，作家早已从努力完成自己任务的过程中收获了莫大喜悦……"[1]

---

[1] 译者的致谢：本书的翻译除了参考原书提到的许多文献，也参考了一些中文文献，特别是刘秉正和彭建华编著的《非线性动力学》（高等教育出版社，2004）。翻译中的讹误和不当之处，还请大家不吝指正。正如歌德在前言中接下去所写的："这些科学史的材料……即便未能回答所有应该回答的问题，至少是出于真诚和兴趣而完成的。最后，这样的材料……可能更容易让那些平素勤于思考的读者感到满意，因为他们可以很容易就根据自己的判断整合它们。"——译者注

人名对照表

A

阿尔贝斯 Josef Albers

阿格纽 Harold Agnew

阿勒斯 Günter Ahlers

阿雷基 F. Tito Arecchi

阿诺尔德 V.I. Arnold

埃克曼 Jean-Pierre Eckmann

埃农 Michel Hénon

艾德克 Raymond E. Ideker

艾肯 Conrad Aiken

艾伦贝格尔 Gert Eilenberger

奥昂贝格 Pierre Hohenberg

奥本海默 J. Robert Oppenheimer

奥蒂诺 Julio M. Ottino

B

巴恩斯利 Michael Barnsley

巴亚姆 Yaneer Bar-Yam

邦纳 William D. Bonner

贝尔热 Pierre Bergé

贝里 Michael Berry

贝西科维奇 Abram Samoilovitch Besicovitch

本特松 Lennart Bengtsson

波莫 Yves Pomeau

伯克 William Burke

伯克霍夫 George D. Birkhoff

布哈尔 Robert Buchal

C

茨维塔诺维奇 Predrag Cvitanović

D

戴森 Freeman Dyson

德瓦尼 Robert Devaney

杜阿迪 Adrien Douady

F

法米利 Fereydoon Family

法默 J. Doyne Farmer

法图 Pierre Fatou

范德波尔 Balthasar van der Pol

菲尔绍 Rudolf Ludwig Karl Virchow

菲舍尔 William M. Visscher

费根鲍姆 Mitchell J. Feigenbaum

费曼 Richard P. Feynman

费米 Enrico Fermi

费希尔 Michael Fisher

弗兰切斯基尼 Valter Franceschini

福尔斯 John Fowles

福克斯 Ronald Fox

福特 Joseph Ford

G

盖尔曼 Murray Gell-Mann
戈德伯格 Ary L. Goldberger
戈尔德 Harvey J. Gold
戈勒布 Jerry P. Gollub
戈莫里 Ralph E. Gomory
格拉斯 Leon Glass
格利姆 James Glimm
格瓦拉 Michael Guevara
古尔德 Stephen Jay Gould
古肯海默 John Guckenheimer

H

哈伯德 John H. Hubbard
哈密顿 William Rowan Hamilton
哈斯拉赫尔 Brosl Hasslacher
海尔斯 Carl Heiles
海森堡 Werner Heisenberg
豪斯多夫 Felix Hausdorff
郝柏林 Hao Bai-Lin
赫伯特 George Herbert
侯世达 Douglas R. Hofstadter
胡克 Robert Hooke
怀特 Robert White
霍金 Stephen Hawking
霍姆斯 Philip Holmes
霍彭斯特德特 Frank Hoppensteadt
霍撒克 Hendrik Houthakker

J

吉尔摩 Robert Gilmore
吉利奥 Marzio Giglio
贾斯特 Ernest Everett Just

K

卡茨 Mark Kac
卡达诺夫 Leo Kadanoff
卡拉瑟斯 Peter A. Carruthers
卡门 Theodore von Kármán
卡特赖特 Mary Lucy Cartwright
凯莱 Arthur Cayley
坎贝尔 David Campbell
康托 Georg Cantor
柯尔莫哥洛夫 A.N. Kolmogorov
科恩，理查德·J. Richard J. Cohen
科恩，I. 伯纳德 I. Bernard Cohen
科赫 Helge von Koch
克尔 Donald Kerr
克拉夫特 Joseph Klafter
克拉奇菲尔德 James Crutchfield
克莱希南 Robert Kraichnan
克雷蒂 Donati Creti
库恩 Thomas S. Kuhn
库斯托 Jacques-Yves Cousteau

L

拉夫 Mark Laff
拉姆齐 James Ramsey
莱博维茨 Joel Lebowitz

莱文，赫伯特 Herbert Levine

莱文，詹娜 Janna Levin

莱文森 Norman Levinson

兰福德 Oscar Lanford

兰格 James Langer

兰姆 Horace Lamb

朗道 Lev Landau

勒斯勒尔 Otto Rössler

李比希 Justus Freiherr von Liebig

李天岩 Tien-Yien Li

里克 W. E. Ricker

里希特 Peter H. Richter

理查森 Lewis Fry Richardson

利布沙贝 Albert Libchaber

利思 Cecil E. Leith

利特尔伍德 J. E. Littlewood

列昂季耶夫 Wassily Leontief

鲁宾 Jerry Rubin

洛夫洛克 James E. Lovelock

洛伦茨 Edward N. Lorenz

吕埃勒 David Ruelle

M

马丁 Paul C. Martin

马尔库斯 Willem Malkus

马古利斯 Lynn Margulis

马库斯 Philip Marcus

马拉 Jean-Paul Marat

迈因斯 George Mines

麦克阿瑟 Robert MacArthur

曼德尔 Arnold J. Mandell

曼德尔布罗特，贝努瓦 Benoit Mandelbrot

曼德尔布罗特，沙勒姆 Szolem Mandelbrot

芒福德 David Mumford

梅 Robert M. May

梅达沃 Peter Medawar

梅特罗波利斯 Nicholas Metropolis

米尔贝里 Pekka Myrberg

莫雷尔 Jean Maurer

莫泽 Jürgen Moser

穆恩 Francis C. Moon

N

瑙恩贝格 Michael Nauenberg

诺伊曼 John von Neumann

O

欧尔萨格 Steven Orszag

P

帕卡德 Norman Packard

派特根 Heinz-Otto Peitgen

庞加莱 Jules Henri Poincaré

佩斯金 Charles S. Peskin

R

任峻瑞 Erica Jen

S

萨尔茨曼 Barry Saltzman

萨柯夫斯基 A. N. Sarkovskii

文献和图片版权说明

本书部分内容曾以不同形式首先发表于《纽约时报杂志》（*The New York Times Magazine*）上，题为 "Solving the Mathematical Riddle of Chaos" 和 "The Man Who Reshaped Geometry"。

文献版权

图片版权

Brotman; p. 66—James P. Crutchfield/Adolph E. Brotman; p. 68, 69—James P. Crutchfield/Nancy Sterngold; p. 72—Robert May; p. 80—W. J. Youden; p. 89—Benoit Mandelbrot, *The Fractal Geometry of Nature* (New York: Freeman, 1977); p. 93—Richard F. Voss; p. 97—Benoit Mandelbrot; p. 100—Benoit Mandelbrot; p. 129—Jerry Gollub, Harry Swinney; pp. 135, 136, 137—Adolph E. Brotman; p. 143—Edward N. Lorenz; p. 146—James P. Crutchfield/Adolph E. Brotman; p. 152—Michel Henon; p. 155—James P. Crutchfield; p. 182—H. Bruce Stewart, J. M. Thompson/Nancy Sterngold; p. 198—Albert Libchaber; p. 206—Theodor Schwenk, *Sensitive Chaos*, Copyright © 1965 by Rudolf Steiner Press, by permission of Schocken Books Inc.; p. 207—D'Arcy Wentworth Thompson, *On Growth and Form* (Cambridge: Cambridge University Press, 1961); p. 213—Predrag Cvitanovic/Adolph E. Brotman; p. 214—Albert Libchaber; p. 227—Heinz-Otto Peitgen, Peter H. Richter; p. 229—Heinz-Otto Peitgen, Peter H. Richter, *The Beauty of Fractals* (Berlin: Springer-Verlag, 1986); pp. 232, 233—Benoit Mandelbrot; pp. 237 and 238: John Milnor; p. 246—James A. Yorke; p. 250—Michael Barnsley; p. 267—Julio M. Ottino; p. 302—Arthur Winfree; pp. 308, 309—James A. Yorke; pp. 310, 311—Theodor Schwenk, *Sensitive Chaos*, Copyright © 1965 by Rudolph Steiner Press, by permission of Schocken Books Inc.; p. 325—Oscar Kapp, inset: Shoudon Liang; pp. 326, 327—Martin Glicksman/Fereydoon Family, Daniel Platt, Tamas Vicsek

彩插版权

p. 1 of insert—Heinz-Otto Peitgen [Lorenz attractor], Benoit Mandelbrot, *The Fractal Geometry of Nature* (New York: Freeman, 1977) [Koch curve]; pp. 2-5—Heinz-Otto Peitgen, Peter H. Richter, *The Beauty of Fractals* (Berlin: Springer-Verlag, 1986) [Mandelbrot sequence]; p. 6—Scott Burns, Harold E. Benzinger, Julian Pal-more [Newton's method]; p. 7—Richard F. Voss [Percolation cluster]; p. 8—National Aeronautic and Space Administration [Jupiter], Philip Marcus [red spot simulation]